"国家级一流本科课程"配套教材系列

大学生程序设计竞赛入门

——C/C++程序设计（微课视频版）第2版

黄龙军　编著

清华大学出版社

北京

内 容 简 介

本书主要以 C/C++语言描述过程化程序设计，并引入程序设计竞赛的基础知识。本书共 9 章，内容包括绪论、程序设计基础知识、程序控制结构、数组、函数、结构体、指针、链表和程序设计竞赛基础，介绍程序设计的概念、思想和方法及程序设计竞赛相关知识，培养学生的计算思维，提高其分析、解决具体问题的能力、实践能力和创新能力。程序设计竞赛基础方面包括在线做题结构、空间换时间的思想、C++标准模板库常用容器、递推与动态规划、搜索、并查集、贪心法和回溯法等常用算法、大整数运算及简单数学问题等方面的入门知识。

本书以问题求解为主线，注重课程教学与程序设计竞赛相结合，可作为高等学校本、专科计算机类、电子信息类及自动化类等专业学生的"高级语言""C 语言程序设计""C++过程化程序设计"等课程的教材，也可作为大学生程序设计竞赛参加者及 C/C++语言自学者、开发者的入门参考书，对开设 C/C++语言程序设计课程或指导大学生程序设计竞赛的教师有一定的参考作用。

图书在版编目（CIP）数据

大学生程序设计竞赛入门：C/C++程序设计：微课视频版/黄龙军编著. -- 2版. --北京：清华大学出版社，2024.12. --（"国家级一流本科课程"配套教材系列). -- ISBN 978-7-302-67768-0

Ⅰ. TP312.8

中国国家版本馆CIP数据核字第202402P49J号

责任编辑：闫红梅
封面设计：刘 键
责任校对：李建庄
责任印制：刘海龙

出版发行：清华大学出版社
      网   址：https://www.tup.com.cn, https://www.wqxuetang.com
      地   址：北京清华大学学研大厦 A 座   邮   编：100084
      社 总 机：010-83470000   邮   购：010-62786544
      投稿与读者服务：010-62776969，c-service@tup.tsinghua.edu.cn
      质 量 反 馈：010-62772015，zhiliang@tup.tsinghua.edu.cn
      课 件 下 载：https://www.tup.com.cn,010-83470236
印 装 者：三河市君旺印务有限公司
经   销：全国新华书店
开   本：185mm×260mm   印   张：20.75   字   数：506 千字
版   次：2020 年 11 月第 1 版   2024 年 12 月第 2 版   印   次：2024 年 12 月第 1 次印刷
印   数：1～1500
定   价：69.00 元

产品编号：106973-01

前　言

　　我国已开始全面建设社会主义现代化国家，全国各族人民正在为全面推进中华民族伟大复兴而团结奋斗。青年强，则国家强。广大青年学子应自信自强、守正创新，踔厉奋发、勇毅前行。作为计算机相关领域的青年学子，应学好程序设计相关知识，积极成长为创新型人才，进而成为德智体美劳全面发展的社会主义建设者和接班人。

　　自1996年中国首次举办ACM国际大学生程序设计竞赛（ACM International Collegiate Programming Contest，ACM-ICPC 或 ICPC）亚洲区预选赛以来，国内各高校相关师生越来越重视大学生程序设计竞赛。中国大学生程序设计竞赛（China Collegiate Programming Contest，CCPC）旨在"激励当代大学生运用计算机编程技术和技能来解决实际问题，激发其学习算法和程序设计的兴趣，培养其团队合作意识、创新能力和挑战精神"。目前，ICPC、CCPC 及团体程序设计天梯赛（Group Programming Ladder Tournament，GPLT）等是国内大学生主要参加的大规模赛事。

　　本书是第二批国家级一流本科课程配套教材《大学生程序设计竞赛入门——C/C++程序设计（微课视频版）》的第 2 版，主要以 C++语言描述过程化程序设计，同时兼顾 C 语言，并引入大学生程序设计竞赛的基础知识。本书重点讨论过程化程序设计的基础知识、程序控制结构、数组、函数、结构体、指针、链表等方面的内容，希望能为零基础学习 C/C++程序设计的同学夯实基础。本书引入的程序设计竞赛基础知识主要包括在线做题结构、空间换时间的思想与方法、C++标准模板库（Standard Template Library，STL）常用容器、递推与动态规划、搜索、并查集、贪心法、回溯法、大整数运算及简单数学问题等，希望对拟参加大学生程序设计竞赛的同学有所帮助。

　　本书立足于在线测评系统（Online Judge，OJ），以 OJ 上的问题为载体和核心，把对问题的分析和求解作为主线，简化了语法和理论知识的讲解，注重运用知识求解具体问题。本书以问题为导向，适合学生针对 OJ 问题进行探究式学习，注重培养学生的计算思维及编程求解具体问题的能力。

　　书中带"*"的章节，主要是程序设计竞赛相关的内容，可根据读者的实际需要，自主学习，或由教师酌情选讲。因本书编程方面的例题与习题较多，故教师可以酌情选讲，学生也可以酌情选学。

　　本书中的编程例题、习题主要来自OJ。书中大部分例题和编程习题来自绍兴文理学院原有OJ，这离不开绍兴文理学院程序设计类课程组教师历年来的辛勤工作，在此表示由衷的感谢！书中部分编程例题和习题改编自浙江大学 OJ（简称 ZOJ）、杭州电子科技大学 OJ（简称 HDOJ）和浙江工业大学 OJ（简称 ZJUTOJ）等 OJ 上的题目，在此对出题者及相关的教师、同学表示由衷的感谢！

为便于读者编程练习，我们在程序设计类实验辅助教学平台（Programming Teaching Assistant，PTA）组建了题目集，包含书中编程方面的例题、习题及基础知识方面的选择题。使用本教材的教师可联系作者或出版社获取该题目集的分享码以便于自建题目集供学生练习，其他读者可联系作者提供 PTA 注册邮箱获得该题目集的实践资格。本书提供配套教学资源（PPT、例题代码、习题代码、选择题参考答案等），使用本书的教师可以联系出版社获取。

在编写本书的过程中，除参考自编教材之外，作者还参阅了一些 C/C++程序设计、数据结构与算法的著作，从中吸收了新的思想、新的内容，书中部分内容和习题参考了这些著作及其网络资源，在这里对所参考著作的作者及相关人员表示衷心感谢！

在编写本书的过程中，编者力图在问题驱动、竞赛引导、能力导向及强化实践等方面有所突破、有所创新，然而受限于能力和水平，书中难免存在不足之处，敬请阅读本书的读者批评指正。

黄龙军

2024 年 10 月

目　录

第**1**章

绪　　论

1.1　大学生程序设计竞赛简介

目前，国际大学生程序设计竞赛（ICPC）、中国大学生程序设计竞赛（CCPC）、团体程序设计天梯赛（GPLT）等是国内大学生以参赛队形式参加的主要程序设计类赛事。其中，ICPC、CCPC 的每个参赛队人数不超过 3 个，GPLT 的每个参赛队人数不超过 10 人。

ICPC、CCPC 比赛时长为 5 小时，比赛中，每队参赛选手独立使用一台计算机编写程序求解 7～13 道题目，并提交程序由在线测评系统（OJ）评判程序的正确性与时空效率。OJ 根据预先设置的测试数据自动评判选手提交程序的对错，程序仅在通过一道题目的所有测试用例时方可被判为正确解出该题（得到 Accepted 反馈，简称 AC）。所有参赛队按照解题数从多到少排名；若解题数相同，再按总用时从少到多排名；若解题数和总用时都相同，则排名并列。总用时为所有 AC 赛题所用时间之和，而每道 AC 赛题的用时是从竞赛开始到成功解出该题为止，其间每次被判为错误的提交将被罚时 20 分钟。

ICPC 的历史可以追溯到 1970 年，当时在美国德克萨斯 A&M 大学举办了首届比赛。1977 年，在国际计算机学会（Association for Computing Machinery，ACM）计算机科学会议期间举办了首次全球总决赛（World Finals，WF）。ICPC 旨在"展示大学生创新能力、团队精神和在压力下编写程序、分析和解决问题能力"。目前，ICPC 已经发展成为全球最具影响力的大学生程序设计竞赛。ICPC 赛事由各大洲区域预选赛（简称区域赛）和全球总决赛两个阶段组成，其中，区域赛包含网络预赛和现场赛两个阶段。ICPC 全球总决赛安排在每年的 3—5 月举行，而区域赛一般安排在上一年的 9—12 月举行。一般情况下，每个参赛队员最多可以参加两站区域赛的现场赛，每个学校最多可以有一支队伍参加全球总决赛。自 1996 年中国首次举办 ICPC 亚洲区域赛以来，ICPC 的竞赛模式吸引了中国高校学生和教师，参与者与日俱增，陆续衍生出校赛、省赛、地区赛等各级赛事。

CCPC 借鉴 ICPC 的规则与组织模式，旨在通过竞赛来提高并展示中国大学生程序设计创新与解决实际问题的能力，发现优秀的计算机人才，引领并促进中国高校程序设计教学改革与人才培养。首届 CCPC 于 2015 年 10 月在南阳理工学院举办，从 2016 年第二届 CCPC 开始，每年的上半年举办省赛、地区赛、邀请赛及女生专场赛等赛事，每年的 8 月举办网络选拔赛，9—12 月举办全国分站赛和全国总决赛。

GPLT 是中国高校计算机大赛的竞赛版块之一，旨在提升学生计算机问题求解水平，增强学生程序设计能力，培养团队合作精神，提高大学生的综合素质，同时丰富校园学术气氛，促进校际交流，提高全国高校的程序设计教学水平。比赛重点考查参赛队伍的基础程序设计能力、数据结构与算法应用能力，并通过团体成绩体现高校在程序设计教学方面的整体水平。竞赛题目均为在线编程题，难度分为基础级、进阶级、登顶级 3 个梯级，以个人独立竞技、团体计分的方式进行排名。2016 年 7 月，首届 GPLT 全国总决赛在全国 11 个赛点同步举行。从第二届 GPLT 开始，决赛一般安排在每年的 3—4 月，比赛时长 3 小时。比赛中，每个参赛选手独立使用一台计算机编写程序求解 15 道题（其中，基础级 8 道题，进阶级 4 道题，登顶级 3 道题）并提交到测评系统。参赛选手可以反复提交代码求解某一道题目，直到正确为止。测评系统自动评判参赛选手提交程序的对错，未最终正确的题目按其提交程序通过的测试用例计算得分。

1.2　程序设计及其语言简介

1.2.1　程序与程序设计

什么是程序？程序是用程序设计语言编写的指令序列，以实现特定目标或解决特定问题。

关于程序，著名计算机科学家尼古拉斯·沃思（Niklaus Wirth）曾提出如下公式：

程序 = 数据结构 + 算法

其中，数据结构是对数据的描述，包括数据类型和数据的组织形式；算法是对操作的描述，即操作步骤，可以理解为解决问题的策略。一个程序的算法部分通常包含输入、处理、输出三方面。

例如，一杯水和一杯酒要互换杯子，处理方面的算法如何设计呢？

显然，可以借助一个空杯（设为 C），先把水倒入 C，再把酒倒入原来的水杯（设为 A），最后再把 C 中的水倒入原来的酒杯（设为 B），这个操作步骤就可以视为互换杯子的算法，可简单描述为 $A{\rightarrow}C$，$B{\rightarrow}A$，$C{\rightarrow}B$。

什么是程序设计？简言之，程序设计是使用程序设计语言编写程序解决特定问题的过程。程序设计是一种挑战性工作，极富魅力和创造性。自计算机问世以来，人们都是在研究、设计各种各样的程序，使计算机完成各种各样的任务。

计算机相关专业的我们应树立“科技报国”信念，学好程序设计相关知识，提升分析和解决具体问题的能力、实践能力及创新能力，为助力“中国梦”夯实基础。

1.2.2　程序设计语言

程序设计语言作为人和计算机之间通信的媒介，不断地从低级向高级发展，历经机器语言、汇编语言、高级语言等阶段。

机器语言是计算机唯一可以读懂的语言，每条指令都是一个固定长度的且由指令码和地址码组成的二进制位串。机器语言是面向计算机的，机器完全可以“看”懂，但对于程序员来说很不方便。为此，引入一些容易理解和记忆的字母、单词来代替特定的二进制指令，从而构成符号语言，即汇编语言。高级语言是面向程序员的，程序员很容易看懂，但机器却不能直接“看”懂，因此需要编译系统（编译器）把用高级语言写出的程序翻译为机器语言。

  C 语言是 20 世纪 70 年代问世的高级语言。到了 20 世纪 80 年代，C 语言受到了软件开发人员的欢迎，逐渐成为软件开发的主流语言。20 世纪 80 年代初，继承 C 语言而来的 C++ 语言问世。C++语言既具备 C 语言过程化程序设计的特征，又具备面向对象程序设计的特征。至今，大多数优秀的程序员都是 C/C++语言的熟练掌握者，而且许多成功软件都是用 C 或 C++语言编写的。

  C++语言较之 C 语言，引入了许多更有成效的内容，如标准模板库（STL）、引用、输入输出流类、动态内存分配/释放运算符（new/delete）等。因此，本书主要以 C++语言描述过程化程序设计。通常，C 语言的格式化输入输出函数的效率高于 C++的输入输出流类，而且对于程序设计竞赛中涉及大量数据输入输出的题目，使用 C 语言的输入输出函数可以避免超时，因此本书兼顾 C 语言。为了便于读者把本书中 C++语言风格（简称 C++风格）的代码转换为 C 语言风格（简称 C 风格），本书在输入输出之外还介绍了 C 语言的字符数组操作函数和动态内存分配/释放的 malloc/free 函数。表 1-1 列出了 C 语言和 C++语言的一些基本区别，根据这些区别，读者可以很容易把不涉及 C++语言特有内容（例如，STL 相关内容、引用参数等）的 C++风格程序改编为 C 风格。

表 1-1 C 语言与 C++语言的一些基本区别

条　　目	C 语言	C++语言
基本头文件	#include<stdio.h>	#include<iostream> using namespace std;
输入语句	scanf("%d%d", &a, &b);	cin>>a>>b;
输出语句	printf("%d %d\n", a, b);	cout<<a<<" "<<b<<endl;
符号常量	#define N 80	const int N=80;
字符串	char s[81];	string s;
申请动态数组	int *a =(int *)malloc(sizeof(int)*10);	int *a = new int [10];
释放动态数组	free(a);	delete [] a;

1.3 简单的 C/C++程序

  编写程序时，建议采用合理的代码缩排格式以增加程序可读性并方便调试。Visual C++ 6.0（简称 VC6）、Visual C++ 2010（简称 VC2010）及 Dev-C++ 5.11（简称 Dev-C++）等集成开发环境（Integrated Development Environment，IDE）默认的缩排格式宜于采用。如果代码没有缩排好，在 VC2010、VC6 等 IDE 下可以在选择代码后使用组合键 Ctrl+K+F、Alt+F8 排版；而在 Dev-C++下可用组合键 Ctrl+Shift+A 排版。由于本书代码量较大，节省篇幅起见，采用 Dev-C++的缩排格式（"{"前置一行）。为方便读者使用本书学习 C 语言，并体会在过程化程序设计中 C 语言和 C++语言并无本质的不同，前三章中的绝大部分例题代码同时提供 C 和 C++两种风格。对于其他章节的 C++风格代码，除了 C++的引用和 STL 等内容之外，通过把 C++风格的输入/输出、动态内存分配及字符串处理替换为 C 风格的写法，可以很容易地把本书中 C++风格的程序改写为 C 风格。

例 1.3.1 　输出 Hello World!

```
/*这是本书的第一个 C++风格的程序（代码），用来向世界打个招呼。
完成相同功能的 C 风格的代码见下页*/
//C++风格代码
#include<iostream>                //包含输入输出流头文件
using namespace std;             //使用 std 命名空间
int main() {                     //主函数，程序起点
    cout<<"Hello World!"<<endl;  //输出字符串 Hello World!
    return 0;                    //返回 0 表示程序正常结束
}
```

运行结果：

```
Hello World!
```

函数是 C/C++程序（也称代码）的基本构成单位，每个 C/C++程序至少包含一个 main 函数。任何的 C/C++程序都是从主函数 main 中开始执行的，最终也是在 main 函数中结束。C++程序的 main 函数标准形式如下。

```
int main() {
    //其他代码
    return 0;
}
```

每个 C/C++函数的函数定义都包含函数头和函数体两部分。"int main()"这一行是函数头，包含了函数名 main 及其返回类型 int（整型）。函数的参数放在函数名后的"()"中，若无参数，则写 void 或空缺。配套的花括号{}括起来的这部分是函数体。"return 0;"是一条返回整数 0 的 C/C++基本语句，其中整型常量 0 与 main 函数的返回类型 int 相对应。main 函数返回 0（给操作系统）表示程序正常结束。C/C++的基本语句以";"结束，即分号是 C/C++基本语句的结束符；而多条基本语句可用一对花括号{}括起来构成一条复合语句，例如"{ sum=sum+i; i=i+1; }"是一条复合语句。

在 C/C++中，配对使用的"/*"和"*/"（简记为"/*…*/"）是注释符号，其括起来的内容（注释）编译器视作空白，但看程序的人可以看到。因此，通过给程序添加必要的注释可以增加程序的可读性。在 C/C++中，常用"//"表示单行注释，即当前行从"//"开始都是注释。"/*…*/"形式的注释，常用于多行注释。当然，在一行上使用"/*…*/"也可以表达单行注释；而在连续几行内容的每行开头加"//"也可达到多行注释的效果。例如，使用组合键 Ctrl + /可以注释选中的多行代码（在每行代码前添加一个"//"），而再次使用该组合键则将取消相应注释。

在 C++中，iostream 是输入输出流（Input/Output Stream）的头文件，使用文件包含"#include"将该文件中的内容包含到此代码所在文件中。通过包含头文件 iostream，并用 using namespace std 引入标准输入输出的命名空间 std，从而使得编译器能识别 cin、cout、endl 等标识符。cout 是 C++输出流，用于输出数据；"<<"是插入运算符，把其后的数据插入输出流中。用 cout 输出时，每个待输出的数据之前都需使用插入运算符。

"cout<<"Hello World!"<<endl;"是一条 C++基本语句,作用是输出双引号""中的字符串。

"Hello World!"是一个字符串常量，输出时双引号中的普通字符将原样输出，而作为字符串常量界定符的双引号本身不输出。而输出 endl 将输出一个换行符。

输出 Hello World!的 C 风格代码如下。

```
//C 风格代码
#include<stdio.h>              //头文件
int main() {                   //主函数，程序起点
    printf("Hello World!\n");  //输出 Hello World!
    return 0;                  //返回 0 表示程序正常结束
}
```

运行结果：

```
Hello World!
```

这个程序的运行结果和C++风格程序一样。

"stdio.h"是 C 语言中标准输入输出（Standard Input/Output）的头文件，C 语言的输入函数 scanf、输出函数 printf 等在其中定义，因此程序中需包含该头文件，否则将出现编译器不认识该函数的编译错误。

"printf("Hello World!\n");"是一条 C 语言的基本语句，printf 是 C 语言的输出函数，用来输出其参数中双引号（" "）界定的字符串。从运行结果看，"\n"貌似没有输出，实际上这个换行符'\n'（单引号（''）是 C/C++字符常量的界定符）是有输出的，只不过该字符的输出并非显式可见。在 C/C++中，以反斜杠"\"开始的字符是转义字符，即"\"后的字符不再是其原意，而是和"\"组合起来表示另一个其他字符。例如，字符'\n'不表示"\"和"n"两个字符，而是表示换行符，即"\"后的"n"意义已经改变，不再是字符'n'；而'\r'表示回车符。

在 C 语言中，main 函数可以省略返回类型或以空类型 void 为返回类型。一致起见，本书中 C 语言程序的 main 函数采用 C++程序的 main 函数标准形式。

例 1.3.2　**A+B**

输入两个整数，求两者之和。

C++风格具体代码如下。

```
//C++风格代码
#include<iostream>            //包含输入输出流头文件
using namespace std;          //使用 std 命名空间
int main() {                  //主函数，程序起点
    int x,y,sum;              //定义三个 int 类型的变量
    cin>>x;                   //从键盘输入变量 x 的值
    cin>>y;                   //从键盘输入变量 y 的值
    sum=x+y;                  //求和，结果放到变量 sum 中，=是赋值运算符
    cout<<sum<<endl;          //输出结果：sum 的值
    return 0;                 //返回 0 表示程序正常结束
}
```

运行结果：

```
1 2↵
3
```

例 1.3.2 程序中，cin 是 C++输入流，用于输入数据，"＞＞"是提取运算符，把数据从输入流中提取到其后的变量中。用 cin 输入时，每个待输入的变量之前都需使用该运算符。"＞＞"之后必须是变量或者字符数组名。键盘输入时，确认输入需要按键盘上的回车（Enter）键，本书中用"↵"表示。在 Windows 操作系统下，按键盘上的回车键相当于输入了换行符'\n'（ASCII 码值为 10）和回车符'\r'（ASCII 码值为 13）。

语句"int x, y, sum;"定义了三个 int 类型的变量 x、y、sum，这三个变量用于存放整型数据。定义多个同类型变量时，变量之间以逗号","分隔。C/C++中使用变量、函数等都要遵循"先声明/定义，后使用"的原则，即变量或者函数等在用之前需要先声明或定义。例如，在定义变量 x 之后，就可以通过"cin>>x;"来使用变量 x。例 1.3.2 程序中，语句"sum=x+y;"中，"+"是算术运算符，表示加法；"="是赋值运算符，相应表达式称为赋值表达式，表示把"="右边表达式的值（$x+y$）放到"="左边的变量 sum 中。

C++中的输入语句"cin>>x;"在 C 语言中通常采用语句"scanf("%d",&x);"表达。scanf 是 C 语言的输入函数，在头文件"stdio.h"中声明。格式说明"%d"中的"%"是格式引导符，用来表示格式说明的开始，而格式字符"d"与 int 类型对应；x 之前的"&"是取地址运算符（简称地址符），"&x"表示变量 x 的地址。scanf 格式控制串之后的参数必须是地址参数，变量的地址通过在变量名之前加上地址符表示。

C++中的输出语句"cout<<sum<<endl;"在 C 语言中通常采用语句"printf("%d\n",sum);"表达。printf 是 C 语言的输出函数，格式控制串"%d\n"中的"\n"是换行符。本例的 C 风格具体代码如下。

```
//C 风格代码
#include<stdio.h>              //头文件，输入输出函数所需
int main() {                   //主函数，程序起点
    int x,y,sum;               //定义三个 int 类型的变量
    scanf("%d",&x);            //从键盘输入变量 x 的值，确认输入要按 Enter 键
    scanf("%d",&y);            //从键盘输入变量 y 的值
    sum=x+y;                   //求和，结果放到变量 sum 中
    printf("%d\n",sum);        //输出结果：sum 的值
    return  0;                 //正常结束
}
```

C 语言格式化输入、输出函数 scanf 和 printf 对于不同类型数据的格式字符不同。例如，int、char、float 和 double 等类型的格式字符（放在格式引导符（%）之后）分别为 d、c、f 和 lf。

1.4　Dev-C++开发环境

1.4.1　Dev-C++开发环境简介

本书选择集编辑器、编译器和调试器等编程工具于一体的 Dev-C++作为 C/C++程序的集成开发环境。

下载该软件安装包解压后，双击安装程序按向导安装。默认是英文版，如果要改为中文版，可以通过单击 Tools 菜单的 Environment Options 子菜单把弹出对话框中 General 选项

卡中的 Language 改为"简体中文/Chinese"，单击 OK 按钮确定，如图 1-1 所示。

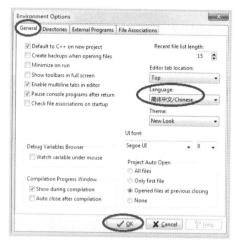

图 1-1　Dev-C++更改语言

使用 Dev-C++可以开发 C/C++源程序（也称源代码）。C 语言源程序的扩展名为 c，C++语言源程序的扩展名为 cpp。考虑到 C++对 C 的兼容性及其语法优点，保存 C 风格程序（或称代码）时，建议统一使用 C++的形式（如 first.cpp，虽然也可以保存为 first.c）。

为避免在线做题或程序设计竞赛中混用 C 语言和 C++语言而产生不必要的编译错误，建议提交时选择 G++或 C++等 C++语言编译器。

1.4.2　使用 Dev-C++编写程序

使用 Dev-C++开发一个 C/C++源程序一般包括以下步骤。

启动 Dev-C++→新建 C++源代码→编辑源程序→保存源程序→编译→运行。

1. 新建源代码

新建源代码可以使用组合键 Ctrl+N，或选择菜单：文件→新建→源代码，如图 1-2 所示。

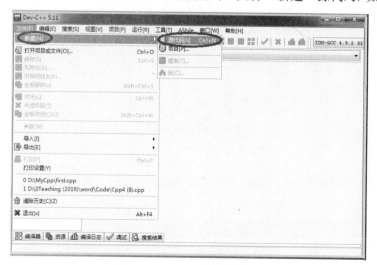

图 1-2　Dev-C++新建源代码

2. 编辑源程序

在代码区键入代码，如图 1-3 所示。

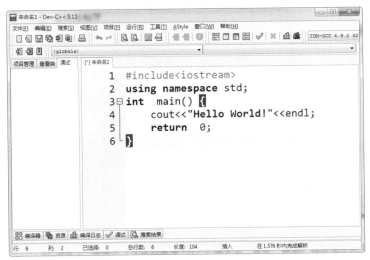

图 1-3　Dev-C++编辑源程序

3. 保存源程序

保存源程序可使用组合键 Ctrl+S，或单击工具栏中的"保存"按钮，选择保存的文件夹，为程序取名后单击"保存为"对话框中的"保存"按钮，如图 1-4 所示。

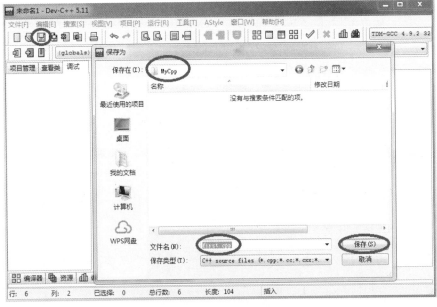

图 1-4　Dev-C++保存源程序

4. 编译源程序

编译源程序可使用 F9 键，或单击工具栏中的"编译"按钮，如图 1-5 所示。若有错，则改之再编译，至无错为止。

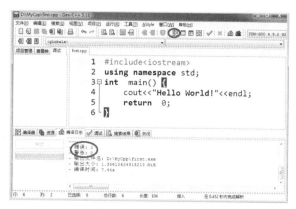

图 1-5 Dev-C++编译

5. 运行程序

运行程序可使用 F10 键，或单击工具栏中的"运行"按钮，如图 1-6 所示。

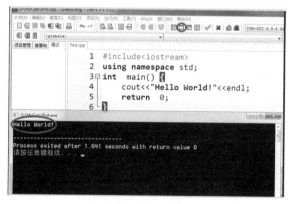

图 1-6 Dev-C++运行

单击"编译""运行"按钮的操作也可以通过在"运行"菜单中选择子菜单来完成。注意，任何修改过的程序都要**重新编译**再运行，简单起见，可以直接单击"编译运行"按钮或使用 F11 键，如图 1-7 所示。

图 1-7 Dev-C++编译运行

如果新建其他程序，前面的程序可以不用关闭，直接从"新建源代码"重新开始。当然，也可以每新建一个新程序就把前面的程序关闭。另外，若编写更复杂的程序，则可以建立项目，再定义若干头文件及源程序文件构成一个完整项目。

1.4.3 使用 Dev-C++调试程序

程序调试在程序设计学习过程中是必不可少的。所谓程序调试是指在发现程序运行结果有误时，测试、分析并修正程序错误之处的过程。为便于调试，并增强程序的可读性，一般需规范代码缩进格式。在 Dev-C++下可用组合键 Ctrl+Shift+A 缩排代码。

最基本的调试方法是在必要的地方添加输出语句，通过查看输出结果分析错误原因并修正程序。

常用的调试方法一般包括设置断点、单步执行、监视变量等基本步骤。其中，监视变量是把需要监视的变量等添加到监视窗口中并观察其值。

使用 Dev-C++调试程序之前，需**先把"产生调试信息"设置为 Yes**，否则会出现刚开始调试程序就崩溃的问题。设置路径是选择"工具"菜单的"编译器选项"子菜单，在弹出的对话框中选择"代码生成/优化"选项卡中的"连接器"子选项卡，如图 1-8 所示。

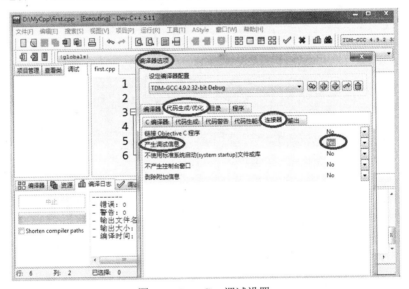

图 1-8　Dev-C++调试设置

在 Dev-C++下，以判断素数的程序（逐个判断输入的整数 m 是否素数，是则输出 yes，否则输出 no）为例，简单的调试过程如下。

1. 设置断点，开始调试

通过单击行号设置断点；使用 F5 键（或单击快捷菜单中的√）开始调试，如图 1-9 所示（此处断点设在第 5 行）。

2. 单步执行

开始调试后，程序运行到断点处停住，使用 F7 键或单击左下角"调试"区域的"下一步"按钮开始单步执行，如图 1-10 所示。

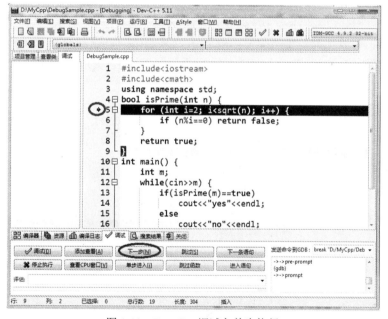

图 1-9　Dev-C++调试之设置断点

图 1-10　Dev-C++调试之单步执行

3. 添加监视

单击"调试"区域的"添加查看"按钮添加监视量，如图 1-11 所示（此处已添加监视变量 n，正在添加的变量是 i，单击 OK 按钮后将添加该变量）。

4. 继续调试

单击"下一步"按钮，程序流程跳到第 8 行，即将返回 true，观察变量 i 的值，发现是 1（随机数），循环条件 $i<\text{sqrt}(n)$（sqrt 是求平方根的函数）不成立，考虑到 i 从 2 开始循环，

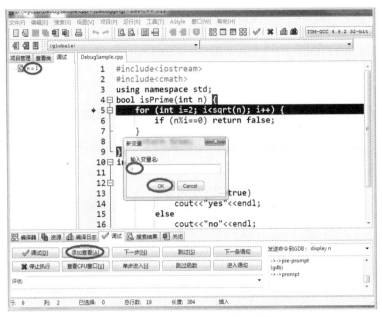

图 1-11　Dev-C++调试之添加监视

sqrt(1)=1，不可能执行循环体，因此要对 1 进行特殊判断。单击"调试"区域的"停止执行"按钮结束调试，修改代码并重新编译，输入 1 结果正确，但输入 9 结果依然错误。重新从设置断点开始调试。添加监视 sqrt(n)，发现其值为 3，而 i 的值单步执行下来也为 3，如图 1-12 所示。

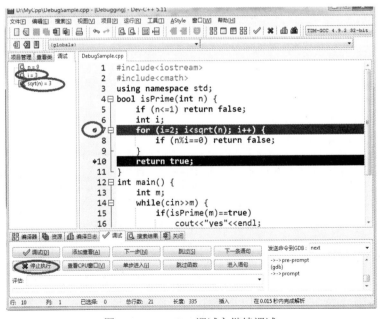

图 1-12　Dev-C++调试之继续调试

5. 纠错

思考并发现错误在于没有判断到 3 是否是 n 的因子，因此循环条件应改为"i<=sqrt(n)"。

使用 F6 键（或单击"停止执行"按钮或单击快捷菜单中的×）结束调试，重新运行程序无误。

综上，在 Dev-C++下使用快捷键调试程序的基本过程如下。

编辑、保存程序并编译之→设置断点→使用 F5 键开始调试→使用 F7 键单步执行→添加监视并观察、纠错→使用 F6 键结束调试。

在掌握基本的调试步骤之后，读者可以学习使用"调试"区域的其他调试按钮进一步掌握 Dev-C++的调试方法。调试需不断实践，建议读者在程序运行出错时积极尝试调试。

上述判断素数的程序是为了说明调试过程，若读者暂不能理解该程序，则可先略过。

1.5 在线题目求解

例 1.5.1 输出乘法式子

输出两个整数的乘法式子。

输入格式：

输入两个整数 a、b。

输出格式：

输出形如"a*b=c"的乘法式子，其中 a，b，c 分别用其值代替，如输出样例所示。

输入样例：

2 5

输出样例：

2*5=10

本题需要输出被乘数 a、乘数 b、乘积 $a*b$ 及乘号（*）与等号（=）。普通字符*和=可以作为字符常量（以单引号界定）或字符串常量（以双引号界定）原样输出。C++风格具体代码如下。

```
//C++风格代码
#include<iostream>
using namespace std;
int main() {
    int a,b,c;
    cin>>a>>b;                      //输入
    c=a*b;                          //处理
    cout<<a<<"*"<<b<<"="<<c<<endl;  //输出
    return 0;
}
```

上面的代码输出时要逐项输出，比较麻烦，而用 C 语言的 printf 函数进行格式化输出可更简洁，即把输出语句改为语句"printf("%d*%d=%d\n",a,b,c);"。C 风格代码具体如下。

```
//C风格代码
#include<stdio.h>
int main() {
```

```
    int a,b,c;
    scanf("%d%d",&a,&b);           //输入
    c=a*b;                         //处理
    printf("%d*%d=%d\n",a,b,c);   //输出，%d用相应位置的变量值代替，*、=原样输出
    return 0;
}
```

例 1.5.2　输出沙漏图形

输出如输出样例所示的沙漏图形。

输出样例：

```
*********
 *******
  *****
   ***
    *
   ***
  *****
 *******
*********
```

由于本题图形是固定的，因此可以直接逐行输出，C++风格和 C 风格的具体代码分别如下。

```
//C++风格代码
#include<iostream>
using namespace std;
int main() {
    cout<<"*********"<<endl;
    cout<<" *******"<<endl;
    cout<<"  *****"<<endl;
    cout<<"   ***"<<endl;
    cout<<"    *"<<endl;
    cout<<"   ***"<<endl;
    cout<<"  *****"<<endl;
    cout<<" *******"<<endl;
    cout<<"*********"<<endl;
    return 0;
}
```

```
//C风格代码
#include<stdio.h>
int main() {
    printf("*********\n");
    printf(" *******\n");
    printf("  *****\n");
    printf("   ***\n");
    printf("    *\n");
    printf("   ***\n");
    printf("  *****\n");
```

```
        printf(" *******\n");
        printf("*********\n");
        return 0;
}
```

需要注意的是，OJ 做题时一般每行的后面是没有多余空格的，否则将得到格式错误（Presentation Error，PE）的反馈。对于初学者而言，本题代码无可厚非。但是，如果需要输出的沙漏图形有 19 行，199 行，甚至更多行时，难道也这样写吗？答案是否定的，应该有更"专业"的写法，而且对于不同的行数要求都能由一段相同的代码来完成。这需要继续后面的学习。通过学习，可以使得代码更"专业"、更"优美"。读者可以在掌握应用循环输出二维图形的知识后，再来考虑根据输入一个整数 n，输出 $2n-1$ 行沙漏图形的问题。通过学习，多练、多写、多说、多读、多听，很多某个阶段很难的问题，慢慢都会有解决方案，继而有更好的解决方案。我们应该坚定信心，夯实基础，持续进步。

习题

一、选择题

1. C++标准的 main 函数的返回类型是（　　）。

　　A. void　　　　　　B. double　　　　　　C. int　　　　　　　　D. 不确定

2. C 语言的 scanf 和 printf 函数的头文件是（　　）。

　　A. iostream.h　　B. stdlib.h　　　　C. math.h　　　　D. stdio.h

3. 在 C/C++语言中，每个语句必须以（　　）结束。

　　A. 换行符　　　　B. 冒号　　　　　　C. 逗号　　　　　D. 分号

4. 一个 C/C++程序总是从（　　）函数开始执行。

　　A. main　　　　　B. 处于最前的　　　C. 处于最后的　　　D. 随机选一个

5. C/C++语言可用的注释符有（　　）。

　　A. //　　　　　　B. /*…*/　　　　　C. //、/*…*/　　　D. --

6. C++输入流的提取符是（　　）。

　　A. //　　　　　　B. >>　　　　　　　C. <<　　　　　　D. &

7. C++输出流的插入符是（　　）。

　　A. //　　　　　　B. >>　　　　　　　C. <<　　　　　　D. &

8. 有语句"int a;"，则以下语句正确的是（　　）。

　　A. scanf("%d",a);　　　　　　　　B. printf("%d\n",a);

　　C. cin>>a>>endl;　　　　　　　　D. cout< <a;

二、编程题

1. 显示两句话。

请编写一个程序，显示如输出样例所示的两句话。

输出样例：

Everything depends on human effort.

Just do it.

2. 输出@字符矩形。

输出如输出样例所示由@字符构成的矩形。

输出样例：

```
@@@@@@@@@@@@@@@@@@@@
@@@@@@@@@@@@@@@@@@@@
@@@@@@@@@@@@@@@@@@@@
@@@@@@@@@@@@@@@@@@@@
```

3. 立方数。

输入 1 个正整数 x（$x<1000$），求其立方数并输出。

输入样例：

```
3
```

输出样例：

```
27
```

第2章

程序设计基础知识

2.1 引例

例 2.1.1 自主学习时长

大学注重自主学习。优秀学子一般都具有自律、自强、专注等特质,他们会为了有更美好的未来而努力奋斗。某校某年刚入学的 ZBL 同学没有程序设计基础,但她很渴望加入程序设计竞赛集训队,于是她每天不管白天还是黑夜都在自主学习、探究和练习。最终她成功加入了集训队并逐步成长为当时的最强队员,并取得了不少突破性的成绩。已知 ZBL 某天的白天和黑夜自主学习时长(小时数不超过 12,分钟数不超过 59),请计算她那天总的学习时长。

输入格式:

以 hh:mm(小时数和分钟数各用 2 位数表示)的形式输入 2 个时长 a、b,分别表示 ZBL 某天的白天和黑夜自主学习时长。

输出格式:

以 hh:mm 的形式输出 ZBL 某天总的自主学习时长。

输入样例:

```
07:45 05:24
```

输出样例:

```
13:09
```

本题要求两个时间之和,可以把分钟数和小时数分别求和,若分钟数之和 $m \geq 60$,则需将其足 1 小时的部分(可用 $m/60$ 表示)加到小时数之和 h 上(此时 m 为剩余的分钟数,可用 $m\%=60$ 得到),其中/是求商的算术运算符,%是求余数的算术运算符, $m\%=60$ 是 $m=m\%60$ 的缩写。因输出要求以 hh:mm 的形式,故对于不足 2 位的小时数或分钟数,在其前补 0,C++中可用设置填充字符的 setfill 函数和设置字符宽度的 setw 函数实现,而 C 语言可以在输出函数 printf 中直接使用格式串"%02d"实现。具体代码如下。

```cpp
//C++风格代码
#include<iostream>
#include<iomanip>          //包含输入输出操作控制的头文件
using namespace std;
int main() {
```

```
    int h1, h2, m1, m2;                         //定义 4 个变量
    char c;                                     //用于输入冒号
    cin>>h1>>c>>m1>>h2>>c>>m2;                   //输入 2 个时长
    int m=m1+m2;                                 //求分钟之和
    int h=h1+h2+m/60;                            //求小时之和，含分钟之和可能产生的进位
    m%=60;                                       //剩余的分钟数
    //输出结果时长
    cout<<setfill('0')<<setw(2)<<h<<":"
        <<setfill('0')<<setw(2)<<m<<endl;
    return 0;
}

//C 风格代码
#include<stdio.h>
int main() {
    int h1, h2, m1, m2, h, m;                    //定义 6 个变量
    scanf("%d:%d %d:%d",&h1,&m1,&h2,&m2);        //输入 2 个时长
    m=m1+m2;                                     //求分钟之和
    h=h1+h2+m/60;                                //求小时之和，含分钟之和可能产生的进位
    m%=60;                                       //剩余的分钟数
    printf("%02d:%02d\n",h,m);                   //输出结果时长
    return 0;
}
```

C++风格代码中使用输出格式控制的函数需包含输入输出操纵器（Input/Output Manipulator）相应的头文件 iomanip，setfill('0')表示用字符'0'作为填充字符，setw(2)表示按 2 个字符宽度输出，它们组合起来控制按 2 位输出，不足 2 位时左补 0。注意，它们仅对其后的一个输出项有效。另外，C++代码中增加一个变量 c 用于输入间隔符冒号。

C 风格代码直接使用输入、输出函数 scanf 和 printf 进行格式化输入、输出，更加简便。

通过此例，读者对变量定义、输入输出和运算符等已有所了解，后续章节将详细介绍之。

2.2   C/C++标识符和数据类型

2.2.1   标识符

C/C++程序需遵循"先声明后使用"的原则，即所用到的变量、函数及符号常量等在使用之前都需要先声明或定义。

C/C++标识符通常用作变量、函数及符号常量等的名字。建议标识符的取名遵循"见名知义"（如 sum、max、min 等）、"常用取简"（如循环变量名为 i、j、k 等）。

C/C++标识符命名规则：第一个字符必须是字母或_，其他字符只能是字母、_和数字字符。例如，a、X、_s、cyy_1 等是合法的标识符，而 1a、a b、a.b 等都是非法的标识符。另外，用户自定义标识符不能与 C/C++关键字/保留字（如 int、return 等）同名。

注意，C/C++标识符区分字母的大小写，如 max、Max 是两个不同的标识符。对于定义在函数之外的变量（称为外部变量或全局变量），建议不命名为 max、min、count、rank、next 等，以免 OJ 提交代码时产生编译错误，但可以使用 Max、Min、Count、Rank、Next

等标识符。

2.2.2 基本数据类型

C/C++的基本数据类型包括整型（int）、浮点型/实型（float、double）、字符型（char）、逻辑型或布尔型（bool）等，如表 2-1 所示。注意，不支持 C99 标准的 C 语言的基本数据类型不包括 bool 类型。

表 2-1 C/C++的基本数据类型

类　　型	说　　明	内存字节数	表 示 范 围
int	整型	4	$-2^{31}\sim2^{31}-1$
float	单精度实型	4	$-3.4\times10^{-38}\sim3.4\times10^{38}$
double	双精度实型	8	$-1.7\times10^{-308}\sim1.7\times10^{308}$
char	字符型	1	$-128\sim127$
bool	逻辑型	1	[false, true]

其中，各种类型的内存字节（1 字节等于 8 个二进制位）数可以使用 sizeof 运算符求得。在 32 位编译器下，sizeof(int)=4，sizeof(double)=8，sizeof(bool)=1。

int 类型可用 short、long、unsigned、signed 等修饰符，在 32 位编译器下，long int 与 int 等价（内存字节数等于 4），long long int 表示长长整型（内存字节数等于 8），short int 表示短整型（内存字节数等于 2）；int、char 类型的默认修饰符是 signed，即有符号的，若要表达无符号的，则在其前加 unsigned。例如，unsigned int 表示无符号整型，unsigned char 表示无符号字符型。

带修饰符的基本数据类型的表示范围如表 2-2 所示。

表 2-2 带修饰符的基本数据类型的表示范围

类　　型	内存字节数	表 示 范 围
short int	2	$-2^{15}\sim2^{15}-1$
unsigned short int	2	$0\sim2^{16}-1$
unsigned int	4	$0\sim2^{32}-1$
long long int	8	$-2^{63}\sim2^{63}-1$
unsigned long long int	8	$0\sim2^{64}-1$
unsigned char	1	$0\sim255$

int 类型能表示的数据范围可以表示为[INT_MIN，INT_MAX]，INT_MIN、INT_MAX 是 C/C++中的符号常量（头文件 limits.h 或 climits），其值分别为-2^{31}（-2147483648）、$2^{31}-1$（2147483647）。

对于 int 和 char 类型的表示范围，以 int 类型为例说明如下。

int 类型在内存中占 4 字节，共 32 个二进制位（比特），每个比特可以是 0 或者 1，其中最高位为 1 表示负数，为 0 时表示非负数。符号位为 1 时，表示负数，数据有 2^{31} 个，而最大的负整数是-1，因此最小的负整数为-2^{31}，即$-2^{31}\sim-1$共有 2^{31} 个数据。符号位为 0 时，表示非负数，数据也有 2^{31} 个，而最小的非负整数是 0，因此最大的非负整数为 $2^{31}-1$，即 $0\sim$ $2^{31}-1$ 共有 2^{31} 个数据。

考虑到溢出问题（超出数据类型的表示范围），如 5000000000 超出 unsigned int 的表示范围（$0\sim2^{32}-1$），则可以用 long long int。注意，在 VC6 下 long long int 不能使用，替代的是__int64（以两个下画线开头），输入、输出分别采用 scanf、printf 函数，格式控制串为"%I64d"，例如：

```
_ _int64 a;
scanf("%I64d", &a);
printf("%I64d\n", a);
```

实型有误差，double 为双精度实型，有效位约 16 位，float 为单精度实型，有效位约 7 位。为更精确表示实数，建议实型都采用 double 类型。

逻辑型数据只有 true 和 false 两个值，作为数值数据使用时，false 被转换成整数 0，true 被转换成整数 1；其他类型数据作为逻辑型数据使用时，0 被转换成 false，非 0 值都被转换成 true。

2.2.3 其他数据类型

字符串：string，若干字符构成的整体，如：

```
string s;                //定义字符串变量 s，须包含头文件 string
```

数组：同类型变量的集合，如：

```
int a[10];               //定义整型数组 a，它是 10 个 int 类型变量 a[0]~a[9]的集合
```

指针，如：

```
int* p;                  //定义指针变量 p，可以把 int*视为整型指针类型
```

引用，如：

```
int m=1;
int &n=m;                //n 是变量 m 的引用，即给 m 取了一个别名 n，此后 n 即 m
```

结构体：使用 struct 关键字，使不同类型数据构成为一个整体，如：

```
struct Student {         //声明结构体类型 Student
    int num;
    int age;
    double score;
};
Student s;               //定义结构体变量 s
```

共用体：使用 union 关键字，如：

```
union UStu {             //声明共用体类型 UStu
    int num;
    int age;
    double score;
```

```
};
UStu s;                          //定义共用体变量
```

共用体变量的所有成员共占存储单元，字节数按最长成员计算。即 sizeof(UStu)=8。

枚举：使用 enum 关键字，如：

```
enum Weekday {Sun,Mon,Tue,Wed,Thu,Fri,Sat}; //枚举类型 Weekday
Weekday w;                       //定义枚举变量
```

枚举常量的值默认从 0 开始，依次递增 1。例如，Sun 的值为 0，Mon 的值为 1。

可以给枚举常量指定值，例如，enum Weekday {Sun=7,Mon=1,Tue,Wed,Thu,Fri,Sat};

自定义类型：用自定义的标识符来代表一个特定的数据类型。

格式：typedef **已有类型名 类型别名；**

举例：

```
typedef int Integer;             //给类型 int 取别名 Integer
typedef int* PInt;               //给类型 int* 取别名 PInt
```

自定义类型的语句在去掉 typedef 后剩下的部分应与定义变量的格式相同。自定义类型可以提高程序的可读性、一致性和可维护性等。

2.3 进制基础

2.3.1 二进制

二进制逢二进一，每位的取值只能是 0 或 1。例如，$(9)_{10}=(1001)_2$。

计算机中的整型（或能转换为整型的，如字符型）数据是以二进制补码表示的；正数的补码（符号位为 0）和原码相同；负数的补码（符号位为 1）是将该数的绝对值的二进制形式按位取反再加 1。

求正整数原码的方法：**除以 2（基数）逆序取余数至商为 0 为止。**

例如，12（设为 2 字节长）的原码为 0000000000001100。

求负整数补码的方法：**先求负数的绝对值，接着求该绝对值的原码，再对该原码按位取反，最后再加 1。**

例如，求-12（设为 2 字节长）的补码的步骤如下。

（1）先求-12 的绝对值 12 的原码：

0	0	0	0	0	0	0	0	0	0	0	0	1	1	0	0

（2）按位取反：

1	1	1	1	1	1	1	1	1	1	1	1	0	0	1	1

（3）再加 1，得-12 的补码：

1	1	1	1	1	1	1	1	1	1	1	1	0	1	0	0

由此可知，-12 的补码为 1111111111110100，其中左边的第一位（最高位）是符号位。

负数在内存中以二进制的补码形式存储，int 类型中的最小整数的内存存储如下，其值为-2^{32}（-2147483648）。

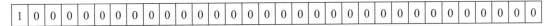

而 int 类型中的最大整数的符号位为 0，其他位为 1，具体内存存储如下，计算可得其值为 $2^{31}-1$（2147483647）。

二进制的缺点是表示一个数需要的位数较多，书写数据和指令时不够简洁。方便起见，可以把二进制数转换为八进制数或十六进制数。

2.3.2　八进制与十六进制

八进制**逢八进一**，每位的取值范围为 0~7。若将二进制数从低位到高位每三位组成一组，每组的值大小是从$(000)_2$~$(111)_2$，即 0~7，就可以把二进制数表达为八进制数。

例如，对于二进制数$(100100001101)_2$，每三位一组得到$(100, 100, 001, 101)_2$，则可表示成八进制数$(4415)_8$。

十六进制**逢十六进一**，每位的取值范围为 0~15，其中 10~15 分别用 A、B、C、D、E、F（或 a、b、c、d、e、f）表示。若将二进制数从低位到高位每四位一组，每组的取值范围为$(0000)_2$~$(1111)_2$，即 0~15，就可以把二进制数表达为十六进制数。

例如，把二进制数$(100100001101)_2$每四位一组得到$(1001, 0000, 1101)_2$，则可以表示成十六进制数$(90D)_{16}$。

2.3.3　进制转换

十进制数转换为其他进制数的方法如下。

（1）整数部分：除以基数逆序取余数至商为 0 为止。

（2）小数部分：乘以基数顺序取整数部分至（去掉整数后的）小数为 0 或达到需要的精度为止。

例如：

$$(123)_{10}=(01111011)_2=(173)_8=(7B)_{16}$$
$$(0.8125)_{10}=(0.1101)_2=(0.64)_8=(0.D)_{16}$$

十进制数 123 转换为八进制数的过程如下：

```
8 │ 123
     8 │ 15 ┄┄┄┄┄ 3
          8 │ 1 ┄┄┄┄┄ 7
               0 ┄┄┄┄┄ 1
```

八进制逆序取余数得到 1、7 和 3，所以得到$(173)_8$。

十进制数 0.8125 转换为二进制数，过程如表 2-3 所示。

表 2-3　十进制数 0.8125 转换为二进制数的过程

步　骤	乘以 2	整 数 部 分	小 数 部 分
1	0.8125×2=1.625	1	0.625
2	0.625×2=1.25	1	0.25
3	0.25×2=0.5	0	0.5
4	0.5×2=1	1	0

即不断乘以 2 并顺序取得整数部分 1、1、0 和 1，所以得到 $(0.1101)_2$，注意，不能漏写"0."。

其他进制数转换为十进制数时，采用**按权相加**法，即根据按权展开式计算。设基数为 b，共有 n 位的其他进制数为 $k_1k_2\cdots k_{n-1}k_n$，则 k_n 的权值为 b^0，k_{n-1} 的权值为 b^1，……，k_1 的权值为 b^{n-1}，则十进制数 $d=\sum_{i=1}^{n}k_i\cdot b^{n-i}$。例如：

$$(173)_8=1\times 8^2+7\times 8^1+3\times 8^0=(123)_{10}$$
$$(7B)_{16}=7\times 16^1+11\times 16^0=(123)_{10}$$

2.4　常量与变量

2.4.1　常量

常量是在程序运行中其值始终保持不变的量。根据类型不同，常量可分为整型常量、实型常量、字符常量、字符串常量和逻辑常量等。另外，直接给出的常量称为字面常量，通过常量名给出的常量称为符号常量。

字面常量可带后缀（后缀字符不区分大小写），如 123u、1.23f、123LL 等，分别表示无符号整型、单精度实型和长长整型。

1. 整型常量

整型常量包括十进制、八进制和十六进制等形式。

十进制：　　123（以非 0 数字开头）

八进制：　　0123（以 0 开头，等于十进制 83）

十六进制：0x123（以 0x 或 0X 开头，等于十进制 291）

　　　　　　0x7fffffff（等于十进制 2147483647）

　　　　　　0x80000000（等于十进制 2147483648）

八进制整型常量以 0 开头，如 012 表示八进制数 12，等于十进制数 10；十六进制整型常量以 0x 或 0X 开头，如 0x12 表示十六进制数 12，等于十进制数 18。又如，INT_MAX（2147483647）可以表示为 0x7fffffff，0x7fffffffffffffff 表示 long long int 能表达的最大整数 9223372036854775807，而 unsigned long long int 能表达的最大整数 18446744073709551615 可以用 0xffffffffffffffff 表示。另外，在 Dev-C++等编译器下，可用 0b 或 0B 开头表示二进制整数，如 0b111 或 0B111 表示二进制整数 111，等于十进制数 7。

2. 实型常量

实型常量默认是 double 类型，有小数和指数两种表示形式。

小数形式：12.3

指数形式：1.23e1（表示 $1.23×10^1$，即 12.3），1e−9（表示 $1×10^{-9}$，即 0.000000001）

3. 字符常量

字符常量是用单引号括起来的单个字符，如'a'、'A'、'@'；或者单引号括起来的以反斜杠（\）开始的转义字符，如'\n'（换行符）、'\\'（反斜杠符）、'\t'（制表符[Tab]）、'\"'（双引号）、'\''（单引号）。

4. 字符串常量

字符串常量是用双引号括起来的若干字符，如""（空串）、" "（空格串，引号中至少一个空格符）、"hello world"、"你好"。注意，字符串常量"a"与字符常量'a'是不同的，前者包含了两个字符，即字符'a'及字符串结束符'\0'。字符串常量都包含了字符串结束符，即便是空串也如此。

5. 逻辑常量

逻辑常量也叫布尔常量，仅包含 true（逻辑真）、false（逻辑假）两个值。

因 Dev-C++下 C 语言程序（源程序文件扩展名为 c）不支持 bool 类型及其常量 true 和 false，本书中的 C 风格代码用 int 类型代替 bool 类型，并分别用 1、0 表示逻辑真和逻辑假。

6. 符号常量

符号常量是带名字的常量。例如，INT_MAX 是一个符号常量（其值为 2147483647），NULL 是表示空指针的符号常量（其值为 0），EOF 是表示文件尾的符号常量（其值为−1）。使用符号常量可以增加程序的可读性、一致性和可维护性等。定义符号常量的方法如下。

C++风格：使用 const 关键字，简称 const 常量。

例如：

```
const double PI=3.1415926;      //PI 是符号常量，其值为 3.1415926
const char NewLine='\n';        //NewLine 是符号常量，其值为'\n'
cout<<PI<<NewLine;
```

实际上，在 C 语言中也可以使用 const 常量。

C 风格：使用宏定义#define

例如：

```
#define PI 3.1415926
#define NewLine '\n'
printf("%lf%c",PI, NewLine);
```

注意，宏定义是编译预处理命令而不是 C/C++语言基本语句，不用分号";"结束。

例 2.4.1　实型符号常量的输出

```
//C 风格代码
#include<stdio.h>
```

```
#define PI 3.14159265358979323846
#define Pi 3.14159265358979323846f
int main() {
    printf("%lf\n",PI);
    printf("%.16lf\n",PI);
    printf("%.7f\n",Pi);
    return 0;
}
```

运行结果：

```
3.141593
3.1415926535897931
3.1415927
```

在 Dev-C++下，printf 输出实数时默认 6 位小数。

```
//C++风格代码
#include<iostream>
#include<iomanip>
using namespace std;
const double PI=3.14159265358979323846;
const float Pi=3.14159265358979323846f;
int main() {
    cout<<PI<<endl;
    cout<<fixed<<setprecision(16)<<PI<<endl;
    cout<<fixed<<setprecision(7)<<Pi<<endl;
    return 0;
}
```

运行结果：

```
3.14159
3.1415926535897931
3.1415927
```

在 Dev-C++下，cout 输出实数时默认 6 位有效位。在 C++中，实数小数位数的保留需要包含头文件 iomanip，并应在输出该实数之前先输出 fixed 和 setprecision(n)（n 为要保留的小数位数）。注意，在输出 fixed 和 setprecision(n)之后的输出实数都按保留 n 位小数的形式；可用语句 "cout.unsetf(ios::fixed); cout.precision(6);" 恢复默认设置。

2.4.2　变量

变量是程序运行过程中其值可以改变的量。变量需要指定数据类型，变量具有变量名、变量值、变量的内存单元及其地址。定义并初始化变量的方法如下：

数据类型 变量名 1=变量值 1 [,变量名 2=变量值 2…];

例如：

```
int a=1;     //数据类型为 int，变量名为 a，变量值为 1，变量的地址为&a
```

把变量 *a* 理解为一个小房间，则 *a* 的地址&*a* 相当于这个小房间的门牌号，即&*a* 指向 *a*，如图 2-1 所示。

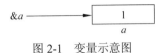

图 2-1　变量示意图

1. 定义变量

```
int a,b;          //定义 2 个整型变量 a, b
double d;         //定义实型变量
char c;           //定义字符型变量
string s;         //定义字符串型变量
bool flag;        //定义逻辑型变量
```

2. 变量的使用

1）输入、输出

```
int a;            //定义整型变量
cin>>a;           //输入整数到变量 a 中，>>是提取运算符，确认输入按 Enter 键
cout<<a<<endl;    //输出变量 a 的值，<<是插入运算符，endl 是换行符
```

对于实数，若采用 printf 输出，则默认 6 位小数；若采用 cout 输出，则默认 6 位有效位。例如：

```
double d=123.4567893;
cout<<d<<endl;    //输出 123.457，cout 输出实数默认 6 位有效位
printf("%lf",d);  //输出 123.456789，printf 输出实数默认 6 位小数
string s;         //定义字符串型变量，必须#include<string>
cin>>s;           //输入字符串，遇 Space、Tab、Enter 等键则结束输入
getline(cin,s);   //输入字符串，遇 Enter 键则结束输入，字符串中可以包含空格
```

2）赋值

```
double b;         //定义实型变量
b=3.14;           //=是赋值符号，判断"等于"要用==
char c;           //定义字符型变量
c='A';            //字符常量用''引起来，c 对应的存储单元中存放'A'的 ASCII 码值
bool flag;        //定义逻辑型变量，经常作为一个标记变量
flag=true;        //逻辑型变量赋值为 true
```

2.5　运算符

根据运算数的个数，C/C++运算符可以分为单目运算符（如++、sizeof）、双目运算符（如/、%）、三目运算符（如?:)。

2.5.1　算术运算符

思考两个问题：

（1）如何判断 *n* 是否为偶数？

（2）$n=123$，如何取 n 的各位数字？

对于问题（1），可以考虑 n 除以 2 后余数是否为 0。

问题（2）是一个数位分离问题，即把一个整数的每个数位取出来，对于此问题，可以考虑用%、/运算符。例如，$n=123$，则 $n\%10=3$，$n/10=12$。

算术运算符有：+（加）、−（减）、×（乘）、/（除）、%（求余，读作"mod"）。由算术运算符构成的式子称为算术表达式，如 5%2。其他表达式也可由运算符命名，如赋值表达式、关系表达式、逻辑表达式等。

+、−可以是符号，如−1，此时+、−是单目运算符；当有 2 个运算数时+、−分别为加号和减号，此时+、−是双目运算符。

数学上的 $2i$，在写 C/C++代码时须写成 $2*i$，即*要明确写出。

若 a、b 都为整数，则 a/b 的结果为整数。例如，5/2=2，2/5=0，而 5/2.0=2.5，2.0/5=0.4。

%只能作用于整数，a % b 表示求 a 除以 b 的余数，a % b 的结果与 a 同号，并按绝对值求余数，如 5%2=1，5%−2=1，−5%2=−1，−5%−2=−1。

算术表达式的求值顺序："先乘、除、模（求余），后加、减"。此求值顺序表明了运算符的优先级。

用圆括号"()"可以改变表达式的求值顺序。

对于本小节前面的两个问题，问题（1）可用 $n\%2==0$ 表达，其中==是"等于"运算符；问题（2）可用 $a=n\%10$，$b=n/10\%10$，$c=n/10/10\%10$ 依次取得个、十、百位，其中=是赋值运算符。

2.5.2　赋值运算符

思考：设 a、b 分别等于 1、3，如何交换 a、b 两个变量的值？

可以借助一个临时变量 t，使用如下语句：

```
t=a;
a=b;
b=t;
```

这三条语句中的=为赋值运算符，其功能是将=右边的表达式的值赋给其左边的变量。例如，上面的 $t=a$ 是把 a 的值 1 赋给变量 t，使得 t 的值为 1。

由赋值运算符构成的式子称为赋值表达式，如 $t=a$ 是一个赋值表达式；赋值表达式的形式如下：

变量=表达式

赋值表达式中赋值运算符=的左边应该是左值，一般是变量。

赋值运算符可以与算术等运算符构成赋值缩写，如 $a=a+b$ 可以缩写为 $a+=b$；而 $a*=2$ 表示 $a=a*2$。

语句"a=b=1;"的作用是把变量 a、b 同时赋值为 1；执行的顺序如下：

```
b=1;
a=b;
```

可见，赋值运算符"="的结合性是从右往左结合的。

表达式后加分号";"则成为相应的表达式语句，如"b=1;"是一个赋值语句。

2.5.3　自增、自减运算符

思考：有语句"int i=0,j=1;"，如何表达 i 的值增加了 1，j 的值减少了 1？

一种方法如下：

```
i=i+1;
j=j-1;
```

另一种方法如下：

```
i++;
j--;
```

其中，++、--为自增、自减运算符，只能作用于左值，通常是整型或能转换为整型的变量。

++作用于变量时，使其值增加 1，如++i, i++；--作用于变量时，使其值减少 1，如--i，i--。

思考：++i, i++都能使 i 的值增 1；那么，++i 与 i++的区别何在？

（1）作为语句使用时没有区别，即语句"i++;"和"++i;"都与"i=i+1;"含义相同。

（2）作为表达式时，根据++位置决定增 1 的时机，++在前则先增 1，再取值；++在后则先取值，再增 1；可见，执行完表达式之后 i 的值都增了 1。

--i 和 i--的区别也可类似讨论，留给读者完成。

2.5.4　关系运算符与逻辑运算符

关系运算符和逻辑运算符分别构成关系表达式和逻辑表达式，这两种表达式的值为逻辑值 true 或 false。if 语句的条件和循环语句的循环条件通常是结果为 true 或 false 的表达式。

1. 关系运算符

思考：给定三个正整数 a、b、c，如何表达这三个整数能否构成三角形？

对于能构成三角形的三条边，要求任意两边之和大于第三条边。即要求满足条件：$a+b>c$ 且 $a+c>b$ 且 $b+c>a$。

其中，>就是关系运算符中的"大于"运算符；"且"可用逻辑运算符&&表示。

关系运算符也称比较运算符，共有 6 种：==（等于）、!=（不等于）、>（大于）、<（小于）、>=（大于或等于）、<=（小于或等于）。

关系运算后的结果为逻辑值 true 或 false。例如，3!=5 结果为 true，3>5 结果为 false。

在 6 种关系运算符中，==、!=的优先级相同，而其余四种关系运算符相同，且前者（==、!=）的优先级低于后者（>、<、>=、<=）。

2. 逻辑运算符

思考两个问题：

（1）如何判断 n 同时是 3，5，7 的倍数？

（2）给定年份 year，如何判断其是否为闰年？

其中，闰年的判定规则如下：

若年份 year 为闰年，则 year 能被 4 整除但不能被 100 整除，或者 year 能被 400 整除。例如，1900、2019 不是闰年，2000、2012、2020 是闰年。

显然，是否倍数、能否整除可以用%和关系运算符表达；而且，问题（1）需要表达"并且"的关系；问题（2）要表达"并且"和"或者"的关系，这可以用逻辑运算符。

逻辑运算符包括!（非）、&&（与）、||（或）。逻辑表达式的结果为 true 或 false。运算规则如下。

（1）!a：若 a 为 true 则 !a 为 false，若 a 为 false 则 !a 为 true。

（2）a&&b：若 a、b 同时为 true 则 a&&b 为 true，否则为 false；若 a 为 false，则不再考虑 b。

例如，以下代码将输出 2：

```
int i=1,j=2;
if(--i && --j)        //if 是选择结构的语句，若其后()中的条件成立则输出 i，否则输出 j
      cout<<i<<endl;
else
      cout<<j<<endl;
```

（3）a || b：若 a、b 同时为 false 则 a || b 为 false，否则为 true；若 a 为 true，则不再考虑 b。

例如，以下代码将输出 2：

```
int i=1,j=2;
if(i-- || --j)        //if 后的条件成立则输出 j，否则输出 i
    cout<<j<<endl;
else
      cout<<i<<endl;
```

逻辑运算符的优先级从高到低依次是!、&&、||。

本小节开始时提出的两个问题可以表示如下：

（1）$n\%3==0\&\&n\%5==0\&\&n\%7==0$ 或 $n\%(3*5*7)==0$

（2）$year\%4==0\&\&year\%100!=0$ || $year\%400==0$

而上一小节中的三个整数能否构成三角形的条件可以表达如下：

$a+b>c\&\&a+c>b\&\&b+c>a$

思考：如何用 C/C++表达式表示数学式 $1<x<10$？

不能直接表达为：$1<x<10$，因为不论 x 为何值，$1<x$ 的值为 true 或 false，而且 true<10、false<10 都是成立的（true 转换为 1，false 转换为 0），即表达式 $1<x<10$ 的值总是等于 true，不能表达 x 处在(1，10)范围内。

正确表达方式：$1<x\&\&x<10$，即需要同时满足的条件应用逻辑与运算符&&表达；另外，也可以表达为!($x<=1$||$x>=10$)。

2.5.5　条件运算符

思考：如何取 a、b 中的大值放到 c 中？

一种方法是用 if 语句、关系运算符及赋值运算符，如下：

```
if(a>b)c=a;        //若 a>b 成立则执行 c=a;否则执行 c=b;
else c=b;
```

另一种方法就是采用条件运算符 "?:"，如下：

```
c= a>b ? a : b;
```

其含义是若条件 $a>b$ 成立，则取 a 的值赋给 c，否则取 b 的值赋给 c。

条件运算符 "?:" 是唯一的三目运算符，其所构成的条件表达式如下：

条件 ? 表达式 1 : 表达式 2

条件表达式的规则如下。

若 "条件" 为 true，条件表达式的值为 "表达式 1" 的值，否则为 "表达式 2" 的值。

2.5.6　逗号运算符

思考：有 $i=0$、$j=9$，如何用一个表达式表示 i 增加 1，j 减少 1？

可以表达如下：

```
i++,j--
```

其中，","为逗号运算符，该表达式先执行 $i++$，再执行 $j-$，执行完后 i 变为 1，j 变为 8，整个逗号表达式的结果为 9（$j-$ 则先取 j 的值）。

逗号运算符 ","构成逗号表达式的形式如下：

表达式 1，表达式 2，…，表达式 n

逗号表达式的规则：从左往右计算各表达式，整个表达式的值为最后 "表达式 n" 的值。

例如：

```
int i=0,j=0,k=0;i++,j++,k++;
```

执行完上述逗号表达式后，i、j、k 各自增 1，整个逗号表达式值为 0（$k++$ 则先取 k 值）。

有时为了缩减代码，可以把多条语句作为一条逗号表达式语句。例如，借助临时变量 t 交换 a、b 两个变量的值可用如下逗号表达式语句表达：

```
t=a,a=b,b=t;
```

2.5.7　位运算

由于位运算执行效率更高，在程序设计竞赛中经常使用位运算提高程序执行效率，有些题目可以运用位运算表达的算法来避免超时。位运算时，运算数转换为二进制补码形式，按位进行运算得到运算结果。位运算符共有六种：&（按位与）、|（按位或）、^（按位异或）、~（按位取反）、<<（左移）、>>（右移）。简单起见，下面用二进制表达整数时，以 8 个二进制位表示。

1. 按位与

按位与运算符 "&" 是双目运算符，运算规则："同 1 才 1，有 0 则 0"。即参与运算的两数各对应的两个二进制位均为 1 时，结果位才为 1，否则为 0。

例如，9&3 的运算式如下：

$$
\begin{array}{ll}
00001001 & \text{（9 的二进制补码）}\\
\&\,00000011 & \text{（3 的二进制补码）}\\
\hline
00000001 & \text{（1 的二进制补码）}
\end{array}
$$

即 9&3=1。

按位与运算通常用来对某些位清 0 或保留某些位。例如，对于 2 字节长的短整型变量 a，表达式 $a=a\&255$ 将实现把 a 的高八位清 0 且保留其低八位的功能。因为 255 的二进制数为 0000000011111111，而 a 对应位与 0 相与得 0，与 1 相与得原值。

2. 按位或

按位或运算符"|"是双目运算符，运算规则："同 0 才 0，有 1 则 1"。即参与运算的两数各对应的两个二进制位有一个为 1 时，结果位就为 1，同时为 0 时结果位才为 0。

例如，9|3 的运算式如下：

$$
\begin{array}{ll}
00001001 & \\
|\,00000011 & \\
\hline
00001011 & \text{（11 的二进制补码）}
\end{array}
$$

即 9|3=11。

3. 按位异或

按位异或运算符"^"是双目运算符，运算规则："异为 1，同为 0"。即参与运算的两数各对应的两个二进制位相异时，结果为 1，否则为 0。

例如，9^3 的运算式如下：

$$
\begin{array}{ll}
00001001 & \\
\text{^}\,00000011 & \\
\hline
00001010 & \text{（10 的二进制补码）}
\end{array}
$$

即 9^3=10。

可以用按位异或运算直接实现两个整型变量的交换。具体代码如下。

```
#include<stdio.h>
int main() {
    int a=1, b=3;
    a=a^b;
    b=a^b;
    a=a^b;
    printf("%d %d\n",a,b); // 输出: 3 1
    return 0;
}
```

此代码可以实现交换变量 a、b 的值，原因在于 a^a=0、a^b=b^a。另外，a^0=a。

4. 按位取反

按位取反运算符"~"为单目运算符，运算规则："反 0 为 1，反 1 为 0"，即参与运算的数的各二进制位若为 0 则求反为 1，否则求反为 0。

例如，~10 的运算如下。

~$(00001010)_2$ 得$(11110101)_2$，转换为十进制数：符号位 1 不变，数值位按位取反再加 1 得$(10001011)_2$，结果为-11。

对于整数 n，~n=-$(n+1)$，~~n=n。由于~-1=0，可用以下代码控制输入处理到文件尾（设每组测试数据先输入一个整数 n）：

```
while(~scanf("%d",&n)){    //scanf 得不到数据时返回 EOF(-1)
    //一组测试的代码
}
```

5. 左移

左移运算符（<<）是双目运算符，运算规则：把<<左边的运算数的各二进制位全部左移<<右边的运算数指定的位数，高位丢弃，低位补 0。

例如，设整数 a=5，则 a<<4 表示把 a 的各二进制位向左移动 4 位，运算如下。

a=$(00000101)_2$，左移 4 位后得$(01010000)_2$，即十进制数 80。

可见，对于整数 a 和正整数 n，a<<n 相当于 $a*2^n$。

6. 右移

右移运算符（>>）是双目运算符，运算规则：把>>左边的运算数的各个二进制位全部右移>>右边的运算数指定的位数。

例如，设整数 a=25，则 a>>2 表示把 a 的各二进制位向右移动 2 位，运算如下。

a=$(00011001)_2$，右移 2 位后得$(00000110)_2$，即十进制数 6。

可见，对于正整数 a 和 n，a>>n 相当于 $a/2^n$。

对于有符号数，在右移时，符号位将随同移动。当为正数时，最高位补 0；而为负数时，符号位为 1，最高位是补 0 或是补 1 取决于编译系统的规定，而很多编译系统的规定是补 1。例如，在 Dev-C++下，-9>>2=-3，分析如下。

-9 的补码：11110111

右移 2 位（最高位补 1）：11111101

符号位不变，数值位按位取反再加 1：10000011

转换为十进制数为-3。

位运算符优先级从高到低为：~、(<<、>>)、&、^、|。

2.5.8　运算符的优先级与结合性

本书主要使用 C 语言运算符。C 语言运算符优先级如表 2-4 所示。

若运算符优先级不同，则优先级高的先执行（例如，算术运算符中，先*、/、%后+、-）；若优先级相同，则执行顺序取决于运算符的结合性。

结合性分为"从左到右"和"从右到左"两种，若为"从左到右"则先处理左边的运算符；若为"从右到左"，则先处理右边的运算符。一目运算符、赋值运算符、条件运算符结合性为"从右到左",其他运算符为"从左到右"。例如,若 $a=2$,则表达式 $a*=a+=4$ 表示先把 a 的值加 4,即 $a=6$,再把 a 的平方赋值给 a,即 $a=36$。

表 2-4 C 语言运算符优先级

优先级	运 算 符	备 注
1	() [] . ->	改变运算优先级或界定函数参数 数组下标 成员选择(其左边为结构体变量) 成员指向(其左边为结构体指针变量)
2	一目运算符: +、- ++、-- !、~ *、& sizeof、(类型)	+:正号,-:负号 ++:自增,--:自减 !:逻辑非,~:按位取反 *:指针取值(内容),&:取地址 sizeof:求内存长度,(类型):强制类型转换
3	算术运算符:*、/、%	乘、除、求余
4	算术运算符:+、-	加、减
5	位运算符:<<、>>	左移、右移
6	关系运算符:>、>=、<、<=	大于、大于或等于、小于、小于或等于
7	关系运算符:==、!=	等于、不等于
8	按位与运算符:&	
9	按位异或运算符:^	
10	按位或运算符:|	
11	逻辑与运算符:&&	
12	逻辑或运算符:||	
13	条件运算符:?:	唯一的三目运算符
14	赋值运算符:=及赋值缩写	含*=、/=、%=、+=、-=、<<=、>>=、&=、^=、|=
15	逗号运算符:,	

本书使用的 C++特有运算符包括>>(提取符)、<<(插入符)、+(字符串连接)、new(动态空间申请)、delete(释放动态空间),其中前三者经过运算符重载。

2.5.9 类型转换

C/C++语言中,类型转换分为强制转换和自动转换两类。

1. 强制转换

思考:如何把整数 97 输出为字符 a?

因为字符 a 的 ASCII 码是 97(a~z 的 ASCII 码为 97~122,A~Z 的 ASCII 码为 65~90,0~9 的 ASCII 码为 48~57),此问题是要把 ASCII 码转换为相应的字符输出,可以用 printf 函数按格式字符 c 输出,如下:

```
printf("%c\n",97);
```

也可以采用强制类型转换：

```
cout<<char (97)<<endl;
cout<<(char) 97<<endl;
```

强制类型转换的形式：

（数据类型）表达式

或

数据类型 （表达式）

注意，C 语言不支持后一种形式，即数据类型不加 "()" 的形式。

设有语句 "int a=123,b;"，则(double) a 或 double (a)，都是把 int 类型的 a 转换为 double 类型。

注意，(long long int) a*b 指的是把 a 转换为 long long int 再与 b 相乘；而(long long int) (a*b) 指的是把 a 与 b 相乘的结果转换为 long long int。如果要避免 a*b 超出 int 能表达的最大整数，应该用前一种写法。例如：

```
int a=50000,b=50001;
cout<<(long long int)a*b<<endl;     //输出 2500050000
cout<<(long long int)(a*b)<<endl;   //输出-1794917296
```

2. 自动转换

各种数据类型混合运算时，类型自动转换的基本规则如下。

按运算符优先级逐个运算符进行转换，短的向长的靠拢，有符号向无符号靠拢；整型向实型靠拢，低精度向高精度靠拢。

例如，short int 类型与 int 类型混合运算时，short int 向 int 转换；int 类型与 unsigned int 类型混合运算时，int 向 unsigned int 转换；int 类型与 double 类型混合运算时，int 向 double 转换；float 类型与 double 类型混合运算时，float 向 double 转换。

思考：4+'a'-5.1 怎么转换？

先考虑运算符+，char 类型的'a'转换为 int 类型并运算得到 101，再考虑运算符-，int 类型的 101 转换为 double 类型，最终运算结果为 double 类型的 95.9。

注意，若有语句 "double pi=3.14159;"，则语句 "int i=pi;" 把 double 类型变量 pi 的值截去掉小数部分后赋值给 int 类型变量 i，这种情况也可以视为一种自动类型转换。

2.6　C 语言输入输出

C 语言中，并没有专门的输入/输出语句，所有的输入、输出都通过调用库函数完成。为此，C 的标准库函数中提供了许多实用函数，其中包括 scanf、printf、getchar、putchar、gets、puts 等输入/输出函数。调用标准输入/输出库函数须包含头文件 stdio.h。

2.6.1　字符/字符串数据输入输出

字符输出函数 putchar，其作用是向输出设备输出一个字符，该函数的调用形式如下：

putchar(字符);

例如，"putchar('A');"将输出字符 A，"putchar('\n');"将输出换行符。

字符输入函数 getchar，其作用是从输入设备输入一个字符，该函数常用的调用形式如下：

[字符型变量=]getchar();

例如，"c=getchar();"将从输入设备输入一个字符并赋值给 c；而"getchar();"往往用来吸收一个字符（即输入一个字符，但并不关心所输入的是什么字符）。getchar 函数在得不到数据时返回 EOF。

字符串输出函数 puts，其作用是向输出设备输出一个字符串（自动换行），该函数的调用形式如下：

puts(字符串);

例如，"puts("Hello World!");"将输出字符"Hello World!"并自动换行。

字符串输入函数 gets，其作用是从输入设备输入一个字符串，该函数常用的调用形式如下：

gets(字符数组);

例如，"char s[10]; gets(s);"将从输入设备输入一个字符串并存放到字符数组 s 中；由于 gets 函数直到遇到换行符或 EOF 才输入结束，因此可用该函数输入包含空格的字符串；另外，gets 函数在得不到数据时返回空指针 NULL。

因 PTA 上的 C++编译器不支持 gets 函数（PTA 的 C 编译器支持该函数），故 C++风格代码中需用 fgets 函数输入字符串，其函数原型如下：

char* fgets(char *str, int n, FILE* stream);

fgets 函数用于从 stream 指定的文件（可为标准输入流 stdin）读入最多由 n 个字符（第 n 个字符一般是换行符'\n'）构成的一行字符串（可包含空格）到字符指针 str 指向的字符数组。当读到 n−1 个字符，或读到换行符，或到达文件末尾时结束输入。fgets 函数若成功执行，则返回 str，否则返回空指针 NULL。

与 fgets 函数对应的输出字符串的函数是 fputs，其函数原型如下：

int fputs(const char *str, FILE *stream);

fputs 函数用于向参数 stream 指定的文件（可为标准输出流 stdout）写入一个字符串 str（不含字符串结束符'\0'）。fputs 若成功执行，则返回非负整数，否则返回 EOF。

例 2.6.1 字符/字符串输入输出示例

```
#include<stdio.h>
int main() {
    char c;                 //定义字符变量
    char s[21];             //定义字符数组 s，可以存放所输入的长度不超过 20 的字符串
    c=getchar();            //输入一个字符并赋值给字符变量 c
    gets(s);                //输入字符串，该字符串可以包含空格
    putchar(c);             //输出 c 中存放的字符
    putchar('\n');          //输出换行符
    puts(s);                //输出字符串
    return 0;
}
```

运行结果：

```
A↵
A
```

本程序拟输入并输出一个字符和一个字符串。但此程序运行时，在输入字符 A 并按回车键确认后就得到程序运行结果（字符 A 和一个空串），而不必再输入一个字符串。因为 gets 函数遇到 A 字符之后的换行符而输入结束，字符数组 s 中是一个空串。为避免出现这种情况，应该在调用 gets 函数之前吸收确认字符输入的换行符（可用 getchar 函数），具体代码如下：

```
#include<stdio.h>
int main() {
    char c;                 //定义字符变量
    char s[21];             //定义字符数组 s，可以输入长度不超过 20 的字符串
    c=getchar();            //输入一个字符并赋值给字符变量 c
    getchar();              //输入一个字符，此处用于吸收确认输入字符 c 的换行符
    gets(s);                //输入字符串，该字符串可以包含空格
    putchar(c);             //输出 c 中存放的字符
    putchar('\n');          //输出换行符
    puts(s);                //输出字符串
    return 0;
}
```

运行结果：

```
A↵
Just do it↵
A
Just do it
```

2.6.2　格式输入与输出

1. printf 函数

格式：**printf(格式控制串，输出列表);**

作用：根据格式控制串输出"输出列表"中的数据。

其中，格式控制串是用双引号括起来的字符串，它可以包含两类信息：格式说明、普通字符。

（1）格式说明：由格式引导符%和格式字符组成，用来指定输出项的数据类型和格式。

（2）普通字符：按原样输出的字符，转义字符也属于普通字符。

例 2.6.2　printf 输出示例（1）

```
#include<stdio.h>
int main() {
    int x=1,y=2;
    printf("x=%d y=%d\n",x,y);
    return 0;
}
```

运行结果：

```
x=1 y=2
```

说明：格式控制串"x=%d y=%d\n"中"x="和"y="是普通字符，原样输出，而一个"%d"对应一个 int 类型数据的输出，'\n'是一个转义字符，即换行符。printf 函数中，常见的格式字符如表 2-5 所示。

表 2-5　printf 格式字符

适 用 类 型	格　式	含　义
整型	d	以带符号十进制整数输出
	u	以十进制无符号整数输出
字符型	c	以字符形式输出单个字符
字符串	s	以字符串形式输出
浮点型	f	以小数形式输出浮点数

关于 printf 函数的补充格式说明如下。

（1）可以在 d、u、f 等格式字符前加 l。例如，%lld 对应 long long int 类型，%llu 对应 unsigned long long int 类型，%lf 对应 double 类型。

（2）可以设置输出数据的宽度。例如，%8d 表示按 8 字符宽输出 int 型数据（若实际位数大于设置宽度则按实际宽度输出，若实际位数小于设置宽度则左补空格）；%08d 表示按 8 字符宽输出 int 型数据，若实际位数小于 8 则左补 0。

（3）可以设置浮点数输出的小数位数。例如，%.2lf 表示输出 double 类型数据并保留 2 位小数，%8.1f 表示按 8 字符宽输出 float 类型数据并保留 1 位小数。

例 2.6.3　printf 输出示例（2）

```
#include<stdio.h>
int main() {
    printf("%lld\n",50000LL*50000); //LL 后缀把 int 常量转换为 long long int
    printf("%d\n%d\n%d\n", 1, 23, 456);
    printf("%08d\n%8d\n%8d\n", 1, 23, 456);
    return 0;
}
```

运行结果：

```
2500000000
1
23
456
00000001
      23
     456
```

例 2.6.4　printf 输出示例（3）

```
#include<stdio.h>
```

```
int main() {
    printf("%f,%f,%f\n", 123.45, 67.8901, 1.57);
    printf("%.1f,%8.1f,%8.0f\n", 123.45, 67.8901, 1.57);
    return 0;
}
```

运行结果：

```
123.450000,67.890100,1.570000
123.5,    67.9,        2
```

2. scanf 函数

格式：**scanf(格式控制串，变量地址列表);**

作用：根据格式控制串指定的格式，将输入的数据存放到各个地址对应的变量中。

变量的地址可在变量之前加地址符&表示。例如，&*a* 表示变量 *a* 的地址。

格式控制串是用双引号括起来的字符串，它可以包含两类信息：格式说明、分隔符。这里的格式说明和 printf 函数类似。

输入数据时，遇以下情况时认为该数据结束。

（1）遇空格（Space）、回车（Enter）、横向跳格（TAB）等键。

（2）遇指定宽度（例如，%5d 在输入一个 5 位的整数后结束）。

（3）遇非法输入。

scanf 函数输入多个数据时，默认以空格作为分隔符。也可以指定其他格式分隔符，如逗号（,）、冒号（:）、减号（-）等，但这些字符在输入时需原样输入。

例 2.6.5   scanf 输入示例

```
#include<stdio.h>
int main() {
    int x;
    float y;
    scanf("%d%f", &x, &y);
    printf("x=%d, y=%f\n", x, y);
    return 0;
}
```

运行结果：

```
12 3.456↵
x=12, y=3.456000
```

x 是 int 类型，格式字符用 d；而 *y* 是 float 类型，格式字符用 f。

注意，scanf 函数中格式控制串之后的参数必须是变量地址，因此变量 *x*、*y* 之前要加地址符&，即用&*x*、&*y* 分别表示 *x*、*y* 的地址。

scanf 函数常见的格式字符如表 2-6 所示。

关于 scanf 函数的补充格式说明如下。

（1）可以在 d、u、f 前加 l，如%llu、%lf 分别对应 unsigned long long int 和 double 类型。

（2）可以设置输入数据的宽度，如%5d 表示输入一个 5 位的整数。

表 2-6　scanf 常用格式字符

适用类型	格式	含　　义
整型	d	输入十进制有符号整数
	u	输入十进制无符号整数
字符型	c	输入单个字符
字符串	s	输入一个字符串（若遇空格则输入结束）
浮点型	f	以小数形式输入浮点数

（3）可以设置赋值抑制符（*），忽略本输入项的数据，如%*c 表示忽略一个字符的输入，语句 "scanf("%*c");" 可以达到 "getchar();" 或 "cin.get();" 吸收一个字符的效果。

常见的 scanf 函数错误如下：

```
scanf("%d,%f",a,b);          //遗漏了地址符
scanf("%d,%f\n",&a,&b);      //想用换行符结束输入，若要正确输入需要在最后输入\n
scanf("%6.2f",&a);           //不允许指定输入浮点数的精度
```

例 2.6.6　scanf 函数的返回值

```
#include<stdio.h>
int main() {
    int a, b;
    int n=scanf("%d,%d", &a, &b);
    printf("a=%d, b=%d, n=%d\n", a, b, n);
    return 0;
}
```

运行结果：

```
123,45678↵
a=123, b=45678, n=2
```

因为格式控制串为"%d,%d"，在正确输入 2 个整数之后，scanf 函数返回 2，即正确输入的数据个数。若输入 123 4567890（没有原样输入","），则将得到 $a=123$, $b=0$, $n=1$，即正确输入的数据个数为 1，而 b 的值为随机数。

scanf 函数在得不到任何数据（例如，遇到文件尾时）返回 EOF；因此可以用以下代码来控制输入处理到文件尾（设每组测试先输入两个整数）。

```
while(scanf("%d%d", &a, &b)!=EOF){//控制未处理到文件尾时进行循环
    //一组测试的代码
}
```

例 2.6.7　日期和时间的输入输出

使用 scanf 和 printf 函数输入、输出日期和时间，要求日期间隔符为 "-"，时间间隔符为 ":"。要求输出时，保证年份 4 位，不足 4 位前补 0，其他保证 2 位输出，不足 2 位前补 0。例如，输入 "2019-9-1 10:00:00"，输出 "2019-09-01 10:00:00"；输入 "1-1-1 0:0:0"，输出 "0001-01-01 00:00:00"。

具体代码如下：

```
#include<stdio.h>
int main() {
    int y,m,d,h,mi,s;
    scanf("%d-%d-%d %d:%d:%d",&y,&m,&d,&h,&mi,&s);
    printf("%04d-%02d-%02d %02d:%02d:%02d\n",y,m,d,h,mi,s);
    return 0;
}
```

运行结果：

```
2020-1-1 12:0:0↵
2020-01-01 12:00:00
```

对于输入，需控制 scanf 函数的间隔符，即间隔符要原样输入，其他数据使用 int 类型的格式说明%d；对于输出，需保证年份 4 位，不足 4 位前补 0，可以使用格式说明%04d，其中 4 表示输出占 4 字符宽度，4 之前的 0 表示若输出占不到 4 字符宽度，则前补 0；格式说明%02d 的含义类似，不再赘述。

2.7   C++语言输入输出

C++语言一般使用输入/输出流实现数据的输入和输出。

使用输入流 cin 及提取符"＞＞"（其后应是变量）实现 C++的输入，可以用一个 cin 输入一个或多个变量的值，每个变量的前面都要用提取符＞＞。例如，输入一个数据：

cin＞＞变量;

输入两个数据：

cin＞＞变量＞＞变量;

输入多个变量时，输入的数据之间一般以空格间隔。注意，使用 cin 不能把空格符输入字符变量中。

使用输出流 cout 及插入运算符"＜＜"实现 C++的输出，可以用一个 cout 输出一个或多个表达式的值，每个输出量的前面都要用插入符"＜＜"。例如，输出一个数据：

cout＜＜表达式;

输出两个数据：

cout＜＜表达式＜＜表达式;

基本的 C++输入、输出举例如下：

```
int a,b;
cin>>a>>b;
cout<<a+b<<endl;
```

C++常用的输出格式控制如下。

要实现 C++输出格式的控制须先包含头文件 iomanip，代码如下：

```
#include<iomanip>
```

对于整数，可以用 hex、oct、dec 等控制符，其中，hex 表示整数采用十六进制输出；oct 表示整数采用八进制输出；dec 是默认的控制符，表示整数采用十进制输出。

对于实数的输出，经常用 fixed 定点形式输出，用 setprecision(p)控制小数的精度，其中 p 为某个整数，表示输出的实数小数部分四舍五入精确到第 p 位小数。例如：

```
double pi=3.1415926;
cout<<fixed<<setprecision(3)<<pi<<endl;    //输出：3.142
```

设置输出宽度用 setw(w)，其中 w 是某个整数，表示紧接其后的输出数据共占 w 字符宽，若该数据不足 w 位则左补空格，若超出 w 位则按实际位数输出。设置填充字符可用 setfill(c)，其中 c 是某个字符。例如：

```
cout<<setfill('0')<<setw(10)<<123<<endl;    //输出 0000000123
```

例 2.7.1　C++基本的格式控制

```
#include<iostream>
#include<iomanip>                          //格式控制的头文件
using namespace std;
int main() {
    cout<<hex<<123<<endl;                  //输出：7b
    cout<<oct<<123<<endl;                  //输出：173
    cout<<dec<<0x7B<<endl;                 //输出：123
    cout<<dec<<0173<<endl;                 //输出：123
    cout<<setw(5)<<123<<endl;              //输出：   123（123 之前有 2 个空格）
    double pi=3.1415926;
    cout<<fixed<<setprecision(3)<<pi<<endl;//输出：3.142
    return 0;
}
```

运行结果：

```
7b
173
123
123
  123
3.142
```

注意，设置精度的函数 setprecision 需要和 fixed 配合使用，该格式控制对其后所有的浮点数输出都有效。简单起见，建议使用 C 语言的 printf 函数进行输出格式控制。例 2.7.1 程序的 C 风格代码如下：

```
#include<stdio.h>
int main() {
    printf("%x\n",123);                    //输出：7b
    printf("%o\n",123);                    //输出：173
```

```
    printf("%d\n",0x7B);                //输出: 123
    printf("%d\n",0123);                //输出: 123
    printf("%5d\n",173);                //输出:   123（123 前有 2 个空格）
    double pi=3.1415926;
    printf("%.3lf\n",pi);               //输出: 3.142
    return 0;
}
```

运行结果与 C++ 风格的程序相同。其中，printf 函数中的格式字符 x 和 o 表示十进制整数分别按十六进制和八进制输出。对于格式化的输入、输出，建议使用 scanf、printf 函数来实现。

2.8　在线题目求解

例 2.8.1　求矩形面积

已知一个矩形的长和宽，计算该矩形的面积。矩形的长和宽用整数表示，由键盘输入。

输入样例：

4 3

输出样例：

12

本题直接使用矩形面积公式求解，具体代码如下：

```
//C++风格代码
#include<iostream>
using namespace std;
int main() {
    int a, b, area;
    cin>>a>>b;                //输入长、宽
    area=a*b;                 //计算面积
    cout<<area<<endl;         //输出面积
    return 0;
}
```

一个程序一般包含数据结构和算法两部分；在本程序中，可把数据定义"int a, b, area;"视为数据结构；而简单算法一般包含三部分：

输入，如 cin>>a>>b；

处理，如 area=a*b；

输出，如 cout<<area<<endl；

简单的 C/C++ 程序可以按这种程序框架来写。

若需把 C++ 风格的代码转换为 C 风格，只需先把头文件部分改为如下：

```
#include<stdio.h>
```

再把输入语句改为如下：

```
scanf("%d%d",&a,&b);
```

最后把输出语句改为如下：

```
printf("%d\n",area);
```

C 风格具体代码如下：

```
//C 风格代码
#include<stdio.h>
int main() {
    int a, b, area;
    scanf("%d%d",&a,&b);          //输入
    area=a*b;                     //计算面积
    printf("%d\n",area);          //输出
    return 0;
}
```

实际上，在线解题时，在 C++风格代码中混合使用 C 风格的写法很常见。例如，大量数据输入时用 C 语言的 scanf 函数，而实数的小数点位数的保留输出经常使用 C 语言的 printf 函数。

例 2.8.2 求圆周长和面积

已知一个圆的半径，计算该圆的周长和面积，结果保留 2 位小数。半径用的是实数，由键盘输入。设圆周率等于 3.14159。

输入样例：

```
3
```

输出样例：

```
18.85 28.27
```

本题直接使用圆的周长和面积公式求解，而圆周率不止一次要用到，可以定义成一个符号常量，具体代码如下：

```
//C++风格代码
#include<iostream>
#include<iomanip>
using namespace std;
const double PI=3.14159;            //定义符号常量 PI
int main() {
    double r, c, s;
    cin>>r;
    c=PI*2*r;
    s=PI*r*r;
    cout<<fixed<<setprecision(2)<<c<<" "<<s<<endl;
    return 0;
}
```

注意，乘号"*"必须明确写出来。另外，保留小数位数的输出，用 C 语言的 printf 函

数更简单，double 类型数据输出的格式字符用 lf，保留 2 位小数则在其前加 ".2"。C 风格代码如下：

```
//C 风格代码
#include<stdio.h>
#define PI 3.14159                  //定义符号常量 PI
int main() {
    double r, c, s;
    scanf("%lf",&r);                //输入
    c=PI*2*r;
    s=PI*r*r;
    printf("%.2lf %.2lf\n",c,s);     //%.2lf 表示保留 2 位小数输出 double 类型数据
    return 0;
}
```

例 2.8.3　温度转换

输入一个华氏温度 f（整数），要求根据公式 $c = \dfrac{5}{9}(f-32)$ 计算并输出摄氏温度，其中 f 由键盘输入，结果保留 1 位小数。

输入样例：

```
100
```

输出样例：

```
37.8
```

本题直接根据公式计算，具体代码如下：

```
//C++风格代码
#include<iostream>
#include<iomanip>
using namespace std;
int  main() {
    int f;
    double c;
    cin>>f;
    c=5.0/9*(f-32);
    cout<<fixed<<setprecision(1)<<c<<endl;
    return 0;
}

//C 风格代码
#include<stdio.h>
int  main() {
    int f;
    double c;
    scanf("%d",&f);
    c=5.0/9*(f-32);
    printf("%.1lf\n",c);
    return 0;
}
```

需要注意的是，在 C/C++中，若运算符"/"的两个运算数都是 int 类型，则结果为 int 类型（如 5/9=0）；若要使其结果为实数，则需把其中一个运算数转换为实数，如 5.0/9、5/9.0、5/(double)9、(double)5/9。

例 2.8.4　反序显示一个四位数

从键盘上输入一个四位整数，将结果按反序显示出来。

输入样例：

```
1234
```

输出样例：

```
4321
```

本题涉及数位分离（把一个整数的各个数位上的数字分离出来），可以使用%、/运算符。例如，整数 n 的个、十、百、千位可以分别表示为 $n\%10$、$n/10\%10$、$n/100\%10$、$n/1000\%10$。根据得到的个、十、百、千位可以构造出逆序四位数输出。若是在线做题则也可以从个位到千位逆向输出。具体代码如下：

```cpp
//C++风格代码
#include<iostream>
using namespace std;
int main() {
    int n,m,a,b,c,d;
    cin>>n;
    a=n%10;                 //个位
    b=n/10%10;              //十位
    c=n/100%10;             //百位
    d=n/1000%10;            //千位
    m=a*1000+b*100+c*10+d;  //得到逆序数
    cout<<m<<endl;          //在线做题可直接: cout<<a<<b<<c<<d<<endl;
    return 0;
}
```

```c
//C 风格代码
#include<stdio.h>
int main() {
    int n,m,a,b,c,d;
    scanf("%d",&n);
    a=n%10;                 //个位
    b=(n/10)%10;            //十位
    c=(n/100)%10;           //百位
    d=(n/1000)%10;          //千位
    m=a*1000+b*100+c*10+d;  //得到逆序数
    printf("%d\n",m);       //在线做题可直接: printf("%d%d%d%d\n",a,b,c,d);
    return 0;
}
```

例 2.8.5　英文字母的大小写转换

输入一个大写字母 $c1$ 和一个小写字母 $c2$，把 $c1$ 转换成小写，$c2$ 转换成大写，然后输出。

输入样例：

```
Y e
```

输出样例：

```
y,E
```

大写字母'A'~'Z'的 ASCII 码区间是$[65, 90]$，小写字母'a'~'z'的 ASCII 码区间是$[97, 122]$，可见小写字母与其大写之间的 ASCII 码差值是 32。若是大写字母转换为小写，则可把存放该大写字母的变量值加上 32（或用'a'-'A'表示）；若是小写字母转换为大写，则可把存放该小写字母的变量值减去 32。具体代码如下：

```
//C++风格代码
#include<iostream>
using namespace std;
int main() {
    char c1,c2,c3,c4;
    cin>>c1>>c2;                //c1 大写，c2 小写
    c3=c1+32;                   //大写变小写，也可以写成 c3=c1+('a'-'A');
    c4=c2-('a'-'A');            //小写变大写，也可以写成 c4=c2+('A'-'a');
    cout<<c3<<","<<c4<<endl;
    return 0;
}
```

```
//C 风格代码
#include<stdio.h>
int main() {
    char c1,c2,c3,c4;
    scanf("%c %c",&c1,&c2);     //注意，两个%c 之间有 1 个空格
    c3=c1+32;                   //大写变小写，也可以写成 c3=c1+('a'-'A');
    c4=c2-('a'-'A');            //小写变大写，也可以写成 c4=c2+('A'-'a');
    printf("%c,%c\n",c3,c4);
    return 0;
}
```

实际上，不必硬记各字符的 ASCII 码，若需知道某个字符的 ASCII 码，则可用 C++语句"cout<<(int) c<<endl;"输出得到，其中 c 是字符变量，"(int) c"把 c 强制转换为 int 类型；也可以用 C 语句"printf("%d\n", c);"得到 c 的 ASCII 码值。

习题

一、选择题

1. 以下不属于合法的 C/C++语言用户标识符是（　　　　）。

    A. main   B. long   C. include   D. _3C

2. 设 int 类型数据占 4 内存字节，则以下 short 类型能表达最大整数错误的是（　　　　）。

A. 0x7fff　　　　B. 1<<15-1　　　　C. 32767　　　　D. 077777

3. char 型常量在内存中存放的是（　　）。

A. ASCII码值　　　B. Unicode码值　　　C. 内码值　　　D. 十进制代码值

4. "int i=2.9*6;"后 i 的结果是（　　）。

A. 12　　　　　　B. 16　　　　　　C. 17　　　　　　D. 18

5. 已知字母 A 的 ASCII 码为十进制数 65，执行以下语句的输出结果是（　　）。

```
int c='A'+'6'-'3';
//C++风格代码
cout<<char(c);
//C 风格代码
printf("%c", (char)c);
```

A. 不确定　　　　B. 68　　　　　C. C　　　　　D. D

6. 以下运算符中，优先级最高的是（　　）。

A. <=　　　　　　B. !　　　　　　C. %　　　　　　D. &&

7. 以下运算符优先级按从高到低排列正确的是（　　）。

A. 算术运算、赋值运算、关系运算　　　B. 关系运算、赋值运算、算术运算
C. 算术运算、关系运算、赋值运算　　　D. 关系运算、算术运算、赋值运算

8. C/C++语言中，要求运算对象只能为整数的运算符是（　　）。

A. *　　　　　　B. /　　　　　　C. >　　　　　　D. %

9. 表达式 34/5 的结果为（　　）。

A. 6　　　　　　B. 7　　　　　　C. 6.8　　　　　D. 以上都错

10. 判断 a、b 中有且仅有 1 个值为 0 的表达式是（　　）。

A. !(a*b)&&a+b　　B. (a*b)&&a+b　　C. a*b==0　　　D. a!=0 && !b

11. 用逻辑表达式表示 x 是 "大于 10 且小于 20 的数"，正确的是（　　）。

A. 10<x<20　　B. x>10||x<20　　C. x>10&x<20　　D. !(x<=10||x>=20)

12. 以下与 "k=n++" 等价的表达式是（　　）。

A. k=++n　　B. n=n+1, k=n　　C. k=n, n=n+1　　D. k+=n

13. 关于 scanf 函数的返回值，以下说法错误的是（　　）。

A. 该函数读不到数据时返回EOF

B. 该函数的返回值是正确读到的数据个数

C. 该函数没有返回值

D. 该函数读不到数据时返回-1

14. 先输入一个字符 c，再输入一个包含空格的字符串 s 时，需吸收 c 之后的换行符，则以下语句达不到目的的是（　　）。

A. cin.get();　　B. scanf("%*c");　　C. getchar();　　D. scanf("%c");

二、编程题

1. 4 位整数的数位和。

输入一个 4 位的整数，求其各数位上的数字之和。

输入样例：

1234

输出样例：

10

2. 5 门课的平均分。

输入 5 门课程成绩（整数），求平均分（结果保留 1 位小数）。

输入样例：

66 77 88 99 79

输出样例：

81.8

3. 打字。

小明 1 分钟能打 m 个字，小敏 1 分钟能打 n 个字，两人一起打了 t 分钟，总共打了多少字。

输入格式：

输入 3 个整数 m，n，t。

输出格式：

输出小明和小敏 t 分钟一共打的字数。

输入样例：

65 60 4

输出样例：

500

第 3 章

程序控制结构

3.1 引例与概述

3.1.1 引例

例 3.1.1 能否绝地反击

第 47 届 ICPC 亚洲区域赛采用线上赛的形式举行，各赛站的参赛队伍大增。为保障奖牌含金量，组委会规定至多只有 210 支参赛队伍能获奖。在某赛站比赛封榜（比赛共 5 小时，最后 1 小时不更新榜单）前 ZMF 队解出 s 道题，耗时 t 分钟，排名已在 210 名之外。已知最终排名 210 的队伍的解题数和耗时（含罚时，正确解题前的每次错误提交罚时 20 分钟）。若 ZMF 队坚韧不拔，顽强拼搏之后又解出了 n 道题，那么该队能绝地反击排在 210 名之前而获奖吗？排名时，解题数多的排名靠前，若解题数相同，则耗时少的排名靠前。若 ZMF 队的解题数和耗时都与排名 210 的队伍相同，则也无法获奖。

输入格式：

输入 2 行，第 1 行输入 2 个正整数，表示最终排名在 210 的队伍的解题数和耗时；第 2 行先输入 3 个正整数 s,t,n，然后再输入 n 个整数，表示 ZMF 队封榜后解出 n 道题中各题的耗时。

输出格式：

若 ZMF 队能够获奖，则输出 Yes，否则输出 No。

输入样例：

```
4 700
2 31 2 250 300
```

输出样例：

```
Yes
```

设 210 名的队伍的解题数为 a，耗时为 b，则本题可先计算 ZMF 队的解题数为 $s=s+n$，再循环 n 次（使用 for 循环语句），把 n 道题的耗时逐个累加到 t 中，最后根据 s 与 a 及 t 与 b 的比较情况（使用 if 语句）依题意输出 Yes 或 No。具体代码如下：

```
//C++风格代码
#include<iostream>
using namespace std;
```

```
int main() {
    int a,b,c,n,s,t;
    cin>>a>>b;                     //输入 210 名的题数和耗时
    cin>>s>>t>>n;                  //输入 ZMF 队封榜前的解题数、耗时及封榜后的解题数
    s+=n;                          //解题数加 n
    for(int i=1;i<=n;i++) {        //循环 n 次，累加封榜后的耗时
        cin>>c;
        t+=c;
    }
    //若解题数超过 a，或解题数等于 a 且耗时小于 b，则输出 Yes，否则输出 No
    if(s>a || (s==a&&t<b))cout<<"Yes\n";
    else cout<<"No\n";
    return 0;
}


//C 风格代码
#include<stdio.h>
int main() {
    int a,b,c,i,n,s,t;
    scanf("%d%d",&a,&b);           //输入 210 名的题数和耗时
    scanf("%d%d%d",&s,&t,&n);      //输入 ZMF 队封榜前的解题数、耗时及封榜后的解题数
    s+=n;                          //解题数加 n
    for(i=1;i<=n;i++) {            //循环 n 次，累加封榜后的耗时
        scanf("%d",&c);
        t+=c;
    }
    //若解题数超过 a，或解题数等于 a 且耗时小于 b，则输出 Yes，否则输出 No
    if(s>a || (s==a&&t<b))printf("Yes\n");
    else printf("No\n");
    return 0;
}
```

3.1.2 概述

1. 程序控制结构简介

程序控制结构主要包括顺序结构、选择结构、循环结构。

顺序结构是按语句的书写顺序执行的程序结构。

顺序结构的流程图如图 3-1 所示。

例如，下面的代码表示先输入 a、b，再输出它们的和：

```
int a, b;              //定义变量
cin>>a>>b;             //输入
cout<<a+b<<endl;       //输出
```

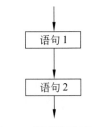

图 3-1　顺序结构流程图

上面的代码定义变量、输入及输出等三个基本语句按顺序依次执行。

在 C/C++源程序中，基本语句以分号（;）作为结束标记；仅由单个分号构成的语句称为空语句；复合语句则由花括号（{}）括起来的多条基本语句构成，如：

```
{a=a+b;cout<<a<<endl;}
```

选择结构是根据特定的条件决定执行哪个语句的程序结构，常用 if 语句和 switch 语句。"人生的道路虽然漫长，但紧要处常常只有几步，特别是当人年轻的时候。"我们应"勤学善思，明辨笃行"。

循环结构是在满足特定的条件时重复执行某些语句的程序结构，常用 for、while 和 do…while 等语句。我们应早立目标，锲而不舍。

2. 传统流程图的基本要素

采用流程图描述算法的优点是直观形象、易于理解。流程图包括传统流程图、结构化流程图等。传统流程图的基本要素包括起止框、输入/输出框、处理框、判断框、流程线、连接点等，具体框图如图 3-2 所示。

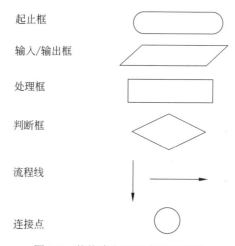

图 3-2　传统流程图基本要素框图

其中，起止框表示算法的开始与结束；输入/输出框表示输入与输出；处理框表示处理；判断框表示条件判断；流程线表示算法的流程；连接点用于连接不同页内的同一算法。

3.2　选择结构

3.2.1　if 语句及其使用

例 3.2.1　两者中的大者

输入两个整数 a，b，找出其中的大者并输出。

思路 1：先假设第一个数大，然后与后一个数比较，若后一个数大，则大者为后一个。可用单分支 if 语句实现，具体代码如下：

```
//C++风格代码,单分支选择结构
#include<iostream>
using namespace std;
int main() {
    int a,b,c;
    cin>>a>>b;
```

```
        c=a;                    //假设第一个数大，并放到 c 中
        if(b>c)c=b;             //若第二个数大于假设的最大数 c，则把第二个数放到 c 中
        cout<<c<<endl;
        return 0;
    }

    //C 风格代码，单分支选择结构
    #include<stdio.h>
    int main() {
        int a,b,c;
        scanf("%d%d",&a,&b);
        c=a;                    //假设第一个数最大，并放到 c 中
        if(b>c)c=b;             //如果第二个数大于假设的最大数 c，则把第二个数放到 c 中
        printf("%d\n",c);
        return 0;
    }
```

思路 2：直接比较两个数，若前一个数大，则把它作为结果输出，否则输出后一个数。可用双分支 if 语句实现，具体代码如下：

```
    //C++风格代码，双分支选择结构
    #include<iostream>
    using namespace std;
    int main() {
        int a,b;
        cin>>a>>b;
        if(a>=b)                //若第一个数大于或等于第二个数
            cout<<a<<endl;      //输出第一个数
        else
            cout<<b<<endl;      //输出第二个数
        return 0;
    }

    //C 风格代码，双分支选择结构
    #include<stdio.h>
    int main() {
        int a,b;
        scanf("%d%d",&a,&b);
        if(a>=b)                //若第一个数大于或等于第二个数
            printf("%d\n",a);   //输出第一个数
        else
            printf("%d\n",b);   //输出第二个数
        return 0;
    }
```

本题两种思路的代码中分别使用了单分支、双分支 if 语句。

1. 基本的 if 语句

基本 if 语句格式如下：

if (条件) 语句 1 [else 语句 2]

描述语法时，[ ]表示[ ]中的内容是可选项，即 if 语句可以是单分支 if 语句，具体如下：

if（条件）语句 1

此 if 语句在满足条件时执行语句 1，否则不执行任何语句，其流程图如图 3-3 所示。

if 语句也可以是双分支 if 语句，格式如下：

if（条件）语句 1 else 语句 2

此 if 语句在满足条件时执行语句 1，否则执行语句 2，其流程图如图 3-4 所示。

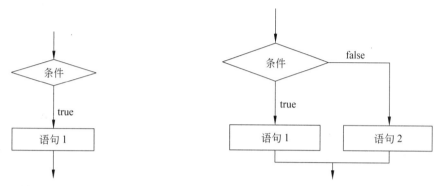

图 3-3　单分支 if 语句流程图　　　　　图 3-4　双分支 if 语句流程图

可见，if 语句可带 else 子句（双分支选择结构），也可不带（单分支选择结构）。

if 语句的条件需用圆括号括起来，该条件一般是一个逻辑表达式或关系表达式，否则一切 0 值转换为 false，一切非 0 值转换为 true。

语句 1 和语句 2 可以是基本语句，也可以是复合语句。例如：

```
if(x)                    //x 相当于 x!=0
    a=x*x;               //基本语句
else
    a=x;

if(x==1) {               //复合语句
    a=1;
    b=2;
}
else {
    a=-1;
    b=-2;
}
```

2. 嵌套的 if 语句

嵌套的 if 语句是指在 if 语句中又使用 if 语句。if 语句可以嵌套在 if 子句中，也可以嵌套在 else 子句中。

从第一个 else 开始，else 总与离它最近的且未被匹配的 if 配对（最近匹配原则）。

观察如下代码，思考能否达到"当 n 小于或等于 0 时把 z 赋值为 b，否则当 a 大于 b 时，把 z 赋值为 a"的目的。

```
if(n>0)
```

```
if(a>b) z=a;
else
    z=b;
```

上面的 else 虽然在缩进上与 if(n>0)对齐，但根据最近匹配原则，这个 else 与 if(a>b)匹配，达到的效果是"当 n 大于 0 且 a 小于或等于 b 时把 z 赋值为 b"。为避免类似问题，建议在 else 子句中嵌套 if 语句。

思考：如何才能使得 else 与 if(n>0)匹配？

可以把第 2 个 if 语句用{}括起来：

```
if(n>0) {
    if(a>b) z=a;
}
else
    z=b;
```

或者，把 if 语句嵌套到 else 子句中：

```
if(n<=0)
    z=b;
else if(a>b)
    z=a;
```

3. if 选择结构示例

例 3.2.2　三者的最大值

输入 3 个整数，找出其中最大的一个并显示出来。

思路：假设第一个数最大并放到结果变量 d 中，若后面的数大于 d，则把 d 变为该数。

可用单分支语句实现，代码如下：

```
//C++风格代码
#include<iostream>
using namespace std;
int main() {
    int a, b, c, d;
    cin>>a>>b>>c;
    d=a;                //假设第一个数最大，把其存放在 d 中
    if(b>d) d=b;        //若第二个数大于假设的最大数 d，则把 d 改为该数
    if(c>d) d=c;        //若第三个数大于假设的最大数 d，则把 d 改为该数
    cout<<d<<endl;
    return 0;
}

//C 风格代码
#include<stdio.h>
int main() {
    int a, b, c, d;
    scanf("%d%d%d",&a,&b,&c);
    d=a;                //假设第一个数最大，把其存放在 d 中
    if(b>d) d=b;        //若第二个数大于假设的最大数 d，则把 d 改为该数
    if(c>d) d=c;        //若第三个数大于假设的最大数 d，则把 d 改为该数
```

```
       printf("%d\n",d);
       return 0;
   }
```

这种思路比较简单，而且容易扩展到多个数的情况（结合循环结构）。读者可以思考本题还有哪些其他实现方法，并自行编写代码实现。

例 3.2.3　三数排序

输入 3 个整数，然后按从大到小的顺序把它们显示出来。

这个问题该如何实现呢？仔细思考，可以想到多种方法。下面给出两种方法，分别用到选择排序和冒泡排序的思想。

思路 1：采用选出当前最大者放到当前最前面位置（选择排序）的思想。具体代码如下：

```cpp
//C++风格代码
#include<iostream>
using namespace std;
int main() {
    int a,b,c,d;
    cin>>a>>b>>c;
    if(a<b)                    //前两个数比较，若位置不对则交换，使得 a>=b
        d=a,a=b,b=d;
    if(a<c)                    //前两个数的大者与 c 比较，若位置不对则交换，a 为最大者
        d=a,a=c,c=d;
    if(b<c)                    //若后两个数的位置不对，则交换
        d=b,b=c,c=d;
    cout<<a<<" "<<b<<" "<<c<<endl;
    return 0;
}
```

```c
//C 风格代码
#include<stdio.h>
int main() {
    int a,b,c,d;
    scanf("%d%d%d",&a,&b,&c);
    if(a<b)                    //前两个数比较，若位置不对则交换，使得 a>=b
        d=a,a=b,b=d;
    if(a<c)                    //前两个数的大者与 c 比较，若位置不对则交换，a 为最大者
        d=a,a=c,c=d;
    if(b<c)                    //若后两个数的位置不对，则交换
        d=b,b=c,c=d;
    printf("%d %d %d\n",a,b,c);
    return 0;
}
```

思路 2：采用把当前最小者放到当前最后面位置（冒泡排序）的思想。具体代码如下：

```cpp
//C++风格代码
#include<iostream>
using namespace std;
int main() {
    int a,b,c,d;
```

```
    cin>>a>>b>>c;
    if(a<b)                   //前两个数比较，若位置不对则交换，使得 a>=b
        d=a,a=b,b=d;
    if(b<c)                   //交换后的后两数比较，若位置不对则交换，c 为最小者
        d=b,b=c,c=d;
    if(a<b)                   //若前两个数的位置不对，则交换
        d=a,a=b,b=d;
    cout<<a<<" "<<b<<" "<<c<<endl;
    return 0;
}
```

```
//C 风格代码
#include<stdio.h>
int main() {
    int a,b,c,d;
    scanf("%d%d%d",&a,&b,&c);
    if(a<b)                   //前两个数比较，若位置不对则交换，使得 a>=b
        d=a,a=b,b=d;
    if(b<c)                   //交换后的后两数比较，若位置不对则交换，c 为最小者
        d=b,b=c,c=d;
    if(a<b)                   //若前两个数的位置不对，则交换
        d=a,a=b,b=d;
    printf("%d %d %d\n",a,b,c);
    return 0;
}
```

例 3.2.4　成绩转换

百分制成绩转换为五级计分制，90~100 分以上等级为 A，80～89 分等级为 B，70～79 分等级为 C，60～69 分等级为 D，0～59 分等级为 E。输入一个百分制成绩，输出等级。

本例是多分支选择结构，可以用嵌套 if 语句实现，这里使用 if 嵌套在 else 子句中的方法，具体代码如下：

```
//C++风格代码
#include<iostream>
using namespace std;
int main() {
    int score;
    char rank;
    cin>>score;
    if(score>=90) rank='A';
    else if(score>=80) rank='B';
    else if(score>=70) rank='C';
    else if(score>=60) rank='D';
    else rank='E';
    cout<<rank<<endl;
    return 0;
}
```

```
//C 风格代码
#include<stdio.h>
```

```
int main() {
    int score;
    char rank;
    scanf("%d",&score);
    if(score>=90) rank='A';
    else if(score>=80) rank='B';
    else if(score>=70) rank='C';
    else if(score>=60) rank='D';
    else rank='E';
    printf("%c\n",rank);
    return 0;
}
```

3.2.2　switch 语句及其使用

例 3.2.4 中的成绩转换是多分支选择结构，也可使用 switch 语句实现，具体代码如下：

```
//C++风格代码
#include<iostream>
using namespace std;
int main() {
    int score;
    char rank;
    cin>>score;
    switch(score/10) {          //对百分制成绩作除以 10 的运算，减少常量个数
        case 9:
        case 10:
            rank='A';break;
        case 8:
            rank='B';break;
        case 7:
            rank='C';break;
        case 6:
            rank='D';break;
        default:
            rank='E';
    }
    cout<<rank<<endl;
    return 0;
}

//C 风格代码
#include<stdio.h>
int main() {
    int score;
    char rank;
    scanf("%d",&score);
    switch(score/10) {          //对百分制成绩作除以 10 的运算，减少常量个数
        case 9:
        case 10:
            rank='A';break;
```

```
        case 8:
            rank='B';break;
        case 7:
            rank='C';break;
        case 6:
            rank='D';break;
        default:
            rank='E';
    }
    printf("%c\n",rank);
    return 0;
}
```

上面的程序根据表达式 score/10 的值去匹配 case 后面的常量值，匹配成功则执行其后的语句，执行到 break 语句时则跳出 switch 语句；若都匹配不上，则执行 default（对应 0、1、2、3、4、5 等常量）后的语句。另外，case 标号后的多条语句不需用"{}"括起来；多个 case 标号可共有一组语句。

switch 语句常用于实现多分支选择结构，其语句格式如下：

switch(表达式) {
    case 常量表达式 1：语句序列 **1**
    case 常量表达式 2：语句序列 **2**
    ……
    case 常量表达式 *n*：语句序列 ***n***
    [default：语句序列 ***n*+1]**

}

switch 语句中的表达式及常量表达式一般应为整型或字符型。执行时，按表达式的值与 case 后的常量表达式相匹配，若匹配成功则执行相应语句序列，否则执行 default 后的语句序列，流程图如图 3-5 所示。

各个 case 块（含 default 块）的顺序可以交换。一般每个语句序列（处于最后的除外）都是由包含 break 的多条语句构成，但不需要使用"{}"括起来。

若各 case 块的语句序列中没有用 break 语句跳出 switch 语句，则语句序列将顺序执行下面的语句（不再考虑表达式与常量值的匹配）。例如：

```
//C++风格代码
int n;
cin>>n;
switch(n) {
    case 10:
        cout<<'A'<<endl;
    case 11:
        cout<<'B'<<endl;
    case 12:
        cout<<'C'<<endl;
}
```

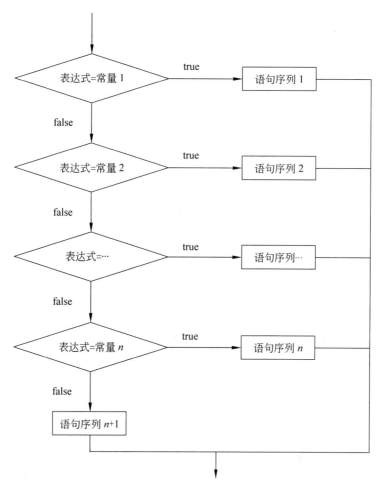

图 3-5 switch 语句流程图

```c
//C 风格代码
int n;
scanf("%d",&n);
switch(n) {
    case 10:
        printf("A\n");
    case 11:
        printf("B\n");
    case 12:
        printf("C\n");
}
```

若输入 10，则运行结果如下：

```
A
B
C
```

显然，此结果有误。若各 case 语句序列中含有 break 语句，则能避免产生此问题。

```
//C++风格代码
int n;
cin>>n;
switch(n) {
    case 10:
        cout<<'A'<<endl; break;
    case 11:
        cout<<'B'<<endl; break;
    case 12:
        cout<<'C'<<endl; break;
}
```

```
//C 风格代码
int n;
scanf("%d",&n);
switch(n) {
    case 10:
        printf("A\n");break;
    case 11:
        printf("B\n");break;
    case 12:
        printf("C\n");break;
}
```

若输入 10，则运行结果如下：

A

如上代码所示，switch 语句可以省略 default 子句。

例 3.2.5 某月的天数

输入年份 year、月份 month，判断该月的天数。

已知大月有 31 天，小月有 30 天，2 月有 28 天或 29 天（闰年）。大月有 1、3、5、7、8、10、12，共七个月；小月有 4、6、9、11，共四个月。

本题需根据不同的情况（大月、小月、2 月）确定该月的天数，用 if 或 switch 语句都可完成。下面给出使用 switch 语句的代码。

```
//C++风格代码
#include<iostream>
using namespace std;
int main() {
    int year,month,days;
    cin>>year>>month;
    switch(month) {
        case 2:
            if(year%4==0&&year%100!=0||year%400==0)
                days=29;
            else
                days=28;
            break;
        case 4:case 6:case 9:case 11:
```

```
            days=30;
            break;
        default:
            days=31;
            break;
    }
    cout<<days<<endl;
    return 0;
}
```

//C 风格代码
```
#include<stdio.h>
int main() {
    int year,month,days;
    scanf("%d%d",&year,&month);
    switch(month) {
        case 2:
            if(year%4==0&&year%100!=0||year%400==0)
                days=29;
            else
                days=28;
            break;
        case 4:case 6:case 9:case 11:
            days=30;
            break;
        default:
            days=31;
            break;
    }
    printf("%d\n",days);
    return 0;
}
```

3.3　循环结构

3.3.1　引例

例 3.3.1　*n* 个整数中的最大值

首先输入一个整数 n，然后输入 n 个整数，请输出这 n 个整数中的最大值。

在例 3.2.2 中，使用 2 条类似的单分支 if 语句可求得 3 个数的最大值。现在要求 n 个数中最大值，若程序运行前已知 n 的值，则也可以写 $n-1$ 个单分支语句完成，但 n 是一个变量，在程序运行中输入后才能确定其值，因此无法在程序运行前写好 $n-1$ 个 if 语句。由于 $n-1$ 个 if 语句是重复的，可以写一条 if 语句并使其执行 $n-1$ 次。这可以使用循环结构完成。循环结构中的 for 语句常用于实现次数固定且重复执行的要求。求 n 个整数中的最大值的具体代码如下：

//C++风格代码

```cpp
#include<iostream>
using namespace std;
int main() {
    int n,t,max;
    cin>>n;                         //先输入数据个数
    cin>>t;                         //先输入第 1 个数
    max=t;                          //假设第一个数最大，并放到 max 中
    for(int i=1; i<n; i++) {        //控制输入 n-1 个数并作比较
        cin>>t;
        if(t>max)                   //若后面的数大于当前的最大数
            max=t;                  //把当前的最大数赋值为后面的数
    }
    cout<<max<<endl;
    return 0;
}


//C 风格代码
#include<stdio.h>
int main() {
    int i,n,t,max;
    scanf("%d",&n);                 //先输入数据个数
    scanf("%d",&t);                 //先输入第 1 个数
    max=t;                          //假设第一个数最大，并放到 max 中
    for(i=1; i<n; i++) {            //控制输入 n-1 个数并作比较
        scanf("%d",&t);
        if(t>max)                   //若后面的数大于当前的最大数
            max=t;                  //则把当前的最大数赋值为后面的数
    }
    printf("%d\n",max);
    return 0;
}
```

上面的代码中，for 语句中循环变量 i 从 1 到 $n-1$ 进行循环，共执行 $n-1$ 次循环体（输入 t，再比较 max 和 t，把大者保存在 max 中）。

3.3.2　三种循环语句

1. for 语句

for 循环语句的基本格式如下：

for(表达式 1；表达式 2；表达式 3)
　　　循环体

for 后( )中两个分号必不可少，三个表达式可以根据具体情况省略。其中，表达式 1 通常是循环变量初始化或给循环变量赋值，可用逗号表达式给多个变量赋值；表达式 2 是循环条件，在满足循环条件时反复执行循环体，否则结束循环；表达式 3 通常是循环变量调整，可以从小往大调整也可以从大往小调整，如果调整多个循环变量，则构成逗号表达式。for 循环的流程图如图 3-6 所示。

注意，在标准编译器下，循环变量初始化中的变量仅在该 for 语句中有效。若希望循环

变量在 for 语句中及其后都能使用，则把该循环变量定义在 for 语句之前。

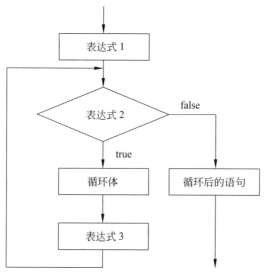

图 3-6　for 语句循环流程图

最简单的 for 语句形式如下：

for(;;)
　　循环体

即三个表达式同时省略，此时循环体中一般要有结束循环的语句。例如，跳出循环的 break 语句，否则将成为无限循环（死循环）。因为表达式 2 缺省时表示循环条件为 true，是永真条件。

例 3.3.2　求和

输入一个正整数 n，求出由 1 加至 n 的总和。测试数据保证结果不大于 2147483647。

本题可以直接使用等差数列的求和公式 $n(n+1)/2$ 求解，但需要注意的是，$n(n+1)$ 可能产生溢出。例如，$n=50000$，则 50000×50001=2500050000，超出 2147483647，即产生溢出。读者可以自行思考如何避免溢出。具体代码留给读者自行实现。

下面采用直接循环逐项累加的方法求解。

本例使用 for 语句的具体代码如下：

```
//C++风格代码
#include<iostream>
using namespace std;
int main() {
    int sum=0,n,i;
    cin>>n;
    for(i=1; i<=n; i++) sum+=i;
    cout<<sum<<endl;
    return 0;
}

//C 风格代码
```

```
#include<stdio.h>
int main() {
    int sum=0,n,i;
    scanf("%d",&n);
    for(i=1; i<=n; i++) sum+=i;
    printf("%d\n",sum);
    return 0;
}
```

2. while 语句

while 循环语句的格式如下：

while（循环条件）
    循环体

while 语句在满足循环条件时反复执行循环体，否则结束循环，流程图如图 3-7 所示。

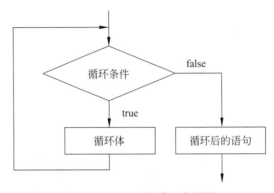

图 3-7 while 语句循环流程图

    while 语句循环的循环体中一般需有改变循环变量使循环趋于结束或跳出循环的语句，以避免死循环。若循环体有多条语句，则必须以"{}"括起来构成复合语句。

    例 3.3.2 使用 while 语句的具体代码如下：

```
//C++风格代码
#include<iostream>
using namespace std;
int main() {
    int sum=0,n,i;
    cin>>n;
    i=1;
    while(i<=n) {
        sum+=i;
        i++;
    }
    cout<<sum<<endl;
    return 0;
}

//C 风格代码
#include<stdio.h>
```

```
int main() {
    int sum=0,n,i;
    scanf("%d",&n);
    i=1;
    while(i<=n) {
        sum+=i;
        i++;
    }
    printf("%d\n",sum);
    return 0;
}
```

3. do…while 语句

do…while 循环语句格式如下:

do

　　循环体

while(循环条件);

do…while 循环体中需要有改变循环变量使循环趋于结束或跳出循环的语句,以避免死循环。若循环体有多条语句,则必须以花括号{}括起来构成复合语句。do…while 语句先做一次循环体,再判断循环条件,在满足循环条件时反复执行循环体,否则结束循环,流程图如图 3-8 所示。

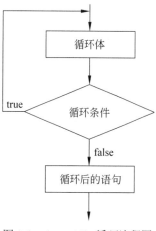

图 3-8　do…while 循环流程图

do…while 语句较之 while 语句的区别如下。

若一开始循环条件就不成立,do…while 语句执行 1 次循环体,而 while 语句执行 0 次循环体。

例 3.3.2 使用 do…while 语句的具体代码如下:

```
//C++风格代码
#include<iostream>
using namespace std;
int main() {
    int sum=0,n,i;
    cin>>n;
    i=1;
    do {
        sum+=i;
        i++;
    } while(i<=n);
    cout<<sum<<endl;
    return 0;
}

//C 风格代码
#include<stdio.h>
int main() {
    int sum=0,n,i;
    scanf("%d",&n);
```

```
    i=1;
    do {
        sum+=i;
        i++;
    } while(i<=n);
    printf("%d\n",sum);
    return 0;
}
```

思考：如何保证输入的数据一定在[1，10]内？

显然，当不在[1，10]时需重新输入，用 do…while 语句可方便实现。具体代码如下：

```
//C++风格代码
do {
    cin>>n;
} while(n<1||n>10);        //当满足此条件时执行循环体
```

```
//C 风格代码
do {
    scanf("%d",&n);
} while(n<1||n>10);        //当满足此条件时执行循环体
```

for、while、do…while 这三种循环语句可以相互转换，解题时可酌情选用。

3.3.3　continue 语句与 break 语句

在 C/C++语言中，continue 语句用于提前结束本轮循环的执行，即本轮循环不执行 continue 之后的语句，而是继续进行下一次循环的准备与条件判断；break 语句用来跳出其所在的循环，接着执行该循环之后的语句。

例 3.3.3　偶数之和

输入 n，求[1，n]内的所有偶数之和。

本题可使循环变量 i 从 2 开始，依次递增 2，逐个把 i 加到求和单元中。具体代码留给读者自行实现。

这里采用循环变量从 1 开始，依次递增 1，但在循环体中增加判断语句，跳过累加奇数，具体代码如下：

```
//C++风格代码
#include<iostream>
using namespace std;
int main() {
    int n,sum=0;
    cin>>n;
    for(int i=1;i<=n;i++) {
        if(i%2==1)              //i 为奇数
            continue;           //跳过本次循环 continue 之后的语句
        sum+=i;
    }
    cout<<sum<<endl;
    return 0;
```

```
}
//C 风格代码
#include<stdio.h>
int main() {
    int i,n,sum=0;
    scanf("%d",&n);
    for(i=1;i<=n;i++) {
        if(i%2==1)                    //i 为奇数
            continue;                 //跳过本次循环 continue 之后的语句
        sum+=i;
    }
    printf("%d\n",sum);
    return 0;
}
```

例 3.3.4　最大公约数

求两个正整数 *m*、*n* 的最大公约数（Greatest Common Divisor，GCD）。

本题的一种方法是直接根据定义求解，即从 *m*、*n* 两个数中的小者到 1 逐个尝试（穷举法），找第一个能同时整除 *m* 和 *n* 的因子（找到则直接用 break 语句跳出循环），具体代码如下：

```
//C++风格代码
#include<iostream>
using namespace std;
int main() {
    int m,n,gcd;
    cin>>m>>n;
    int k=m;
    if(n<k) k=n;
    for(int i=k;i>=1;i--) {
        if(m%i==0&&n%i==0) {
            gcd=i;
            break;
        }
    }
    cout<<gcd<<endl;
    return 0;
}
```

```
//C 风格代码
#include<stdio.h>
int main() {
    int i,k,m,n,gcd;
    scanf("%d%d",&m,&n);
    k=m;
    if(n<k) k=n;
    for(i=k;i>=1;i--) {
        if(m%i==0&&n%i==0) {
            gcd=i;
```

```
        break;
      }
   }
   printf("%d\n",gcd);
   return 0;
}
```

上述穷举法代码在线提交可能得到超时反馈。另一种方法是利用欧几里得（Euclid）算法，这种方法可避免在线提交得到超时反馈。欧几里得算法又称为辗转相除法，用于计算两个整数 m、n 的最大公约数。其计算原理依赖 $\gcd(m, n) = \gcd(n, m\%n)$ 定理。

轮次	m	n	$t=m\%n$
1	70	16	6
2	16	6	4
3	6	4	2
4	4	2	0
5	2	0	

图 3-9　辗转相除法求最大公约数的过程

例如，求 $m=70$ 和 $n=16$ 的最大公约数，计算过程如图 3-9 所示。

计算时，m、n 的值不断用新值代替旧值（迭代法），直到 n 为 0 时，m 为最大公约数。具体代码如下：

```cpp
//C++风格代码
#include<iostream>
using namespace std;
int main() {
   int m,n,gcd;
   cin>>m>>n;
   while(n>0) {
      int t=m%n;
      m=n;
      n=t;
   }
   gcd=m;
   cout<<gcd<<endl;
   return 0;
}
```

```c
//C 风格代码
#include<stdio.h>
int main() {
   int m,n,t,gcd;
   scanf("%d%d",&m,&n);
   while(n>0) {
      t=m%n;
      m=n;
      n=t;
   }
   gcd=m;
   printf("%d\n",gcd);
   return 0;
}
```

迭代法是一种不断用变量的原值（旧值）递推出其新值的方法。例如，上述代码的 while 循环中，不断用 m、n 的旧值递推出新值。

实际上，在 C++ 中提供了求两个整数的最大公约数的系统函数 _ _gcd（gcd 之前有 2 个下画线），其头文件为 algorithm，如 _ _gcd(63, 27) 等于 9。

思考：怎么求 m、n 的最小公倍数（Least Common Multiple，LCM）？

一种思路是从 m、n 中的大者出发，逐个检查该数的 1 倍、2 倍、……是否是另一个数的倍数。另一种思路是基于求得的最大公约数 gcd。设原来的 m、n 已经分别保存在 a 和 b 中，则最小公倍数 lcm=a*b/gcd。考虑到 a*b 可能产生溢出，可以先除后乘，即 lcm=a/gcd*b，因为最大公约数 gcd 肯定能整除 a 和 b 中的任何一个数。

思考：如何求 n 个正整数的最小公倍数？

可以在求解两个数的最小公倍数的基础上进行，设最小公倍数 lcm 的初值为 1，在执行 n 次的循环中每输入一个整数 t，就求 lcm 与 t 的最小公倍数并保存在 lcm 中，则最终的 lcm 为结果。具体代码留给读者自行实现。

在线做题基本程序结构

（系统）上进行。OJ 用户可以在线提交多种程序设计语言 代码，OJ 对源代码进行编译和执行，并通过预先设计的 源代码提交到 OJ 后，可以得到类似于表 3-1 所示的常见

表 3-1 OJ 常见返回结果

号	说　　明
	答案正确，通过所有测试数据
	答案错误，有测试数据不通过
	编译错误，程序编译不通过；此时应查看编译错误信息并检查
	格式错误，程序没按规定的格式输出答案；一般应检查是否少了或多了空格符、换行符
	运行超时，程序没在规定时间内运行结束并得出答案
	内存超限，程序使用了超过限制的内存
	运行时错误，程序在运行时发生错误，如下标越界、意外终止

有多组，并且格式多种多样，因此，如何根据题目要求处理 。注意，在 OJ 提交程序前至少保证按输入样例得到输出样 客，即便多一个空格或少一个 "." 都不能得到 AC 反馈。 次""处理到文件尾""处理到特值结束"三种基本程序

输入格式：

首先输入一个正整数 T，表示测试数据的组数，然后是 T 组测试数据。每组测试输入两个整数 a、b。

输出格式：

对于每组测试，输出一行，包含一个整数，表示 a、b 之和。

输入样例：

```
2
1 2
3 4
```

输出样例：

```
3
7
```

本题可在求两个整数之和的代码的外面套一个执行 T 次的循环，具体代码如下：

```cpp
//C++风格代码
#include<iostream>
using namespace std;
int main() {
    int T;
    cin>>T;
    for(int i=0;i<T;i++) {          //控制 0~T-1 共循环 T 次，循环体中写一组测试的代码
        int a,b;
        cin>>a>>b;
        cout<<a+b<<endl;
    }
    return 0;
}
```

```c
//C风格代码
#include<stdio.h>
int main() {
    int a,b,i,T;
    scanf("%d", &T);
    for(i=0;i<T;i++) {              //控制 0~T-1 共循环 T 次，循环体中写一组测试的代码
        //循环体中写一组测试的代码
        scanf("%d%d", &a, &b);
        printf("%d\n", a+b);
    }
    return 0;
}
```

运行结果：

```
2↵
1 2↵
3
3 4↵
```

7

这个运行结果看起来与输入样例和输出样例分别是一个独立部分，不太一致，但这就是在线做题正确的输入输出，并不需要一次性输入所有数据再一次性输出所有结果，只要根据每组输入都得到相应的预期输出即可。

在线做题时，对于 T 组测试的题目，可用 while 语句循环控制，具体代码如下：

```
//C++风格代码
int T;
cin>>T;
while(T--) {
    //一组测试的代码
}

//C 风格代码
int T;
scanf("%d",&T);
while(T--) {
    //一组测试的代码
}
```

其中，对于"while(T--)"中的循环条件，当 $T>=1$ 时，非 0 值转换为逻辑值 true，执行循环体；当 $T==1$ 时，先取 T 的值 1 转换为 true，最后执行一次循环，之后 T 变为 0，再取 T 的值 0，转换为 false，循环结束。

在线做题时，对于大量数据的输入输出，使用 C 语言的输入输出函数 scanf、printf，通常比 C++语言的输入输出流 cin、cout 的效率更高。

在线做题时，避免超时的常用方法如下。

（1）使用 C 语言的输入输出函数 scanf、printf 等进行输入输出；或者在 C++中用 cin、cout 之前先使用语句"ios::sync_with_stdio(false);"关闭 iostream 与 stdio 之间的同步。但需注意，之后不能再混用 cin、cout 和 scanf、printf。

（2）运用空间换时间，把所有结果通过一次运行计算出来并存储起来（通常使用结果数组），对于每组测试的输入数据，直接从存储起来的结果中取得数据并处理输出。

（3）采用更高效的算法。

2. 处理到文件尾

例 3.3.6　又见 $A+B$（2）

求两个整数之和。

输入格式：

测试数据有多组，处理到文件尾。每组测试输入两个整数 a、b。

输出格式：

对于每组测试，输出一行，包含一个整数，表示 a、b 之和。

输入样例：

1 2
3 4

输出样例：

```
3
7
```

处理到文件尾是指读到测试文件中的 EOF（End of File）时（此时读不到有效数据）结束，在本地可使用组合键 Ctrl + Z 表示（需按回车键确认输入）。对于 C++风格代码，可用 cin 得不到数据时返回 NULL（指针 0）控制循环结束；对于 C 风格代码，可用 scanf 函数得不到数据时返回 EOF（整数−1）控制循环结束。具体代码如下：

```
//C++风格代码
#include<iostream>
using namespace std;
int main() {
    int a,b;
    while(cin>>a>>b) {              //cin 读不到数据时返回 NULL
        cout<<a+b<<endl;
    }
    return 0;
}

//C 风格代码
#include<stdio.h>
int main(){
    int a, b;
    while(scanf("%d%d", &a, &b)!=EOF){    //scanf 读不到数据时返回 EOF
        printf("%d\n", a+b);
    }
    return 0;
}
```

运行结果：

```
1 2↵
3
3 4↵
7
```

scanf 函数的返回值是正确输入的变量个数。对于 scanf("%d%d", &a, &b)，若有两个整数输入，则返回值是 2；若无数据输入，则返回值是 EOF。EOF 是一个预定义的符号常量，其值等于−1。因为~−1 等于 0，也可以用~scanf("%d%d", &a, &b)表示 scanf("%d%d", &a, &b)!=EOF。

3. 处理到特值结束

例 3.3.7   又见 $A+B$（3）

求两个整数之和。

输入格式：

测试数据有多组。每组测试输入两个整数 a、b，当 a、b 同时为 0 时，输入结束。

输出格式：

对于每组测试，输出一行，包含一个整数，表示 a、b 之和。

输入样例：

```
1 2
3 4
0 0
```

输出样例：

```
3
7
```

本题中的特值是指 a、b 同时为 0，可在永真循环中用 if 语句判断 a、b 是否同时为 0，若是则用 break 语句跳出循环。具体代码如下：

```
//C++风格代码
#include<iostream>
using namespace std;
int main() {
    while(true) {            //永真循环，循环体中写一组测试的代码
        int a,b;
        cin>>a>>b;
        if(a==0 && b==0) break;   //break 语句用来跳出循环
        cout<<a+b<<endl;
    }
    return 0;
}
```

```
//C 风格代码
#include<stdio.h>
int main() {
    int a, b;
    while(1){                //永真循环，循环体中写一组测试的代码
        scanf("%d%d", &a, &b);
        if(a==0 && b==0) break;   //break 语句用来跳出循环
        printf("%d\n", a+b);
    }
    return 0;
}
```

运行结果：

```
1 2↵
3
3 4↵
7
0 0↵
```

上面是三种基本在线做题程序结构，在线做题时可能会遇到综合运用各种在线做题程序结构的情况。读者可以逐步熟悉和掌握在线做题的程序结构。

3.3.5 循环结构运用举例

例 3.3.8 数据统计

首先输入一个整数 n，然后输入 n 个整数，请统计其中负数、零和正数的个数。

本例可以设置 3 个计数器（统计个数的变量，初值为 0），每输入一个数就判断其是正、负或零的哪一种，再把对应计数器加 1。具体代码如下：

```cpp
//C++风格代码
#include<iostream>
using namespace std;
int main() {
    int n,d;
    cin>>n;
    int zero=0,positive=0,negative=0;        //计数器清零
    for(int i=0; i<n; i++) {
        cin>>d;
        if(d>0) positive++;
        else if(d<0) negative++;
        else zero++;
    }
    cout<<negative<<" "<<zero<<" "<<positive<<endl;
    return 0;
}
```

```c
//C 风格代码
#include<stdio.h>
int main() {
    int d,i,n;
    int zero=0,positive=0,negative=0;        //计数器清零
    scanf("%d",&n);
    for(i=0; i<n; i++) {
        scanf("%d",&d);
        if(d>0) positive++;
        else if(d<0) negative++;
        else zero++;
    }
    printf("%d %d %d\n",negative,zero,positive);
    return 0;
}
```

注意，本例在 PTA 上的题目有所不同，这里是一组测试数据的代码，而 PTA 上是多组测试数据的代码，需依题目描述添加在线做题基本结构。后续的例子在 PTA 上一般也是多组测试数据的，不再赘述。另外，请读者注意，对于多组测试数据的题目，计数器或累加单元等变量的初始化或赋初值需对每组测试数据重新做过。

例 3.3.9 亲和数判断

古希腊数学家毕达哥拉斯在自然数研究中发现，220 的所有真约数（即不是自身的约数）之和为 1+2+4+5+10+11+20+22+44+55+110＝284。而 284 的所有真约数为 1、2、4、71、142，加起来恰好为 220。人们称这样的数对为亲和数。也就是说，若两个数中任何一个数都是另

一个数的真约数之和，则它们就是亲和数。请判断输入的两个整数是否是亲和数，是则输出 YES，否则输出 NO。

　　本题根据亲和数的定义把两个整数的真约数之和各自求出，再判断各自是否等于另一个数即可。具体代码如下：

```cpp
//C++风格代码
#include<iostream>
using namespace std;
int main() {
    int a,b,i,sumA=0,sumB=0;
    cin>>a>>b;
    for(i=1;i<a;i++) {
        if(a%i==0) sumA+=i;
    }
    for(i=1;i<b;i++) {
        if(b%i==0) sumB+=i;
    }
    if(sumA==b&&sumB==a) cout<<"YES"<<endl;
    else cout<<"NO"<<endl;
    return 0;
}
```

```c
//C风格代码
#include<stdio.h>
int main() {
    int a,b,i,sumA=0,sumB=0;
    scanf("%d%d",&a,&b);
    for(i=1;i<a;i++) {
        if(a%i==0) sumA+=i;
    }
    for(i=1;i<b;i++) {
        if(b%i==0) sumB+=i;
    }
    if(sumA==b&&sumB==a) printf("YES\n");
    else printf("NO\n");
    return 0;
}
```

例 3.3.10　星号三角形

输入整数 n，显示星号（*）构成的三角形。例如，n=6 时，显示输出的三角形如下。

```
     *
    ***
   *****
  *******
 *********
**********
```

二维图形的输出，一般在观察图形得到规律后用二重循环实现。对于本题，若输入 n，则输出 n 行，且第 i 行有 n-i 个空格和 2i-1 个*。故采用二重循环，第一重循环（外循环）控制行数，第二重循环（内循环）控制每行的空格数和*的个数。具体代码如下。

```
//C++风格代码
#include<iostream>
using namespace std;
int main() {
    int n, j;
    cin>>n;
    for(int i=1; i<=n; i++) {          //外循环，控制共输出 n 行
        for(j=1; j<=n-i; j++) {        //内循环，输出每行前面的空格
            cout<<' ';
        }
        for(j=1; j<=2*i-1; j++) {      //内循环，输出每行的*
            cout<<'*';
        }
        cout<<endl;
    }
    return 0;
}

//C 风格代码
#include<stdio.h>
int main() {
    int i, j, n;
    scanf("%d",&n);
    for(i=1; i<=n; i++) {              //外循环，控制共输出 n 行
        for(j=1; j<=n-i; j++) {        //内循环，输出每行前面的空格
            printf(" ");
        }
        for(j=1; j<=2*i-1; j++) {      //内循环，输出每行的*
            printf("%c", '*');
        }
        printf("\n");
    }
    return 0;
}
```

多重循环的执行过程：外循环变量每取一个值，内循环完整执行一遍。上面的程序当外循环变量 i 为 1 时，内循环中第一个循环控制输出 n-1 个空格，内循环中第二个循环控制输出 1 个*；外循环变量 i 为 2 时，内循环中第一个循环控制输出 n-2 个空格，内循环中第二个循环控制输出 3 个*，……，外循环变量 i 为 n 时，内循环中第一个循环条件不成立，该循环不执行，不输出空格，内循环中第二个循环控制输出 2n-1 个*。作为二维图形输出练习，读者可以尝试输入整数 n，再输出类似 n=5 时如例 1.5.2 中所示的沙漏图形。

例 3.3.11　素数判断

输入一个正整数 m（m>1），判断该数是否为素数。如果 m 为素数则输出 yes；反之输出 no。

根据素数的定义，除了 1 和本身之外没有其他因子的自然数是素数。因此，可以从 2

到该数的前一个数去看有没有因子，只要这个范围内有任意一个因子就可以确定该数不是素数，不必再看是否有其他因子。具体代码如下：

```cpp
//C++风格代码
#include<iostream>
using namespace std;
int main() {
    int m;
    cin>>m;
    bool isPrime=true;              //标记变量，一开始假设是素数
    for(int i=2;i<m;i++) {
        if(m%i==0) {               //有其他因子
            isPrime=false;         //更改标记，表示不是素数
            break;                 //跳出其所在的循环
        }
    }
    if(isPrime==true)              //标记变量保留原值，说明没有其他因子
        cout<<"yes"<<endl;
    else
        cout<<"no"<<endl;
    return 0;
}
```

```c
//C 风格代码
#include<stdio.h>
int main() {
    int i,m;
    int isPrime=1;                 //标记变量，一开始假设是素数
    scanf("%d",&m);
    for(i=2;i<m;i++) {
        if(m%i==0) {               //有其他因子
            isPrime=0;             //更改标记，表示不是素数
            break;                 //跳出其所在的循环
        }
    }
    if(isPrime==1)                 //标记变量保留原值，说明没有其他因子
        printf("yes\n");
    else
        printf("no\n");
    return 0;
}
```

上面的代码中，for 循环有两个出口，一个是循环条件不成立，即!($i<m$)（实际上 $i==m$ 时结束循环）；另一个是 break 语句，执行该语句时程序流程直接从循环中跳出（此时循环条件 $i<m$ 依然成立）。

注意，一个 break 语句只能跳出一个循环。如果要用 break 跳出二重循环，可以在内、外循环中都使用 break，也可以设置一个标记变量（初值设为 true）添加到两个循环条件中，当需要结束循环时把标记变量改为 false，从而构成"短路"表达式。

注意，如果本题没有说明 $m>1$，则需要对 1 作特殊处理，因为根据上面的代码，输入 1

将得到 yes，而实际上 1 不是素数。

对于 2147483647 这个素数而言，上面判断是否有因子的循环需要执行 2147483645 次。显然效率很低，能否改进代码，提高效率呢？在效率提高方面，因为 m 除了本身之外的最大因子是 $m/2$，循环条件可以改为 $i \leqslant m/2$，这样对于一个素数的判断循环次数少了约一半，效率得到提高。实际上，效率可以进一步提高，因为若 m 是合数（不是素数），则可以分解为两个因子（设为 a、b，且 $a \leqslant b$）之积，即

$$m = a \times b$$

则 $$a^2 \leqslant a \times b \leqslant b^2$$

即 $$a^2 \leqslant m \leqslant b^2$$

即 $$a \leqslant \sqrt{m} \leqslant b$$

可见，a 这个因子不大于 $\sqrt{m}$，因此可以判断到 $\sqrt{m}$，因为 $\sqrt{m}$ 之前没有因子的话，$\sqrt{m}$ 之后也不会有因子。具体代码如下：

```cpp
//C++风格代码
#include<iostream>
using namespace std;
#include<cmath>
int main() {
    int m;
    cin>>m;
    bool isPrime=true;
    int sqm=(int)sqrt(m);
    for(int i=2;i<=sqm;i++) {
        if(m%i==0) {
            isPrime=false;
            break;
        }
    }
    if(isPrime==true)
        cout<<"yes"<<endl;
    else
        cout<<"no"<<endl;
    return 0;
}

//C 风格代码
#include<math.h>
#include<stdio.h>
int main() {
    int i,m,sqm;
    int isPrime=1;
    scanf("%d",&m);
    sqm=(int)sqrt(m);
    for(i=2;i<=sqm;i++) {
        if(m%i==0) {
            isPrime=0;
            break;
```

```
    }
  }
  if(isPrime==1)
    printf("yes\n");
  else
    printf("no\n");
  return 0;
}
```

对于 2147483647 而言，上面判断是否有因子的循环需要执行 46339 次，效率远高于前一种方法。若不想用 sqrt 函数，则可把循环条件 "i<=sqm" 改为 "i<=m/i"。

例 3.3.12　百钱百鸡

百鸡问题是北魏数学家张丘建在其著作《张丘建算经》中提出的一个世界著名的不定方程问题：100 元钱买 100 只鸡，公鸡 5 元 1 只，母鸡 3 元 1 只，小鸡 1 元 3 只。问公鸡、母鸡、小鸡各多少只（某种鸡可以为 0 只）？

设三种鸡的只数分别为 x、y、z，然后利用总数量、总金额两个条件，列出两个方程：

（1）$x+y+z=100$

（2）$5x+3y+\dfrac{z}{3}=100$

两个方程共有三个未知数，不能直接求出结果。可以使用穷举法（也称枚举法，对待求解问题的所有可能情况逐一检查是否为该问题的解）对 x（0~20）、y（0~33）、z（0~100）的各种取值逐一检查是否满足这两个方程，如果满足，则得出一组结果。

另外，还要注意一个隐含的条件，就是小鸡的数量是 3 的倍数，即 $z\%3==0$。

根据以上分析，可以用三重循环求解本题。具体代码如下：

```cpp
//C++风格代码
#include<iostream>
using namespace std;
int main() {
    int x,y,z;
    for(x=0; x<=20; x++) {
        for(y=0; y<=33; y++) {
            for(z=0; z<=100; z++) {
                if(x+y+z==100 && 5*x+3*y+z/3==100 && z%3==0) {
                    cout<<x<<""<<y<<""<<z<<endl;
                }
            }
        }
    }
    return 0;
}
```

```c
//C 风格代码
#include<stdio.h>
int main() {
    int x,y,z;
    for(x=0; x<=20; x++) {
```

```
        for(y=0; y<=33; y++) {
            for(z=0; z<=100; z++) {
                if(x+y+z==100 && 5*x+3*y+z/3==100 && z%3==0) {
                    printf("%d%d%d\n",x,y,z);
                }
            }
        }
    }
    return 0;
}
```

实际上，当公鸡和母鸡的只数分别为 x、y 时，可以直接得出小鸡的只数 $z=100-x-y$。因此小鸡只数无须从 0~100 去穷举，本题仅用二重循环就能求解，从而提高程序的时间效率。具体代码如下：

```
//C++风格代码
#include<iostream>
using namespace std;
int main() {
    int x,y,z;
    for(x=0; x<=20; x++) {
        for(y=0; y<=33; y++) {
            z=100-x-y;
            if(5*x+3*y+z/3==100 && z%3==0) {
                cout<<x<<""<<y<<""<<z<<endl;
            }
        }
    }
    return 0;
}
```

```
//C 风格代码
#include<stdio.h>
int main() {
    int x,y,z;
    for(x=0; x<=20; x++) {
        for(y=0; y<=33; y++) {
            z=100-x-y;
            if(5*x+3*y+z/3==100 && z%3==0) {
                printf("%d%d%d\n",x,y,z);
            }
        }
    }
    return 0;
}
```

进一步思考可发现，由方程（2）可得方程（3）：$15x+9y+z=300$，由方程（3）-（1）可得方程（4）：$7x+4y=100$，由方程（4）可得方程（5）：$y=(100-7x)/4$，故可以只用一重循环求解百钱百鸡问题。注意，y 应为非负整数。具体代码如下：

```cpp
//C++风格代码
#include<iostream>
using namespace std;
int main() {
    int x,y,z;
    for(x=0; x<=20; x++) {
        y=(100-7*x)/4;
        z=100-x-y;
        if(y>=0 && (100-7*x)%4==0 && 5*x+3*y+z/3.0==100)
            cout<<x<<" "<<y<<" "<<z<<endl;
    }
    return 0;
}
```

```c
//C 风格代码
#include<stdio.h>
int main() {
    int x,y,z;
    for(x=0; x<=20; x++) {
        y=(100-7*x)/4;
        z=100-x-y;
        if(y>=0 && (100-7*x)%4==0 && 5*x+3*y+z/3.0==100)
            printf("%d %d %d\n",x,y,z);
    }
    return 0;
}
```

本题的求解由三重循环到二重循环再到一重循环，是一个程序执行效率不断提高的过程，也体现了我们宜养成的工匠精神，其精神内涵是"敬业、精益、专注、创新"。注意，本例在 PTA 上的题目有所不同，鸡的只数不是固定为 100，而是输入的变量。

例 3.3.13　数位之和

输入一个正整数，求其各个数位上的数字之和。例如，输入 12345，输出 15。

本题需数位分离，即把一个整数的个位、十位、百位等数位分离出来。可以不断取得个位相加，再把个位去掉，直到该数等于 0 为止。具体代码如下：

```cpp
//C++风格代码
#include<iostream>
using namespace std;
int main() {
    int n, t, sum;
    cin>>n;
    sum=0;
    while(n>0) {                 //当 n>0 时进行循环
        t=n%10;                  //获取个位
        n=n/10;                  //去掉个位
        sum=sum+t;
    }
    cout<<sum<<endl;
    return 0;
```

```
}

//C 风格代码
#include<stdio.h>
int main() {
    int n, t, sum;
    scanf("%d",&n);
    sum=0;
    while(n>0) {              //当 n>0 时进行循环
        t=n%10;              //获取个位
        n=n/10;              //去掉个位
        sum=sum+t;
    }
    printf("%d\n",sum);
    return 0;
}
```

例 3.3.14　数列求和

求下面数列的所有大于或等于 0.000001 的数据项之和，显示输出计算的结果（四舍五入保留 6 位小数）。

$$\frac{1}{2}, \frac{3}{4}, \frac{5}{8}, \frac{7}{16}, \frac{9}{32}, \cdots$$

观察上面的数列，发现有什么规律？

规律 1：分子为从 1 开始的奇数、分母为 2 的幂次，即第 i 项的通项公式为 $(2i-1)/2^i$。

规律 2：第一项分子为 1，分母为 2，后项与前一项相比，分子值增加 2，分母值增加 1倍。

这里采用按规律 2，逐项累加。另外，0.000001 可以表示为 1e-6。具体代码如下：

```
//C++风格代码
#include<iostream>
using namespace std;
int main() {
    double sum=0,t;
    int a=1,b=2;
    t=(double)a/b;           //强制转换，避免类似 1/2 结果为 0
    while(t>=1e-6) {
        sum+=t;
        a+=2;
        b*=2;
        t=a*1.0/b;           //a*1.0,向 double 类型自动转换，避免类似 3/4 结果为 0
    }
    printf("%.6lf\n", sum); //结果保留 6 位小数用 C 语言写法更方便，自动四舍五入
    return 0;
}

//C 风格代码
#include<stdio.h>
int main() {
```

```
    double sum=0,t;
    int a=1,b=2;
    t=(double)a/b;                //强制转换，避免类似 1/2 结果为 0
    while(t>=1e-6) {
        sum+=t;
        a+=2;
        b*=2;
        t=a*1.0/b;                //a*1.0,向 double 类型自动转换，避免类似 3/4 结果为 0
    }
    printf("%.6lf\n", sum);  //结果保留 6 位小数，自动四舍五入
    return 0;
}
```

注意，本例在 PTA 上的题目有所不同，精度不是固定为 0.000001，而是每组测试数据直接输入精度。

例 3.3.15　计算 sin*x* 的近似值

按下面的计算公式，设计一个程序，输入弧度 *x*，通过累加所有绝对值大于或等于 0.000001 的项来计算 sin*x* 的近似值，显示输出计算的结果。结果保留 6 位小数。

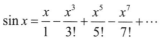

$$\sin x = \frac{x}{1} - \frac{x^3}{3!} + \frac{x^5}{5!} - \frac{x^7}{7!} + \cdots$$

观察计算公式，发现有什么规律？

规律 1：第 *n* 项的分子为 *x* 的 $2n-1$ 次幂（与前一项相差$-x^2$）、分母为$(2n-1)!$。

规律 2：第一项为 *x*，第 *n* 项的通项为$(-1)^{n-1}x^{2n-1}/(2n-1)!$，后项与前一项相比，相差一个因子$-x^2/((2n-1)(2n-2))$。

根据规律 2，逐项累加。0.000001 可以表示为 1e-6。具体代码如下：

```
//C++风格代码
#include<iostream>
#include<cmath>
using namespace std;
int main() {
    double sum=0,t,x;
    cin>>x;
    t=x;                          //t 表示某一项，首项为 x
    int n=1;
    while(fabs(t)>=1e-6) {        //fabs(t)求实数 t 的绝对值
        sum+=t;
        n++;
        t*=-x*x/(2*n-1)/(2*n-2);
    }
    printf("%.6lf\n",sum);        //结果保留 6 位小数，用 printf 函数更方便
    return 0;
}

//C 风格代码
#include<stdio.h>
#include<math.h>
int main() {
```

```
    double sum=0,t,x;
    int n=1;
    scanf("%lf",&x);
    t=x;                                    //t 表示某一项，首项为 x
    while(fabs(t)>=1e-6) {                   //fabs(t)求实数 t 的绝对值
        sum+=t;
        n++;
        t*=-x*x/(2*n-1)/(2*n-2);
    }
    printf("%.6lf\n",sum);                   //结果保留 6 位小数
    return 0;
}
```

其中，用到数学函数 fabs(double)求实数绝对值，故须包含头文件 cmath 或 math.h。

本题也可以采用规律 1 实现。具体代码如下：

```
//C++风格代码
#include<iostream>
#include<cmath>
using namespace std;
int main() {
    double sum=0,t,x,r=1;
    cin>>x;
    t=x;
    int n=2;
    while(fabs(t/r)>=1e-6) {
        sum+=t/r;
        t*=-x*x;
        r=1;
        for(int i=1;i<=2*n-1;i++) r*=i;
        n++;
    }
    printf("%.6lf\n",sum);
    return 0;
}

//C 风格代码
#include<math.h>
#include<stdio.h>
int main() {
    double sum=0,t,x,r=1;
    int i,n=2;
    scanf("%lf",&x);
    t=x;
    while(fabs(t/r)>=1e-6) {
        sum+=t/r,t*=-x*x,r=1;
        for(i=1;i<=2*n-1;i++) r*=i;
        n++;
    }
    printf("%.6lf\n",sum);
    return 0;
```

```
}
```

此代码在 while 循环中嵌套了 for 循环求阶乘，是二重循环的实现方式。注意，由于阶乘的速度增长很快，为避免溢出，保存阶乘结果的变量 r 定义为 double 类型。另外，本题中阶乘是除数，也可以考虑不计算阶乘而在 for 循环中用 "t/=i;" 求得各项，具体代码留给读者自行实现。注意，本例在 PTA 上的题目有所不同，那里输入的是角度，要先转换为弧度。

3.4　在线题目求解

例 3.4.1　求 n!

$$n! = \begin{cases} 1, & n = 0,\ 1 \\ 1 \times 2 \times \cdots \times n, & n \geqslant 2 \end{cases}$$

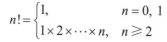

输入格式：

首先输入一个正整数 T，表示测试数据的组数，然后是 T 组测试数据。每组测试数据输入一个正整数 n（n≤12）。

输出格式：

对于每组测试数据，输出整数 n 的阶乘。

输入样例：

```
1
5
```

输出样例：

```
120
```

实现思想：外循环控制测试组数，内循环从 1 连乘到 n。注意，连乘单元初值置为 1。具体代码如下：

```cpp
//C++风格代码
#include<iostream>
using namespace std;
int main() {
    int T;
    cin>>T;
    for(int i=0;i<T;i++) {
        int n;
        cin>>n;
        int res=1;
        for(int j=2;j<=n;j++) res*=j;
        cout<<res<<endl;
    }
    return 0;
}
```

```
//C 风格代码
#include<stdio.h>
int main() {
    int T,i,j,n,res;
    scanf("%d",&T);
    for(i=0;i<T;i++) {
        scanf("%d",&n);
        res=1;
        for(j=2;j<=n;j++) res*=j;
        printf("%d\n",res);
    }
    return 0;
}
```

需要注意的是，阶乘的增长速度很快，13!已经超出 int 范围，若要求稍大的 n（13≤n≤20）的阶乘，可以用 long long int 类型，若 n 更大（n>20），则需考虑使用数组或字符串处理。

例 3.4.2　闰年判断

闰年是能被 4 整除但不能被 100 整除或者能被 400 整除的年份。请判断给定的年份是否为闰年。

输入格式：

首先输入一个正整数 T，表示测试数据的组数，然后是 T 组测试数据。每组测试数据输入一个年份 y。

输出格式：

对于每组测试数据，若 y 是闰年输出 YES，否则输出 NO。

输入样例：

```
2
2008
1900
```

输出样例：

```
YES
NO
```

实现思想：在循环中逐个判断闰年条件是否成立。具体代码如下：

```
//C++风格代码
#include<iostream>
using namespace std;
int main() {
    int n;
    cin>>n;
    for(int i=0; i<n; i++) {
        int y;
        cin>>y;
        if(y%4==0&&y%100!=0||y%400==0)cout<<"YES"<<endl;
        else cout<<"NO"<<endl;
```

```
    }
    return 0;
}

//C 风格代码
#include<stdio.h>
int main() {
    int i,n,y;
    scanf("%d",&n);
    for(i=0; i<n; i++) {
        scanf("%d",&y);
        if(y%4==0&&y%100!=0||y%400==0)printf("YES\n");
        else printf("NO\n");
    }
    return 0;
}
```

例 3.4.3　组合数

输入两个正整数 n、m，要求输出组合数 C_n^m。

例如，当 n=5、m=3 时，组合数 $C_5^3 = \dfrac{5 \times 4 \times 3}{3 \times 2 \times 1} = 10$。

输入格式：

测试数据有多组，处理到文件尾。每组测试输入两个整数 n、m（$0 < m \leqslant n \leqslant 20$）。

输出格式：

对于每组测试，输出组合数 C_n^m。

输入样例：

```
5 3
20 12
```

输出样例：

```
10
125970
```

本题若直接使用组合数的公式 $C_n^m = \dfrac{n!}{m!(n-m)!}$，分别把分子、分母求出来再相除则需

要用 long long int 类型，否则会产生数据溢出问题。若仅使用 int 类型，则可用约简的组合

数公式 $C_n^m = \dfrac{n \times (n-1) \times \cdots \times (n-m+1)}{m \times (m-1) \times \cdots \times 1}$，使循环变量 i 从 1 到 m 进行循环，每次先乘以一个

数（$n-i+1$）再除以一个数（i）。具体代码如下：

```
//C++风格代码
#include<iostream>
using namespace std;
int main() {
    int m,n;
    while(cin>>n>>m) {
        int c=1;
```

```
        for(int i=1;i<=m;i++) {
            c=c*(n-i+1)/i;
        }
        cout<<c<<endl;
    }
    return 0;
}


//C 风格代码
#include<stdio.h>
int main() {
    int c,i,m,n;
    while(~scanf("%d%d",&n,&m)) {
        c=1;
        for(i=1;i<=m;i++) {
            c=c*(n-i+1)/i;
        }
        printf("%d\n",c);
    }
    return 0;
}
```

例 3.4.4 列出完数

输入一个整数 n，要求输出[1，n]的所有完数。完数是一个正整数，该数恰好等于其所有不同的真因子之和。例如，6、28 是完数，因为 6=1+2+3，28=1+2+4+7+14；而 24 不是完数，因为 24≠1+2+3+4+6+8+12＝36。

输入格式：

测试数据有多组，处理到文件尾。每组测试数据输入一个整数 n（$1≤n≤10000$）。

输出格式：

对于每组测试，首先输出 n 和一个冒号 "："；然后输出所有不大于 n 的完数（每个数据之前留一个空格）；若[1，n]不存在完数，则输出 NULL。具体输出格式参考输出样例。

输入样例：

```
100
5000
5
```

输出样例：

```
100: 6 28
5000: 6 28 496
5: NULL
```

对于本题，一个很自然的思路是从 1 到 n 逐个检查数据，判断一个数的所有真因子之和是否等于该数，是则输出。具体代码如下：

```
//C++风格代码
#include<iostream>
using namespace std;
```

```
int main() {
    int n;
    while(cin>>n) {
        cout<<n<<":";
        int cnt=0;                          //计数器清零
        for(int k=1;k<=n;k++) {
            int sum=0;                      //存放 k 的真因子之和
            for(int i=1;i<=k/2;i++) {
                if(k%i==0) {
                    sum=sum+i;
                }
            }
            if(sum==k) {                    //k 是完数
                cout<<" "<<k;               //输出完数
                cnt++;                      //计数器加 1
            }
        }
        if(cnt==0)                          //若计数器等于初值 0，则表示没有完数
            cout<<" NULL";
        cout<<endl;
    }
    return 0;
}

//C 风格代码
#include<stdio.h>
int main() {
    int i,k,n,cnt,sum;
    while(~scanf("%d",&n)) {
        printf("%d:",n);
        cnt=0;                              //计数器清零
        for(k=1;k<=n;k++) {
            sum=0;                          //存放 k 的真因子之和
            for(i=1;i<=k/2;i++) {
                if(k%i==0) {
                    sum=sum+i;
                }
            }
            if(sum==k) {                    //k 是完数
                printf(" %d",k);
                cnt++;                      //计数器加 1
            }
        }
        if(cnt==0)                          //若计数器等于初值 0，则表示没有完数
            printf(" NULL");
        printf("\n");
    }
    return 0;
}
```

运行结果：

```
10000↵
10000: 6 28 496 8128
5↵
5: NULL
```

上面的代码用到了计数器变量 cnt，用来控制没有完数时输出 NULL，这是一种常用的方法，希望读者熟练掌握。当然，也可以用标记变量（设为 flag）的方法，flag 初值设为 false，若有完数时，则把 flag 的值改为 true，最后检查 flag 的值；若其值为 false，则输出 NULL。另外，若已知 6 是最小的完数，则可以在 n 小于 6 时直接输出 NULL。

上面的代码在本地计算机中运行无误。但细心的读者会注意到，在输入 10000 时，程序运行后需稍作等待才能得到结果，即程序运行耗时较多。若在线题目的测试数据接近 10000 的较多，则提交代码后将得到超时反馈。此时，可以用空间换时间的方法避免超时，即把完数先保存起来，输入 n 后再从保存的结果中把答案取出来。从上面代码的运行结果可见，10000 以内的完数仅有 4 个，即 6、28、496、8128，如此相当于结果已经保存，则在输入 n 时，可以判断 n 与这 4 个完数的大小关系输出相应的完数。具体代码如下：

```cpp
//C++风格代码
#include<iostream>
using namespace std;
int main() {
    int n;
    while(cin>>n) {
        cout<<n<<":";
        if(n<6) cout<<" NULL";
        else if(n<28) cout<<" 6";
        else if(n<496) cout<<" 6 28";
        else if(n<8128) cout<<" 6 28 496";
        else if(n<=10000) cout<<" 6 28 496 8128";
        cout<<endl;
    }
    return 0;
}
```

```c
//C 风格代码
#include<stdio.h>
int main() {
    int n;
    while(~scanf("%d",&n)) {
        printf("%d:",n);
        if(n<6) printf(" NULL");
        else if(n<28) printf(" 6");
        else if(n<496) printf(" 6 28");
        else if(n<8128) printf(" 6 28 496");
        else if(n<=10000) printf(" 6 28 496 8128");
        printf("\n");
    }
    return 0;
}
```

　　实际上，空间换时间的方法经常使用数组。即先把所有结果保存在数组中，输入数据时再从数组中把相应结果取出来并输出（可能在输出前要稍作处理）。本例采用数组实现的代码如下：

```cpp
//C++风格代码
#include<iostream>
using namespace std;
int main() {
    int a[4]={6, 28, 496, 8128};      //初始化数组，把10000以内的完数保存在数组中
    int n;
    while(cin>>n) {
        cout<<n<<":";
        if(n<6)
            cout<<" NULL";
        else {
            for(int i=0; i<4; i++) { //输入数据后直接从数组中取得数据
                if(a[i]<=n) cout<<" "<<a[i];
            }
        }
        cout<<endl;
    }
    return 0;
}
```

```c
//C风格代码
#include<stdio.h>
int main() {
    int a[4]={6, 28, 496, 8128};      //初始化数组，把10000以内的完数保存在数组中
    int i, n;
    while(~scanf("%d",&n)) {
        printf("%d:",n);
        if(n<6)
            printf(" NULL\n");
        else {
            for(i=0; i<4; i++) {      //输入数据后直接从数组中取得数据
                if(a[i]<=n) printf(" %d",a[i]);
            }
            printf("\n");
        }
    }
    return 0;
}
```

　　上面的代码中，"int a[4]={6, 28, 496, 8128};"是数组初始化语句，该语句在定义共有4个int类型元素的数组的同时，指定各个元素的初值分别为6、28、496、8128。此处的空间换时间是指一次性把10000以内的完数保存到 a 数组中，对于每组测试输入直接从保存完数的数组中取得数据输出，而不必每次重新判断某个数是否为完数，节省了时间。借助数组实现空间换时间的方法是程序设计竞赛中避免超时的一种常用方法。关于数组的更多知

识，详见本书第 4 章。

　　本书前三章的代码同时提供了 C 风格和 C++风格的写法，其目的在于使读者体会在过程化程序设计中 C++风格和 C 风格代码的区别不大，并为读者在需要把后续章节中的 C++风格代码转换为 C 风格代码时提供参考。本书后续章节一般不再特意提供 C 语言风格的写法，读者若有需要可以参考前三章把后续章节的 C++风格的代码转换为 C 风格的写法。

习题

一、选择题

1. C/C++过程化程序设计的三种基本程序控制结构是（　　）。

　　A. 顺序结构、选择结构、循环结构　　　B. 输入、处理、输出

　　C. for、while、do…while　　　　　　　D. 复合语句、基本语句、空语句

2. 在 C/C++语言中，if 语句中的 else 子句总是与（　　）尚无 else 匹配的 if 相配对。

　　A. 缩进位置相同　　B. 其之前最近　　　C. 其之后最近　　　D. 同一行上

3. 以下代码段的输出结果是（　　）。

```
int i=1, j=2;
//C++风格代码
if(--i && --j) cout<<i<<" ";
else cout<<j<<" ";
if(++i || ++j) cout<<i<<endl;
else cout<<j<<endl;
//C 风格代码
if(--i && --j) printf("%d ",i);
else printf("%d ",j);
if(++i || ++j) printf("%d\n",i);
else printf("%d\n",j)
```

　　A. 1 1　　　　　　B. 1 2　　　　　　　C. 2 3　　　　　　D. 2 1

4. 执行以下代码段后，变量 i 的值为（　　）。

```
int i=1;
switch (i) {
    case 1: i+=10;
    case 2: i+=20;
    case 3: i++; break;
    default: i++; break;
}
```

　　A. 11　　　　　　B. 31　　　　　　　C. 33　　　　　　D. 32

5. 下面有关 for 循环的正确描述是（　　）。

　　A. for循环只能用于循环次数确定的情况

　　B. for循环先执行循环体语句，后判断循环条件

　　C. 在for循环中，不能用break语句跳出循环体

　　D. for循环的循环体可以包含多条语句，但多条语句必须构成复合语句

6. 执行语句 "for(s=0,k=0;s<=20||k<=10;k+=2) s+=k;" 后，k、s 的值分别为（ ）。

    A. 30、12   B. 12、30   C. 20、10   D. 10、20

7. k、s 的当前值为 5、0，执行语句 "while(− −k)s+=k;" 后，k、s 值分别为（ ）。

    A. 15、0   B. 0、15   C. 10、0   D. 0、10

8. 关于 do…while 循环，以下说法中正确的是（ ）。

    A. 循环体语句只能有一条基本语句

    B. 在while(循环条件)后面不能写分号

    C. 当while后面循环条件的值为false时结束循环

    D. 根据情况可以省略while

9. 以下不是无限循环的语句为（ ）。

    A. `for(int y=10,x=1;x<++y;x++);`

    B. `for( ; ; );`

    C. `while(1){x++;}`

    D. `for(i=10;true;i--) sum+=i;`   //C++风格代码

       `for(i=10;1;i--) sum+=i;`   //C风格代码

10. 下列代码段中循环体执行的次数为（ ）。

```
int k=10;
while(k=1) k=k-1;
```

    A. 循环体语句一次都不执行   B. 循环体语句执行无数次

    C. 循环体语句执行一次   D. 循环体语句执行9次

二、编程题

1. 输入输出练习（1）——求 n 个整数之和（T 组测试）。

共有 T 组测试数据，每组测试求 n 个整数之和。

输入格式：

首先输入一个正整数 T，表示测试数据的组数，然后是 T 组测试数据。每组测试先输入数据个数 n，然后再输入 n 个整数，数据之间以一个空格间隔。

输出格式：

对于每组测试，在一行上输出 n 个整数之和。

输入样例：

```
2
4 1 2 3 4
5 1 8 3 4 5
```

输出样例：

```
10
21
```

2. 输入输出练习（2）——求 n 个整数之和（处理到文件尾）。

测试数据有多组，处理到文件尾。每组测试求 n 个整数之和。

输入格式：

测试数据有多组，处理到文件尾。每组测试先输入数据个数 n，然后再输入 n 个整数，数据之间以一个空格间隔。

输出格式：

对于每组测试，在一行上输出 n 个整数之和。

输入样例：

```
5 1 8 3 4 5
```

输出样例：

```
21
```

3. 输入输出练习（3）——求 n 个整数之和（特值结束）。

测试数据有多组，每组测试求 n 个整数之和，处理到输入的 n 为 0 为止。

输入格式：

测试数据有多组。每组测试先输入数据个数 n，然后再输入 n 个整数，数据之间以一个空格间隔，当 n 为 0 时，输入结束。

输出格式：

对于每组测试，在一行上输出 n 个整数之和。

输入样例：

```
5 1 8 3 4 5
0
```

输出样例：

```
21
```

4. 输入输出练习（4）——求 n 个整数之和（空行间隔）。

求 n 个整数之和。T 组测试，且要求每两组输出之间空一行。

输入格式：

首先输入一个正整数 T，表示测试数据的组数，然后是 T 组测试数据。每组测试先输入数据个数 n，然后再输入 n 个整数，数据之间以一个空格间隔。

输出格式：

对于每组测试，在一行上输出 n 个整数之和，每两组输出结果之间留一个空行。

输入样例：

```
2
4 1 2 3 4
5 1 8 3 4 5
```

输出样例：

```
10

21
```

5. 时长之最。

诺诺好忙！她除了在学校上学，还要参加各种课外兴趣班（画画、书法、钢琴、羽毛球、跆拳道……）。给定诺诺某周的日程安排，请确定她哪天的学习时间最长、哪天的学习时间最短？

输入格式：

输入包括 7 行数据，分别表示周一到周日的日程安排。每行包含两个非负整数（其和不超过 24），用空格隔开，分别表示诺诺的学校学习时长和兴趣班学习时长。

输出格式：

输出以一个空格间隔的 2 个整数，分别表示诺诺学习时间最长、最短分别是周几（用 1、2、3、4、5、6、7 分别表示周一、周二、周三、周四、周五、周六、周日）。如果有两天及以上学习时长最长，则输出时间最靠前的一天；如果有两天及以上学习时长最短，则输出时间最靠后的一天。

输入样例：

```
5 3
6 2
7 2
5 3
5 4
0 5
0 5
```

输出样例：

```
3 7
```

6. 应缴电费。

春节前后，电费大增。查询之后得知收费标准如下：

- 月用电量在 230 千瓦时及以下部分按每千瓦时 0.4983 元收费；
- 月用电量在 231~420 千瓦时的部分按每千瓦时 0.5483 元收费；
- 月用电量在 421 千瓦时及以上部分按每千瓦时 0.7983 元收费。

请根据月用电量（单位：千瓦时），按收费标准计算应缴的电费（单位：元）。

输入格式：

首先输入一个正整数 T，表示测试数据的组数，然后是 T 组测试数据。对于每组测试，输入一个整数 n（$0 \leqslant n \leqslant 10000$），表示月用电量。

输出格式：

对于每组测试，输出一行，包含一个实数，表示应缴的电费。结果保留两位小数。

输入样例：

```
2
270
416
```

输出样例：

```
136.54
216.59
```

7. 小游戏。

有一个小游戏，6 个人上台去计算手中扑克牌点数之和是否是 5 的倍数。这里稍微修改一下玩法，n 个人上台，计算手中数字之和是否同时是 3、5、7 的倍数。

输入格式：

首先输入一个正整数 T，表示测试数据的组数，然后是 T 组测试数据。每组测试先输入 1 个整数 n（1≤n≤15），再输入 n 个整数，每个都小于 1000。

输出格式：

对于每组测试，若 n 个整数之和同时是 3、5、7 的倍数则输出 YES，否则输出 NO。

输入样例：

```
2
3 123 27 60
3 23 27 60
```

输出样例：

```
YES
NO
```

8. 购物。

小明购物之后搞不清最贵的物品价格和所有物品的平均价格，请帮他编写一个程序实现。

输入格式：

测试数据有多组，处理到文件尾。每组测试先输入 1 个整数 n（1≤n≤100），接下来的 n 行中每行输入 1 个英文字母表示的物品名及该物品的价格。测试数据保证最贵的物品只有 1 个。

输出格式：

对于每组测试，在一行上输出最贵的物品名和所有物品的平均价格，两者之间留一个空格，平均价格保留 1 位小数。

输入样例：

```
3
a 1.8
b 2.5
c 1.5
```

输出样例：

```
b 1.9
```

9. 等边三角形面积。

数学基础对于程序设计能力而言很重要。对于等边三角形面积，请选择合适的方法进行计算。

输入格式：

测试数据有多组，处理到文件尾。每组测试输入 1 个实数表示等边三角形的边长。

输出格式：

对于每组测试，在一行上输出等边三角形的面积，结果保留两位小数。

输入样例：

```
1.0
2.0
```

输出样例：

```
0.43
1.73
```

10. 三七二十一。

某天，诺诺看到三七二十一（3721）数，觉得很神奇，这种数除以 3 余 2，而除以 7 则余 1。例如，8 是一个 3721 数，因为 8 除以 3 余 2，8 除以 7 余 1。现在给出两个整数 a、b，求区间[a, b]中的所有 3721 数，若区间内不存在 3721 数，则输出 none。

输入格式：

首先输入一个正整数 T，表示测试数据的组数，然后是 T 组测试数据。每组测试输入两个整数 a、b（$1 \leqslant a < b < 2000$）。

输出格式：

对于每组测试，在一行上输出区间[a, b]中所有的 3721 数，每两个数据之间留一个空格。如果给定区间不存在 3721 数，则输出 none。

输入样例：

```
2
1 7
1 100
```

输出样例：

```
none
8 29 50 71 92
```

11. 胜者。

Sg 和 Gs 进行乒乓球比赛，进行若干局之后，想确定最后是谁胜（赢的局数多者胜）。

输入格式：

测试数据有多组，处理到文件尾。每组测试先输入一个整数 n，接下来的 n 行中每行输入两个整数 a、b（$0 \leqslant a, b \leqslant 20$），表示 Sg 与 Gs 的比分是 a 比 b。

输出格式：

对于每组测试数据，若还不能确定胜负则输出 CONTINUE，否则在一行上输出胜者 Sg 或 Gs。

输入样例：

```
3
```

```
3 11
13 11
11 9
```

输出样例：

```
Sg
```

12. 某校几人。

某学校教职工人数不足 n 人，在操场排队，7 个人一排剩 5 人，5 个人一排剩 3 人，3 个人一排剩 2 人；请问该校人数有多少种可能？最多可能有几人？

输入格式：

测试数据有多组，处理到文件尾。每组测试输入一个整数 n（$1 \leqslant n \leqslant 10000$）。

输出格式：

对于每组测试，输出一行，包含两个以一个空格间隔的整数，分别表示该校教职工人数的可能种数和最多可能的人数。

输入样例：

```
1000
```

输出样例：

```
9 908
```

13. 昨天。

小明喜欢上了日期的计算。这次他要做的是日期减 1 天的操作，即求在输入日期的基础上减去 1 天后的结果日期。

例如：日期为 2019-10-01，减去 1 天，则结果日期为 2019-09-30。

输入格式：

首先输入一个正整数 T，表示测试数据的组数，然后是 T 组测试数据。每组测试输入 1 个日期，日期形式为"yyyy-mm-dd"。保证输入的日期合法，而且输入的日期和计算结果都在[1000-01-01，9999-12-31]。

输出格式：

对于每组测试，在一行上以"yyyy-mm-dd"的形式输出结果。

输入样例：

```
1
2019-10-01
```

输出样例：

```
2019-09-30
```

14. 直角三角形面积。

已知直角三角形的三边长，求该直角三角形的面积。

输入格式：

首先输入一个正整数 T，表示测试数据的组数，然后是 T 组测试数据。每组数据输入 3

个整数 a、b、c，代表直角三角形的三边长。

输出格式：

对于每组测试输出一行，包含一个整数，表示直角三角形面积。

输入样例：

```
2
3 4 5
3 5 4
```

输出样例：

```
6
6
```

15. 求累加和。

输入两个整数 n 和 a，求累加和 $S=a+aa+aaa+\cdots+aa\cdots a$（$n$ 个 a）之值。

例如，当 $n=5$，$a=2$ 时，$S=2+22+222+2222+22222=24690$。

输入格式：

测试数据有多组，处理到文件尾。每组测试输入两个整数 n 和 a（$1\leqslant n$，$a<10$）。

输出格式：

对于每组测试，输出 $a+aa+aaa+\cdots+aa\cdots a$（$n$ 个 a）之值。

输入样例：

```
5 3
8 6
```

输出样例：

```
37035
74074068
```

16. 菱形。

输入一个整数 n，输出 $2n-1$ 行构成的菱形。例如，$n=5$ 时的菱形如输出样例所示。

输入格式：

测试数据有多组，处理到文件尾。每组测试输入一个整数 n（$3\leqslant n\leqslant 20$）。

输出格式：

对于每组测试数据，输出一个共 $2n-1$ 行的菱形，具体参见输出样例。

输入样例：

```
3
```

输出样例：

```
  *
 ***
*****
 ***
  *
```

17. 水仙花数。

输入两个 3 位的正整数 m、n，输出区间[m，n]内所有的"水仙花数"。所谓"水仙花数"是指一个 3 位数，其各位数字的立方和等于该数本身。

例如，153 是一水仙花数，因为 153=1×1×1+5×5×5+3×3×3。

输入格式：

测试数据有多组，处理到文件尾。每组测试输入两个 3 位的正整数 m、n（100≤m< n≤999）。

输出格式：

对于每组测试，若区间[m，n]内没有水仙花数则输出 none，否则逐行输出区间内所有的水仙花数，每行输出的格式为：n=a*a*a+b*b*b+c*c*c，其中，n 是水仙花数，a、b、c 分别是 n 的百、十、个位上的数字，具体参见输出样例。

输入样例：

```
100 150
100 200
```

输出样例：

```
none
153=1*1*1+5*5*5+3*3*3
```

18. 猴子吃桃。

猴子第一天摘下若干个桃子，当即吃了 2/3，还不过瘾，又多吃了一个，第二天早上又将剩下的桃子吃掉 2/3，又多吃了一个。以后每天早上都吃了前一天剩下的 2/3 再多一个。到第 n 天早上想再吃时，发现只剩下 k 个桃子。求第一天共摘了多少个桃子。

输入格式：

首先输入一个正整数 T，表示测试数据的组数，然后是 T 组测试数据。每组数据输入两个正整数 n、k（1≤n，k≤15）。

输出格式：

对于每组测试数据，在一行上输出第一天共摘了多少个桃子。

输入样例：

```
2
2 1
4 2
```

输出样例：

```
6
93
```

19. 分解素因子。

假设 n 是一个正整数，它的值不超过 1000000，请编写一个程序，将 n 分解为若干个素数的乘积。

输入格式：

首先输入一个正整数 T，表示测试数据的组数，然后是 T 组测试数据。每组测试数据输入一个正整数 n（$1<n\leqslant1000000$）。

输出格式：

每组测试对应一行输出，输出 n 的素数乘积表示式，式中的素数从小到大排列，两个素数之间用一个"*"表示乘法。若输入的是素数，则直接输出该数。

输入样例：

```
2
9828
88883
```

输出样例：

```
2*2*3*3*3*7*13
88883
```

20. 斐波那契分数序列。

求斐波那契分数序列的前 n 项之和。斐波那契分数序列的首项为 2/1，后面依次是 3/2，5/3，8/5，13/8，21/13…

输入格式：

测试数据由多组，处理到文件尾。每组测试输入一个正整数 n（$2\leqslant n\leqslant20$）。

输出格式：

对于每组测试，输出斐波那契分数序列的前 n 项之和。结果保留 6 位小数。

输入样例：

```
8
```

输出样例：

```
13.243746
```

21. n 马 n 担问题。

有 n 匹马，驮 n 担货，一匹大马驮 3 担，一匹中马驮 2 担，两匹小马驮 1 担，问有大、中、小马各多少匹？（某种马的数量可以为 0）

输入格式：

测试数据由多组，处理到文件尾。每组测试输入一个正整数 n（$8\leqslant n\leqslant1000$）。

输出格式：

对于每组测试，逐行输出所有符合要求的大、中、小马的匹数。要求按大马数从小到大的顺序输出，每两个数字之间留一个空格。

输入样例：

```
20
```

输出样例：

```
1 5 14
4 0 16
```

第 4 章

数　　组

4.1　引例

例 4.1.1　乒乓球胜局排序

"身体是革命的本钱"。"文明其精神，野蛮其体魄"。强身健体，才能更好地学习、生活和工作，从而为"中国梦"贡献更多的力量。乒乓球是我国的国球，乒乓球运动深受人们喜爱。某天，n 个乒乓球爱好者在一起进行乒乓球比赛，你来我往，好不热闹。已知每人各自胜了几局，请按胜局从多到少排序并输出每个人的胜局数及每个人的排名。若胜局数相同，则排名也相同，否则排名为排序后的序号。

输入格式：

在一行上先输入人数 n（不大于 10），再输入 n 个整数（不大于 30），表示各人的胜局数。

输出格式：

输出两行，第一行是各人从多到少排序的胜局数，第二行是各人相应的排名（从 1 开始）。每行的每两个数据之间留一个空格。

输入样例：

5 4 5 6 6 4

输出样例：

6 6 5 4 4
1 1 3 4 4

因需对输入数据进行排序，故定义一个整型数组存放输入的数据。排序直接调用 C++算法头文件 algorithm 中的排序函数 sort，又因 sort 函数默认按升序排序，而本题要求降序排序，故再调用 algorithm 头文件中的逆置函数 reverse。排名在排序后进行，先输出排名变量 rank（初值为 1），从第 2 个元素开始，和其前面那个元素相比，若数值不等，则置 rank 为序号（下标加 1），再输出 rank。对于每两个数据之间留一个空格的要求，可在循环外先输出第一个数据，再在循环中输出剩余数据：对每个数据先输出空格，再输出该数据。具体代码如下：

```
#include<iostream>
#include<algorithm>                    //sort 和 reverse 函数的头文件
using namespace std;
```

```
int main() {
    int i, n, a[10];
    cin>>n;
    for(i=0;i<n;i++) cin>>a[i];          //输入 n 个数据保存到 a 数组中
    sort(a,a+n);                         //对 a 数组按升序排序
    reverse(a,a+n);                      //将 a 数组逆置
    //输出排序结果
    cout<<a[0];
    for(i=1;i<n;i++) cout<<" "<<a[i];
    cout<<endl;
    //输出排名
    int rank=1;
    cout<<rank;
    for(i=1;i<n;i++) {
        if(a[i]!=a[i-1]) rank=i+1;
        cout<<" "<<rank;
    }
    cout<<endl;
    return 0;
}
```

若用 C 语言求解本题，则可按选择排序或冒泡排序的思想（详见例 4.2.6）编写代码实现排序。

数组是同类型变量（元素）的集合。志同道合的同学相聚在一起，可以互相促进，共同进步。数组在内存中占有一段连续的存储单元。数组的每个元素在内存中占一个存储单元，元素的值就存放于其中。数组元素也称下标变量，可读可写。数组可分为一维数组、二维数组、三维数组及多维数组等。

4.2 一维数组

4.2.1 一维数组基础

1. 一维数组的定义

一维数组的定义形式如下：

类型 数组名[数组长度];

其中，类型指的是各个数组元素的数据类型，可以是除数组类型之外的其他各种类型（如 int、char、double 等）；数组名应该是合法的用户自定义标识符；数组长度一般是整型常量表达式。

例如，一个存放 10 个整型数据的一维数组可以定义如下：

```
int a[10];                           //定义一个共有 10 个元素的整型数组
```

其中，a 是数组名，[ ]表明其左边的标识符是一个数组名，10 表示数组的大小（数组长度）。数组元素共 10 个：$a[0]$，$a[1]$，$a[2]$，…，$a[9]$，其中，$a[0]$是第一个元素（首元素），$a[9]$是最后一个元素（尾元素）；即 C/C++中数组下标默认从 0 开始使用，长度为 10 的数组下

标最大为 9。数组 a 的存放结构示意如下：

下标	0	1	2	3	4	5	6	7	8	9
数组元素	$a[0]$	$a[1]$	$a[2]$	$a[3]$	$a[4]$	$a[5]$	$a[6]$	$a[7]$	$a[8]$	$a[9]$

int 型数组 a 的每个元素在内存中占用 4 字节的存储单元，第 i 个元素 $a[i]$ 的地址用 $\&a[i]$ 或 $a+i$ 表示。例如，$\&a[0]$、a 表示 $a[0]$ 的地址，$a+3$ 表示 $a[3]$ 的地址，即 $\&a[3]$。

注意，在 Dev-C++编译环境下，定义数组时数组长度可以包含变量。例如：

```
int n;
cin>>n;
int a[n];                        //实现变长数组，类似于用 new 运算符申请动态数组
```

但在 VC2010、VC6 等编译环境下，数组长度必须是整型常量表达式。通用起见，建议数组长度为整型常量表达式。

2. 一维数组的初始化

在定义一维数组的同时可以指定所有或部分数组元素的初值，称为一维数组的初始化。
整体初始化：

```
int a[10]={1,2,3,4,5,6,7,8,9,10};
```

初始化所有数组元素时，数组长度可以省略，例如：

```
int a[]={1,2,3,4,5,6,7,8,9,10};
```

部分初始化：

```
int a[10]={1,2,3};               //初始化前 3 个数组元素，其余自动初始化为 0
int a[10]={0};                   //初始化第 1 个数组元素为 0，其余自动初始化为 0
```

通常可以用"int a[10]={0};"语句来把 a 数组清 0，即所有元素都赋值为 0。

注意，若用变量 n 为长度定义数组，则语句"int a[n]={0};"无法保证能将 a 数组清零，因为初始化是在程序的编译阶段完成的，而长度为变量的数组是在程序编译之后的运行阶段分配空间的，前一阶段的初值不一定能存放到后一阶段开辟的空间中。

需要注意的是，在有些编译器下，部分初始化时未明确的初始化的数组元素并不一定自动初始化为 0。因此，建议使用 C++语言的 fill 函数或 C 语言的 memset 函数明确地把数组清 0。具体代码如下：

```
#include<iostream>
#include<cstring>                //memset 头文件，也可以用头文件 memory.h
using namespace std;
const int N=100;
int main() {
    int a[N],b[N],n;
    cin>>n;
    fill(a,a+n,0);               //闭开区间[a, a+n)，a 数组清 0
    memset(b,0,n*sizeof(int));   //b 数组清 0，第二个参数一般为 0 或-1，否则可能有误
    for(int i=0; i<n; i++) {
```

```
        cout<<a[i]<<" "<<b[i]<<endl;
    }
    return 0;
}
```

3. 一维数组的使用

数组定义好之后,可以通过下标访问数组元素,下标通常是整型表达式,可以包含常量或变量,但应特别注意的是应防止下标越界。一维数组元素的访问方式如下:

数组名[下标表达式]

下标表达式一般是整型表达式。实际上,下标表达式也可以是字符型等能够转换为整型的数据类型。例如:

```
double num[10];
double k=num[4];                  //读,取出 num[4]中的值并赋值给变量 k
num[2]=6.7;                       //写,把 num[2]赋值为 6.7
int i=13;
char name[10*10+1];              //定义时,数组长度是整型常量表达式
cout<<name[3*i];                  //引用时,下标可以包含变量
cout<<name['A'];                  //引用时,下标可以是字符,'A'转换为其 ASCII 码
```

一维数组的使用经常结合循环,并通过引用数组元素实现。一般而言,一维数组的输入、输出要用一重循环完成,但 char 类型数组可以整体输入、输出。而一维数组的处理根据实际情况可以使用一重循环、二重循环,甚至多重循环。

4.2.2 一维数组的运用

例 4.2.1 逆序输出

在一行上输入整数 n($n \leqslant 100$)及 n 个整数,然后按输入的相反顺序显示这 n 个数据。要求数据之间留一个空格。

控制每两个数据之间以一个空格间隔,一般常用如下两种方案。

方案 1:第一个数据除外,输出每个数据之前,先输出一个空格。

方案 2:最后一个数据除外,输出每个数据之后,再输出一个空格。

一维数组的输入/输出一般结合一重循环,逆序输出可以从后往前输出,使用两种方案的具体代码分别如下:

```
//逆序输出,方案 1
#include<iostream>
using namespace std;
int main() {
    int i, n, a[100];
    cin>>n;
    for(i=0; i<n; i++) cin>>a[i];
    for(i=n-1; i>=0; i--) {
        if(i!=n-1) cout<<" ";      //若不是第一个数据,则先输出一个空格
        cout<<a[i];                //输出数据
    }
    cout<<endl;
```

```
        return 0;
    }

    //逆序输出，方案 2
    #include<iostream>
    using namespace std;
    int main() {
        int i, n, a[100];
        cin>>n;
        for(i=0; i<n; i++) cin>>a[i];
        for(i=n-1; i>=0; i--) {
            cout<<a[i];                 //输出数据
            if(i!=0) cout<<" ";         //若不是最后一个数据，则再输出一个空格
        }
        cout<<endl;
        return 0;
    }
```

　　若在循环中不想使用 if 语句进行判断，则对于方案 1，可在循环前先输出第一个数据，再在循环中输出剩余的 n–1 个数据（每个数据之前同时输出一个空格）；对于方案 2，可先在循环中输出前面的 n–1 个数据（每个数据之后同时输出一个空格），再在循环后输出最后一个数据。

　　对于判断输出的数据是否第一个这个问题，上述方案 1 的代码通过判断循环变量的值实现。实际上，方案 1 通常还可以使用计数器变量或标记变量的方法。具体代码如下：

```
    //计数器变量的方法
    int cnt=0;                          //计数器变量
    for(i=n-1; i>=0; i--) {
        cnt++;
        if(cnt>1) cout<<' ';            //若输出的数据不是第一个，则先输出一个空格
        cout<<a[i];
    }
    //标记变量的方法
    bool flag=false;                    //标记变量
    for(i=n-1; i>=0; i--) {
        if(flag==true) cout<<' ';       //若输出的数据不是第一个，则先输出一个空格
        cout<<a[i];
        flag=true;
    }
```

　　程序设计竞赛或 OJ 做题时，多出空格将导致 PE（格式错误）。本地检查代码时，可以先把不可见的空格符改为某个特殊字符（如*、@等）来检查是否多了特殊字符，没问题后再把特殊字符改回为空格符。

例 4.2.2　数位分离

　　输入一个正整数 n，要求输出其位数，并分别以正序和逆序输出各位数字。每两个数据之间用一个逗号“,”分隔。例如，输入 12345，则输出 5,1,2,3,4,5,5,4,3,2,1。

　　本题需要把 n 的各个数位上的数字分离出来，可以不断使用取余运算符（%）取得个位（n%10）并存放在数组中，并用 n=n/10 去掉个位直到 n 为 0 时为止。位数的统计在数位分

离的过程中同时完成。最终,原来 n 的低位存放在数组的前面位置(个位的下标为 0),高位存放在数组的后面位置。因此,正序输出只需从后往前输出,而逆序输出则从前往后输出。对于数据之间留一个空格,由于位数作为第一个数据先输出,因此在其后的数据输出之前直接先输出一个逗号即可。具体代码如下:

```cpp
#include<iostream>
using namespace std;
int main() {
    int a[10];                      //int 类型数据长度不超过 10
    int i, n, k=0;
    cin>>n;
    while(n>0) {                    //while 循环完成数位分离
        a[k]=n%10;                  //取个位并存放在 a 数组中
        k++;                        //位数计数器加 1
        n=n/10;                     //去掉个位
    }
    cout<<k;                        //输出位数
    for(i=k-1; i>=0; i--) {         //正序输出
        cout<<","<<a[i];
    }
    for(i=0; i<k; i++) {            //逆序输出
        cout<<","<<a[i];
    }
    cout<<endl;
    return 0;
}
```

例 4.2.3　约瑟夫环

有 n($n \leqslant 100$)个人围成一圈(编号为 $1 \sim n$),从第 1 号开始进行 1、2、3 报数,凡报 3 者就退出,下一个人又从 1 开始报数……直到最后只剩下一个人时为止。请问此人原来的位置是多少号?例如,输入 10,则输出 4。

本题可以采用打标记的方法,开始时把一个布尔数组所有元素的值都设为 true 表示在圈中,若出圈则把其值变为 false,最后扫描数组,把值为 true 的对应下标加 1(因为下标从 0 开始,而序号从 1 开始)输出。具体代码如下:

```cpp
#include<iostream>
using namespace std;
const int N=100;
int main() {
    int n;
    bool a[N];
    cin>>n;
    for(int i=0; i<n; i++) a[i]=true;
    int cnt=0, m=n, i=-1;           //初始化
    while(m>1) {                    //人数多于 1 个时进行循环
        i=(i+1)%n;                  //往下走,若走到最后(i=n)则再从头(i=0)开始
        if(a[i]==false) continue;   //跳过已出圈者
        cnt++;                      //报数,计数器增 1
```

```
            if(cnt==3) {                    //报到 3
                a[i]=false;                 //出圈
                m--;                        //总人数少 1
                cnt=0;                      //计数器清 0
            }
        }
        for(int i=0; i<n; i++) {
            if(a[i]==true) {                //找到还在圈中的人
                cout<<i+1<<endl;            //输出序号
                break;                      //跳出循环
            }
        }
        return 0;
    }
```

定义数组 *a* 之前定义了符号常量 *N* 并用其作为 *a* 数组的长度，这样做的目的是提高程序的可维护性。例如，当数组的长度由 100 变为 1000 时，只要把"const int N=100;"改为"const int N=1000;"即可；而若程序中有多处使用 *N*，一旦其值需要更改，也只需修改符号常量定义中的常量值。

例 4.2.4　数组循环移位

输入两个整数 *n* 和 *m*（1≤*m*≤*n*≤100），再输入 *n* 个整数构成一个数列，把前 *m* 个数循环移位到数列的右边。例如，输入：5 3 1 2 3 4 5，输出：4 5 1 2 3。

思路：如果是在线做题，可以直接先输出数列的后半段再输出前半段。如果确实进行移位，可以共进行 *m* 趟循环，每循环把第一个数移到最后：先把第一个数保存到临时变量中，再从第二个数开始都前移一个位置，最后把原来的第一个数放到最后位置。具体代码如下：

```
#include<iostream>
using namespace std;
const int N=100;
int main() {
    int a[N], i, j, n, m, x;
    cin>>n>>m;                          //输入数据个数 n 及需要移动到后面的数据个数 m
    for(j=0; j<n; j++) cin>>a[j];
    for(j=0; j<m; j++) {
        x=a[0];                         //暂存第一个数
        for(i=1; i<n; i++) {            //把第二个到第 n 个数前移一个位置
            a[i-1]=a[i];
        }
        a[n-1]=x;                       //把原来的第一个数放到最后一个位置
    }
    for(j=0; j<n; j++) {                //输出数组元素，每两个数据之间留一个空格
        if(j>0) cout<<" ";
        cout<<a[j];
    }
    cout<<endl;
    return 0;
}
```

一维数组的常用操作还包括查找、插入、删除、逆置等，代码留给读者自行完成。

例 4.2.5　小者靠前

输入 n（1<n<100）个整数到一个数组中，使得其中最小的一个数成为数组的第一个元素（首元素）。若有多个最小者，则首元素仅与最早出现的最小者交换。

思路：通过扫描数组，找到最小者（记录下标），与下标为 0 的数组元素进行交换。具体代码如下：

```cpp
#include<iostream>
using namespace std;
const int N=100;
int main() {
    int a[N],n;
    cin>>n;
    for(int i=0; i<n; i++) cin>>a[i];    //输入
    //处理
    int k=0;                             //假设第一个最小
    for(int j=1; j<n; j++) {             //扫描，找到最小者的下标
        if(a[k]>a[j]) k=j;
    }
    if(k!=0) {                           //最小者不在最前面（下标为 0），则交换
        int t=a[0];
        a[0]=a[k];
        a[k]=t;
    }
    for(int i=0; i<n; i++) {             //输出
        if(i>0) cout<<" ";
        cout<<a[i];
    }
    cout<<endl;
    return 0;
}
```

例 4.2.6　排序

输入数据个数 n（1<n<100）及 n 个整数构成整数序列，要求对该整数序列进行排序，使其按升序排列。

在例 3.2.3 中，提到对三个数进行排序可以采用选择排序和冒泡排序的思想。实际上，这两种排序方法更常用于对多个数进行排序。

1. 选择排序

选择排序的基本思想：对 n 个数升序排列，共进行 $n-1$ 趟排序；每趟从待排序的数列中选出最小的一个数，放到当前的最前位置。

其中，对于第 i（0≤i<$n-1$）趟排序，先假设待排序数列中最前面的数（下标为 i）最小，以假设的最小数（下标为 k，初值为 i）与后面的数（下标为 j，且 i<j<n）比较，若后面的数小，则使假设的最小数为该数（这里采用记录下标的方法，即 $k=j$），最后若实际最小数不在当前的最前位置，则交换之。

对于待排序序列（12, 23, 9, 34, 7），选择排序过程如下：

下标	0	1	2	3	4
第1趟	7	23	9	34	12
第2趟	7	9	23	34	12
第3趟	7	9	12	34	23
第4趟	7	9	12	23	34

在第1趟排序中，i、k 的初值都为0，排序过程中依次比较：

12 23，

12 9（记录当前最小数下标为2，即 $k=2$），

9 34，

9 7（记录当前最小数下标为4，即 $k=4$）

可见，当前最小数（下标 $k=4$）不在当前最前面的位置（下标 $i=0$），因此交换下标分别为0、4的元素，即交换12和7。从而得到第1趟选择排序的结果数列（7, 23, 9, 34, 12）。

实际上，第1趟选择排序采用的就是例4.2.5小者靠前的方法，其余各趟排序的过程类似，留给读者自行分析。

本题采用选择排序求解的具体代码如下：

```cpp
#include<iostream>
using namespace std;
const int N=100;
int main() {
    int a[N];
    int i, j, k, n;
    cin>>n;
    for(i=0; i<n; i++) cin>>a[i];        //输入待排序列
    for(i=0; i<n-1; i++) {               //选择排序，n-1 次循环
        k=i;                             //k 为假设的最小数的下标
        for(j=i+1; j<n; j++) {           //控制 i 之后的数
            if(a[k]>a[j]) k=j;           //若后面的数小，则记录其下标到 k 中
        }
        if(k!=i) {                       //若当前最小数不在当前最前面，则交换
            int t=a[k];
            a[k]=a[i];
            a[i]=t;
        }
    }
    for(i=0; i<n; i++) {                 //输出
        if(i>0) cout<<" ";
        cout<<a[i];
    }
    cout<<endl;
    return 0;
}
```

选择排序也可以直接用当前最前面的数与其后面的数比较，位置不对就马上交换。排

序部分的具体代码段如下：

```
for(i=0; i<n-1; i++) {          //选择排序，n-1 趟循环，i 为当前最前位置
    for(j=i+1; j<n; j++) {      //控制 i 之后的数
        if(a[i]>a[j]) {         //若当前最小数不在当前最前面，则交换
            int t=a[i];
            a[i]=a[j];
            a[j]=t;
        }
    }
}
```

当然，这种写法的执行效率比前一种写法低，因为每趟都可能要进行多次交换，比前一种写法中每趟排序最多只交换一次更加耗时。

2. 冒泡排序

冒泡排序的基本思想：对 n 个数升序排列，共进行 $n-1$ 趟排序；每趟依次比较相邻的两个数，将小者放在前面，大者放在后面，每趟排序结束时，将当前的最大数放到当前的最后位置。

其中，对于第 i（$0 \leqslant i < n-1$）趟排序，从第一个数（下标为 0）开始依次比较相邻的两个数（由于待排数列中共有 $n-i$ 个数，因此共需要进行 $n-i-1$ 次比较），若前面的数比后面的大，则交换这两个数。

对于待排序列（12, 23, 9, 34, 7），冒泡排序过程如下：

下标	0	1	2	3	4
第 1 趟	12	9	23	7	34
第 2 趟	9	12	7	23	34
第 3 趟	9	7	12	23	34
第 4 趟	7	9	12	23	34

在第 1 趟冒泡排序过程中，依次进行 4 次比较：

12 23

23 9，位置不对，交换，数列变为（12, 9, 23, 34, 7）

23 34

34 7，位置不对，交换，数列变为（12, 9, 23, 7, 34）

其余各趟冒泡排序的过程类似，不再赘述。

本题采用冒泡排序求解的代码如下：

```
#include<iostream>
using namespace std;
const int N=100;
int main() {
    int a[N];
    int i, j, k, n;
    cin>>n;
    for(i=0; i<n; i++) cin>>a[i];    //输入待排序列
```

```
for(i=0; i<n-1; i++) {            //冒泡排序，n-1 趟循环
    for(j=0; j<n-i-1; j++) {      //控制第 i 趟前 n-i 个数进行 n-i-1 次比较
        if(a[j]>a[j+1]) {         //前一个数大于后一个数，交换
            int t=a[j];
            a[j]=a[j+1];
            a[j+1]=t;
        }
    }
}
for(i=0; i<n; i++) {              //输出
    if(i>0) cout<<" ";
    cout<<a[i];
}
cout<<endl;
return 0;
}
```

对于待排序列（1，2，3，4，5），采用冒泡排序也需要进行 4 趟。实际上，在第一趟排序中，依次比较相邻的两个数时，没有发现位置不对的数对，即未进行交换，就说明数列已有序。因此，冒泡排序可以改进，即若在某趟排序中没有发生交换，则数列已经排好序，可以提前结束排序。可以使用标记变量（设为 flag，初值为 false）的方法，若发生交换则把其值改为 true，在一趟排序后若有 flag==false，则结束排序。具体代码请读者自行完成。

若要用这两种排序进行降序排序，则只需把 "if (a[k]>a[j])" 或 "if (a[j]>a[j+1])" 中的 ">" 改为 "<"。

另外，交换两个变量的三条赋值语句可以直接调用 C++系统函数 swap（不需要额外的头文件）完成。例如，语句 "swap(a[j],a[j+1]);" 完成 a[j]、a[j+1]的交换。

例 4.2.7　筛选法求素数

输出 n（1<n<2000）以内的所有素数（质数）。

素数指的是除了 1 和它本身没有其他因子的整数；最小的素数是 2，其余的素数都是奇数；素数序列为 2, 3, 5, 7, 11, 13, 17, 19, …。

筛选法（又称筛法）是求不超过自然数 n（n>1）的所有素数的一种方法，据说是古希腊的埃拉托斯特尼（Eratosthenes）发明的。

筛选法的步骤如下。

（1）先将 1 筛掉（因为 1 不是素数）。

（2）把 2 的倍数筛掉。

（3）把 3 的倍数筛掉。

（4）依次把没有筛掉的数（最大到 sqrt(n)为止）作为除数，把其倍数都筛掉。

注意，本例所说的倍数都不含自身。

其中，把数筛掉的实现可以采用打标记的方法，以求 20 以内的素数为例说明如下。

开始时把数组元素都设为 true（整数值 1）表示假设对应下标的数都是素数，如下所示：

1	2	3	4	5	6	7	8	9	10	11	12	13	14	15	16	17	18	19	20
1	1	1	1	1	1	1	1	1	1	1	1	1	1	1	1	1	1	1	1

把某数筛掉则把该数为下标的数组元素的值变为 false（整数值 0），最后把标记为 true 的下标输出，如下表所示。其中，表中第一行把 1 筛去，表中第二行把 2 的倍数筛去，最后表中第三行把 3 的倍数筛去，则下表中最后一行中值为 1 的相应下标 2、3、5、7、11、13、17、19 为素数。

1	2	3	4	5	6	7	8	9	10	11	12	13	14	15	16	17	18	19	20
0	1	1	1	1	1	1	1	1	1	1	1	1	1	1	1	1	1	1	1
0	1	1	0	1	0	1	0	1	0	1	0	1	0	1	0	1	0	1	0
0	1	1	0	1	0	1	0	0	0	1	0	1	0	0	0	1	0	1	0

具体代码如下：

```cpp
#include<iostream>
using namespace std;
const int N=2000;
int main() {
    bool a[N];
    int n;                            //若a[i]值为true,则i为素数
    cin>>n;
    for(int i=1; i<=n; i++) a[i]=true;   //假设1至n都是素数
    a[1]=false;                       //把1筛掉
    for(int k=2; k*k<=n; k++) {
        if(a[k]==false) continue;     //跳过已筛掉的数
        for(int j=k*k; j<=n; j+=k)    //从k的平方开始筛
            a[j]=false;               //把未筛掉的数的倍数筛掉
    }
    int cnt=0;                        //计数器,控制数据之间一个空格
    for(int j=2; j<=n; j++) {         //输出
        if(a[j]==true) {              //j是素数
            cnt++;
            if(cnt>1) cout<<" ";      //若不是第一个数,则先输出一个空格
            cout<<j;
        }
    }
    cout<<endl;
    return 0;
}
```

4.3　二维数组

思考：如何求解两个矩阵的乘法？

编程时，矩阵或方阵通常用二维数组来表示。因此，可以定义三个二维数组来完成两个矩阵的乘法。具体代码可见 4.3.2 小节例 4.3.4。

二维数组可以看成是这样的一维数组：它的所有元素都是规格相同的一维数组。

4.3.1 二维数组基础

1. 二维数组的定义

二维数组的一般形式如下：

类型 数组名[行数][列数];

其中，类型可以是除数组类型之外的其他各种数据类型；数组名应该是合法的用户自定义标识符；二维数组的定义使用两个[ ]，在其中分别指定行数（第一维的长度）和列数（第二维的长度）；行数、列数一般是整型常量表达式。

例如：

```
double d[4][5];
```

定义4行5列的二维数组，第一、二维长度分别为4、5，存放结构示意图如下：

下标	0	1	2	3	4
0	$d[0][0]$	$d[0][1]$	$d[0][2]$	$d[0][3]$	$d[0][4]$
1	$d[1][0]$	$d[1][1]$	$d[1][2]$	$d[1][3]$	$d[1][4]$
2	$d[2][0]$	$d[2][1]$	$d[2][2]$	$d[2][3]$	$d[2][4]$
3	$d[3][0]$	$d[3][1]$	$d[3][2]$	$d[3][3]$	$d[3][4]$

在 Dev-C++下，二维数组定义时的行数、列数可以包含变量。但为在不同编译环境下一致起见，建议二维数组定义时的行数、列数为整型常量表达式。

二维数组 d 可以看作特殊的一维数组，包含四个元素：$d[0]$、$d[1]$、$d[2]$、$d[3]$，每个$d[i]$（$i=0\sim3$）又是一个包含 5 个 double 类型元素 $d[i][0]$、$d[i][1]$、$d[i][2]$、$d[i][3]$、$d[i][4]$的一维数组。在 C/C++语言中，二维数组在内存中以行主序存放，即先存放第一行的 5 个元素，再存放第二行的 5 个元素……最后存放最后一行的 5 个元素。

2. 二维数组的初始化

二维数组的初始化是指在定义数组的同时，指定全部或部分的数组元素的值。

整体初始化（初始化所有数据元素），例如：

```
int num[3][3]={1,2,3,4,5,6,7,8,9};
int num[3][3]={{1,2,3},{4,5,6},{7,8,9}};
```

初始化所有数据元素时第一维的长度可以省略，例如：

```
int num[][3]={{1,2,3},{4,5,6},{7,8,9}};
```

部分初始化（初始化部分数据元素，未明确初始化的元素自动初始化为 0）。

初始化第一、二行的所有元素及第三行的第一个，例如：

```
int b[5][3]={1,3,5,0,2,4,6};
```

初始化第一、三行的所有元素，第二行的第一个元素，例如：

```
int num[3][3]={{1,3,5},{0},{2,4,6}};
```

初始化第一行的前两个，第二行的第一个，第三行的所有元素，例如：

```
int a[5][3]={{1,3},{5},{2,4,6}};
```

二维数组清 0（初始化第一个元素为 0，其余自动初始化为 0），例如：

```
int cnt[5][5]={0};
```

二维数组的清 0 建议明确使用 fill 函数或 memset 函数完成，例如：

```
int c[100][100];
cin>>n;
fill(&c[0][0],&c[n-1][n-1]+1,0);     //区间[&c[0][0],&c[n-1][n-1]+1)
memset(c,0,sizeof(c));               //整个 c 数组清 0
```

注意，若用变量 *m*、*n* 作二维数组长度，则初始化语句"int a[m][n]={0}"无法保证能将 *a* 数组清 0，理由如一维数组初始化中所述。

3. 二维数组的使用

二维数组元素的下标访问形式如下：

数组名［**行下标**］［**列下标**］

例如：

```
double d[4][5];
k=d[3][3];
d[2][4]=6.7;
```

例 4.3.1　二维数组的输入输出

输入两个整数 *m*、*n*（2≤*m*、*n*≤100），再输入、输出 *m* 行 *n* 列的二维整型数组。输出时，每行的每两个数据之间留一个空格。

二维数组的基本操作一般采用二重循环实现。二维数组的输入、输出通常使用二重循环逐个元素进行（char 类型的二维数组除外）。具体代码如下：

```
#include<iostream>
using namespace std;
const int N=100;                    //最大的行数、列数
int main() {
    int a[N][N];
    int m, n, i, j;
    cin>>m>>n;                      //输入实际行数、列数
    for(i=0; i<m; i++) {            //输入
        for(j=0; j<n; j++) cin>>a[i][j];
    }
    for(i=0; i<m; i++) {            //输出
        for(j=0; j<n; j++) {
            if(j>0) cout<< " ";
            cout<<a[i][j];
        }
        cout<<endl;
    }
```

```
    return 0;
}
```

4.3.2 二维数组的运用

例 4.3.2 方阵转置

输入一个 n（$2 \leq n \leq 100$）阶整数方阵，然后将之转置并输出这个转置后的方阵。要求每个数据的输出占 5 字符宽度。

思路：方阵转置是指将方阵的行列互换，即第 1 行变为第 1 列，第 2 行变为第 2 列……设方阵以二维数组 a 表示，则以主对角线（其上元素为 $a[i][i]$，行、列下标相等）为界，逐行交换主对角线两边对称的元素 $a[i][j]$ 和 $a[j][i]$。具体代码如下：

```cpp
#include<iostream>
#include<iomanip>                      //函数 setw 在其中声明
using namespace std;
const int N=100;
int main() {
    int a[N][N];
    int i, j, n;
    cin>>n;
    for(i=0; i<n; i++) {               //输入
        for(j=0; j<n; j++) cin>>a[i][j];
    }
    for(i=0; i<n; i++) {               //转置
        for(j=0; j<i; j++) {          //注意循环条件是 j<i
            swap(a[i][j],a[j][i]);    //调用系统函数 swap 完成交换
        }
    }
    for(i=0; i<n; i++) {               //输出
        for(j=0; j<n; j++) {
            cout<<setw(5)<<a[i][j];   //控制每个数据输出占 5 字符宽度
                                       //也可用 printf("%5d", a[i][j]);
        }
        cout<<endl;                    //每行输出完后换行
    }
    return 0;
}
```

例 4.3.3 蛇形矩阵

输入整数 n（$2 \leq n \leq 100$），构造并输出蛇形矩阵。蛇形矩阵是由 1 开始的自然数依次排列成的一个上三角矩阵。例如，$n=5$ 时，蛇形矩阵如下：

```
1 3 6 10 15
2 5 9 14
4 8 13
7 12
11
```

通过观察发现，该蛇形矩阵的一个规律是每行从第一列元素开始，其右上角的元素值

依次递增 1，到第一行为止。利用这个规律编写程序如下：

```cpp
#include<iostream>
using namespace std;
const int N=100;
int main() {
    int a[N][N];
    int i,j,k,n;
    cin>>n;
    int val=1;
    for(i=0; i<n; i++) {
        k=0;                              //控制列下标
        for(j=i; j>=0; j--)               //控制从当前行到第一行
            a[j][k++]=val++;              //列下标依次递增
    }
    for(i=0; i<n; i++) {
        for(j=0; j<n-i; j++) {
            if(j>0) cout << " ";
            cout<<a[i][j];
        }
        cout<<endl;
    }
    return 0;
}
```

如果再仔细观察，还可以发现其他规律。找到其他规律并编写相应程序的任务交给读者自行完成。

例 4.3.4 两个矩阵之积

输入整数 m、p、n（$1<m$，p，$n<10$），再输入两个矩阵 $A_{m\times p}$、$B_{p\times n}$，请计算 $C=AB$。

例如，$m=4$、$p=3$、$n=2$，矩阵如下：

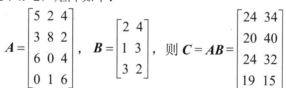

$$A = \begin{bmatrix} 5 & 2 & 4 \\ 3 & 8 & 2 \\ 6 & 0 & 4 \\ 0 & 1 & 6 \end{bmatrix}, \quad B = \begin{bmatrix} 2 & 4 \\ 1 & 3 \\ 3 & 2 \end{bmatrix}, \quad 则 \; C = AB = \begin{bmatrix} 24 & 34 \\ 20 & 40 \\ 24 & 32 \\ 19 & 15 \end{bmatrix}$$

矩阵乘法只有在第一个矩阵的列数等于第二个矩阵的行数时才有意义。根据矩阵乘法规则 $c_{ij} = \sum_{k=1}^{p} a_{ik} \cdot b_{kj}$，其中 c_{ij} 表示 C 矩阵中的第 i 行第 j 列元素，a_{ik}、b_{kj} 分别表示 A 矩阵中的第 i 行第 k 列元素、B 矩阵中的第 k 行第 j 列元素，使用三重循环就可以完成两个矩阵的乘法。若下标从 0 开始使用，则具体代码如下：

```cpp
#include<iostream>
using namespace std;
const int N=10;
int main() {
    int a[N][N],b[N][N],c[N][N]={0};
    int i,j,k,m,n,p;
    cin>>m>>p>>n;
```

```
for(i=0; i<m; i++) {                        //输入 A 矩阵
    for(j=0; j<p; j++) cin>>a[i][j];
}
for(i=0; i<p; i++) {                        //输入 B 矩阵
    for(j=0; j<n; j++) cin>>b[i][j];
}
for(i=0; i<m; i++) {                        //计算 C 矩阵
    for(j=0; j<n; j++)
        for(k=0; k<p; k++)
            c[i][j]+=a[i][k]*b[k][j];
}
for(i=0; i<m; i++) {                        //输出 C 矩阵
    for(j=0; j<n; j++) {
        if(j>0) cout<<" ";
        cout<<c[i][j];
    }
    cout<<endl;
}
return 0;
}
```

*4.4　STL 之 vector

STL（Standard Template Library，标准模板库），是高效的 C++程序库，主要包含了容器、算法、迭代器等方面的内容。vector 是 STL 的容器之一。

4.4.1　STL 之一维 vector

STL 之 vector（向量）用于实现动态数组，vector 适用于数组大小不确定的情况。使用前需先包含向量头文件 vector，即#include<vector>；再在输入变量 n 时可以把 n 作为向量的长度。例如：

```
int n;
cin>>n;
vector <int> a(n);
```

上面语句是 vector 的实例化，即"<>"中指定 a 的每个元素的类型都是 int，a 后面"()"中的 n 表明该向量的长度为 n。一维向量适用于在一维数组的长度不确定时实现动态数组。

vector 部分常用成员函数（方法）如表 4-1 所示。其中，参数 val 的类型同向量中的元素，可以是 int、char、double 等基本数据类型或 string 类型或结构体等构造数据类型，pos 是迭代器（iterator）类型（类似指针类型）参数，n 是整型参数。

表 4-1　vector 部分常用成员函数

成员函数	说　　　明
begin()	指向首元素的迭代器
end()	指向尾元素后一位置的迭代器

续表

成员函数	说　　明
clear()	清空向量
empty()	向量判空
erase(pos)	删除迭代器 pos 所指元素并返回下一元素的迭代器
insert(pos, val)	在迭代器 pos 所指位置插入一个值为 val 的元素并返回其迭代器
pop_back()	删除向量的尾元素
push_back(val)	将 val 插入向量的最后位置
size()	vector 的大小（一维 vector 的元素个数或二维 vector 的行数）
resize(n, val)	重置 vector 大小为 n，若 n 小于向量原来的大小（设为 m），则保留前面 n 个元素及其值，否则最后 $n-m$ 个元素置值为 val（该参数默认的参数值为 0）且前 m 个元素保留原值

例 4.4.1　一维 vector 使用方法

```cpp
#include<iostream>
#include<vector>                    //头文件
using namespace std;
int main() {
    int n,i;
    cin>>n;
    vector <int> v(n);              //一维动态数组，长度为 n
    for(i=0; i<v.size(); i++) v[i]=i+1;
    v.push_back(123);              //在数组最后面插入
    v.insert(v.begin(), 456);      //在数组最前面插入
    v.erase(v.begin()+1);          //删除第二个元素
    prtVector(v);                  //prtVector 函数定义同例 4.4.2
    v.clear();                     //清空向量
    v.resize(n*2);                 //重新定义数组大小
    cout<<v.size()<<endl;
    return 0;
}
```

例 4.4.2　分析程序运行结果

已知函数 prtVector 的作用是输出向量（数组）中所有元素（每两个数据之间间隔一个空格），请分析以下程序的运行结果。

```cpp
#include<iostream>
#include<vector>                    //包含向量头文件
using namespace std;
void prtVector(vector<int> a) {    //输出向量中所有元素的函数
    for(int i=0; i<a.size(); i++) {
        if(i>0) cout<<" ";
        cout<<a[i];
    }
    cout<<endl;
}
int main() {
```

```
    int n;
    cin>>n;
    vector <int> a(n);          //定义长度为 n 的数组，每个元素类型为<>中指定的 int
    prtVector(a);
    for(int i=0; i<n; i++) cin>>a[i];
    a.resize(2*n,-1);           //扩长部分的元素值为-1，其余保留原值
    prtVector(a);
    a.resize(n/2);              //长度缩短一半，元素值也保留原值
    prtVector(a);
    a.resize(2*n);              //扩长部分的元素值默认为 0
    prtVector(a);
    return 0;
}
```

运行结果：

```
6 1 2 3 4 5 6↵
0 0 0 0 0 0
1 2 3 4 5 6 -1 -1 -1 -1 -1 -1
1 2 3
1 2 3 0 0 0 0 0 0 0 0 0
```

例 4.4.3　平均之上

先输入整数 *n*，再输入 *n* 个表示成绩的整数，求大于平均分的成绩个数。

例如，输入 5 1 2 3 4 5，输出 2。

本题没有给定 *n* 的范围，定义数组时长度应为多大呢？猜 100、1000 或 10000 可能都有问题。继续猜？就算这一题猜对了，但下一题数组长度不定时能保证也猜对吗？这种情况下，需要根据输入的 *n* 值来申请长度为 *n* 的动态数组。也就是说，当数组长度不确定时，一般考虑使用动态数组。这里使用向量 vector 实现动态数组。具体代码如下：

```
#include<iostream>
#include<vector>                //包含向量头文件
using namespace std;
int main() {
    int n;
    cin>>n;
    vector <int> a(n);          //定义长度为 n 的数组，每个元素类型为<>中指定的 int
    for(int i=0; i<n; i++) cin>>a[i];
    int sum=0,cnt=0;
    for(int i=0; i<n; i++)
        sum=sum+a[i];           //类似普通数组的用法
    for(int j=0; j<n; j++) {
        if(a[j]>1.0*sum/n) cnt++;
    }
    cout<<cnt<<endl;
    return 0;
}
```

4.4.2　STL 之二维 vector

有时，在线题目没有明确给出二维数组的行数和列数。这种情况下，可以使用二维 vector 来实现二维动态数组。下面的例子说明二维动态数组如何定义，定义好之后就可以类似于一般的二维数组使用。

例 4.4.4　二维 vector 简单示例

```cpp
#include<iostream>
#include<vector>
using namespace std;
int main() {
    int i;
    int r,c;
    cin>>r>>c;
    //下面的语句直接定义 r 行 c 列的二维动态数组
    vector < vector<int> > tv(r, vector<int> (c));
    for(i=0; i<r; i++) {
        for(int j=0; j<c; j++)
            cin>>tv[i][j];
    }
    for(i=0; i<r; i++) {
        for(int j=0; j<c; j++) {
            if(j>0) cout << " ";
            cout<<tv[i][j];
        }
        cout<<endl;
    }
    tv.clear();
    return 0;
}
```

本例中语句 "vector < vector<int> >tv(r, vector<int> (c));" 定义一个 r 行 c 列的二维动态数组，注意，">>"的两个>之间有空格，以免被编译器理解为运算符 ">>" 而出错；定义二维动态数组也可以采用如下可读性更好的写法：

```cpp
vector <vector <int> > tv;              //定义二维动态数组
tv.resize(r);                           //重置第一维长度（行数）为 r
for(i=0; i<r; i++) tv[i].resize(c);     //重置第二维长度（列数）为 c
```

实际上，二维 vector 每行的列数可以不一样，这样使用起来更加灵活。例如：

```cpp
for(i=0; i<r; i++) tv[i].resize(i+1);   //定义了一个下三角矩阵
```

可以用 tv.size() 得到 tv 的行数，用 tv[i].size() 得到第 i 行的列数。例如，以下代码输出各行的列数：

```cpp
for(i=0; i<r; i++) cout<<tv[i].size()<<endl;
```

4.5 字符串与字符数组

4.5.1 字符串常量

字符串常量是以双引号括起来的字符序列，字符串结束符是'\0'。字符串结束符并不显式地表示出来，例如：

"C/C++程序设计"

"C/C++ Programming\nData Structure"

字符串中西文字符（一个汉字作为 2 个西文字符）的个数称为字符串的长度（不包括字符串结束符'\0'），字符串实际占用的内存字节数比它的长度值多 1（'\0'字符所占）。例如："ABCD" 的长度为 4，内存字节数为 5；"C/C++程序设计" 的长度为 13，内存字节数为 14；"C/C++ Programming\nData Structure"的长度为 32，内存字节数为 33，其中"\n"是一个字符。

4.5.2 字符数组

1. 字符数组的定义与初始化

定义一维字符数组的一般形式如下：

char 数组名[长度];

可见，字符数组的元素类型为 char。

例如：

```
char s[10];                        //定义一维字符数组，长度为 10
```

一般情况下，字符数组的最后一个元素是串结束符'\0'，所以长度为 10 的字符数组通常只放 9 个其他字符。如果题目出现"字符串长度不超过 10"的描述，一般应该把字符数组的长度定义为 11。

定义二维字符数组的一般形式如下：

char 数组名[行数][列数];

例如：

```
char c[5][10];          //定义 5 行 10 列的二维字符数组
```

字符数组的初始化：

```
char s[]="A string";      //数组长度为 9，一般考虑最多存放 8 个非'\0'字符
```

或

```
char s[]={"A string"};
```

或

```
char s[]={'A',' ','s','t','r','i','n','g','\0'};
```

如果一开始初始化的字符数组在程序中有可能改动而存放别的字符串，应充分估计所

需的最大空间。例如：

```
char s[81]="A string";  //数组长度为 81，一般考虑最多存放 80 个非'\0'字符
```

2. 字符数组的输入输出

字符数组可以整体输入、输出，例如：

```
char s[10];
cin>>s;                 //C++语言输入方法，输入串不包含空格
cout<<s<<endl;          //C++语言输出方法
scanf("%s", s);         //C 语言输入函数，输入串不包含空格
printf("%s\n", s);      //C 语言输出函数
gets(s);                //C 语言输入函数，输入串可包含空格，遇换行符结束输入
puts(s);                //C 语言输出函数，自动换行
```

3. 字符数组的常用操作函数

使用字符数组操作函数一般需要包含头文件 cstring 或 string.h。常用的字符数组操作函数如表 4-2 所示。

表 4-2　常用的字符数组函数

函　　数	描　　述
strlen(字符串)	求字符串长度，如 strlen("string")等于 6
strcpy(字符数组，字符串)	字符串赋值，如 strcpy(s, "string")把字符串"string"赋值给字符数组 *s*
strcat(字符数组，字符串)	字符串连接，如 strcat(s, "abc")把字符串"abc"连接到字符数组 *s* 之后
strcmp(字符串 1，字符串 2)	字符串比较，如 strcmp("Abc", "ABc")的结果为 1

这些函数参数中的字符串可以是字符串常量或字符数组。不能用=给字符数组赋值，因为数组名不是左值。函数 strcmp 逐个字符进行比较，字符不等或比完所有字符时返回一个整数（0、1、−1）作为比较结果，其中，返回 0 表明两个字符串相等；返回 1 表明字符串 1 大于字符串 2；返回−1 表明字符串 1 小于字符串 2。

4. 字符数组示例

例 4.5.1　字符数组的基本用法

```
#include<iostream>
#include<string>
#include<cstring>                //strlen 等函数的头文件
using namespace std;
const int N=81;
int main() {
    char s[N], t[N];             //定义字符数组
    scanf("%s%s", s, t);         //输入一个字符串，格式符是 s
    printf("%s\n", s);           //输出一个字符串
    cout<<s<< " "<<t<<endl;      //输出一个字符串
    cout<<strlen(s)<<" "
        <<strlen(t)<<endl;       //输出串长
    strcpy(s, "Hello world!");   //把"Hello world!"赋值给 s
    cout<<s<<endl;
```

```
    strcat(s,"A string.");              //连接"A string."在s之后
    cout<<s<<endl;
    cout<<strcmp("abc", "aBcd");        //比较字符串
    cout<<endl;
    string ts=s;                        //可以把字符数组直接赋给 string 变量
    cout<<ts<<endl;
    printf("%s\n",ts.c_str());     //成员函数 c_str() 把 string 变量转换为 char 数组
    return 0;
}
```

运行结果：

```
Enjoying it⏎
Enjoying
Enjoying it
8 2
Hello world!
Hello world!A string.
1
Hello world!A string.
Hello world!A string.
```

例 4.5.2　字符数组的初始化与输出

```
#include<stdio.h>
int main() {
    int i,j;
    char s[]="Enjoying it.";
    char a[][5]= {{'H','e','l','l','o'}, {'W','o','r','l','d'}};
    for(i=0; s[i]!='\0'; i++)           //逐个字符输出，字符数组 s 以 '\0' 结束
        printf("%c",s[i]);
    printf("\n");
    puts(s);                            //输出整个字符串并换行
    for(i=0; i<=1; i++) {
        for(j=0; j<=4; j++)             //因 a[i]无 '\0' 结束，不能整体输出
            printf("%c",a[i][j]);
        printf("\n");
    }
    return 0;
}
```

运行结果：

```
Enjoying it.
Enjoying it.
Hello
World
```

4.5.3　STL 之 string

　　string 是 STL（标准模板库）常用的容器之一，常用于字符串（简称串）处理，可作为一种数据类型使用。

1. string 基础

使用 string 前，需包含头文件 string。

1）变量定义及初始化

以 string 为类型定义变量。

例如，下面的语句定义 string 变量 *s*：

```
string s;
```

例如，下面的语句定义 string 变量 *s*1，*s*2，*s*3，同时初始化 *s*3 为字符串 Hello：

```
string s1, s2, s3="Hello";
```

本小节下面使用的 *s*、*s*1、*s*2、*s*3 即此处定义的字符串变量。

2）赋值

string 类型变量直接使用赋值运算符（=）进行赋值。例如，下面的语句把 *s*2 的值赋为字符串 World：

```
s2="World";
```

3）串连接运算

两个字符串的连接或一个字符串与一个字符的连接使用连接运算符（+）完成。例如：

```
s1=s2+s3;                    //把 s2 和 s3 连接起来赋给 s1
s1=s1+' ';                   //连接运算符+也可以用于 string 与 char 数据之间，但请慎用
```

4）串比较运算

string 类型的字符串直接使用关系运算符进行比较。例如：

```
if(s2>s3)                 //将 s2 与 s3 直接进行比较
    cout<<"Bigger"<<endl;
```

注意，string 类型的变量或常量可直接比较大小，比较时逐个字符比下来，不相等时比较得出大小，如果逐个字符一一相等，则两个串相等。

5）串输出

string 类型的字符串可以采用 cout 或 printf 函数输出。例如：

```
string s="Hello, World!";
cout<<s<<endl;
printf("%s\n", s.c_str());      //需用 c_str()把 string 变量转换为字符数组
```

6）处理串中各字符的方法

使用数组下标运算符[ ]；形式为：

s[下标]

其中，*s* 为串变量名；下标的范围：0~s.length()−1 或 s.size()−1。其中，s.length()或 s.size()表示取字符串 *s* 的长度（字符个数）。length()和 size()是 string 的成员函数。string 的常用成员函数很多，部分常用成员函数如表 4-3 所示。

取 string 类型变量中字符的方法类似于取字符数组中的元素。string 类型变量中的每个字符（char 类型）称为一个元素。

表 4-3　string 部分常用成员函数

成 员 函 数	说　　明
begin()	指向字符串中首字符的迭代器。 例如，s="abcde"，则 s.begin()指向字符 a
end()	指向字符串中尾字符后一位置的迭代器。 例如，s="abcde"，则 s.end()指向字符 e 的后一个位置
size()	取字符串的长度。 例如，s="abcde"，则 s.size()=5
length()	取字符串的长度。 例如，s="abcde"，则 s.length()=5
substr(start [, len])	取 start 位置（下标）开始长度为 len 的子串，若长度不足 len 或缺省该参数则取完为止。 例如，s="abcdecd"，则 s.substr(3)="decd"，s.substr(4,5)="ecd"，s.substr(2,3)="cde"
find(s|c [, start=0])	从 start 位置（可选参数，默认值为 0）开始从前往后在字符串中查找子串 *s* 或字符 *c*，若找到则返回 *s* 中的首字符或 *c* 在该字符串中的位置，否则返回 string::npos（32 位编译器下其值为 0xffffffff，64 位编译器下其值为 0xffffffffffffffff，若赋值给 int 类型变量则该变量的值为−1）。 例如，s="abcdecd"，则 s.find('d')=3、s.find('d',4)=6、s.find("cd")=2；k=s.find("ac")，则 k 为−1

例如：

```
string s="Hello, World!";
cout<<s[0]<<endl;                //第一个字符 H
cout<<s[s.length()-1]<<endl;     //最后一个字符!
cout<<s[s.size()-1]<<endl;       //最后一个字符!
cout<<s[s.length()/2]<<endl;     //中间字符：空格符
```

7）字符串的输入

string 类型的变量采用 cin 或 getline 函数的方式输入。

cin 函数的读入方式总是将前导的空格（包括空格符、换行符、制表符等）滤掉，在遇到空格时结束本次输入。例如：

```
string s;
cin>>s;                //输入 Hello, World!
cout<<s<<endl;         //输出 Hello,上面的 cin 语句遇到空格时结束输入
```

而 getline 总是将行末的换行符滤掉，将其整行输入，因此可以用 getline 函数输入包含空格的字符串。例如：

```
string s;
getline(cin, s);       //输入 Hello, World!
cout<<s<<endl;         //输出 Hello, World!
```

例 4.5.3　string 基本用法

```
#include<iostream>
```

```cpp
#include<string>                          //头文件
using namespace std;
int main() {
    string s="abc",t="cde";
    cout<<s+t<<endl;                      //两个字符串连接
    s=s+'1';                              //一个字符串和一个字符连接
    cout<<s<<endl;                        //输出串
    cout<<s.size()<<endl;                 //输出串长
    cin>>s>>t;                            //输入两个（不包含空格的）串
    int j=s.find(t);                      //在 s 中查找 t，若找不到则 j=-1
    if(j!=-1)                             //如果 j!=-1 则表示找到
        cout<<j<<endl;
    else                                  //未找到
        cout<<"no found\n";
    cin>>s>>t;
    if(s==t)                              //两个字符串可以直接比较，s 与 t 相等
        cout<<"equal\n";
    else if(s>t)                          //s 大于 t
        cout<<"large\n";
    else                                  //s 小于 t
        cout<<"small\n";
    cin.get();                            //吸收换行符，否则执行下一句后 s 为空串
    getline(cin,s);                       //输入可包含空格的串，如"abc defg"
    int k=s.find(' ');                    //查找空格符
    if(k!=-1) {                           //找到空格则以其为界把输入串分为左、右两个子串
        cout<<s.substr(0,k)<<endl;        //从 0 开始取长度为 k 的子串
        cout<<s.substr(k+1)<<endl;        //从 k+1 开始取子串，取完为止
    }
    return 0;
}
```

运行结果：

```
abccde
abc1
4
123456789 567↵
4
acmer acacac↵
large
hello acm↵
hello
acm
```

特别需要注意的是，getline 函数遇到换行符则表示串输入结束，因此在用 cin 函数输入两个字符串后的换行符（包含在确认输入时所按的回车键中）需先吸收掉，否则该函数将得到一个空串。吸收一个字符可以用"cin.get();""getchar();""scanf("%*c");"等方法。

STL 之 string 的操作比字符数组简单，推荐使用 string 类型处理字符串相关问题。由于大量字符串的输入使用字符数组与 scanf 或 gets 函数结合的效率更高，有时候为避免在线做题获得超时反馈，可以先用字符数组输入字符串，再赋值给 string 类型变量作后续处理。

2. 使用 string

例 4.5.4　取子串

在一行上输入两个整数 m、n 及一个可能包含空格的字符串，取该串从第 m 个字符开始的 n 个字符构成的子串（若不足 n 个字符，则取完为止）。

输入样例：

```
4 4 welcome to acm world
```

输出样例：

```
come
```

本题包含空格的字符串用 getline 函数输入，但需要注意的是第 2 个整数后的空格符需先吸收掉，否则 getline 函数将得到一个首字符为空格的字符串。取子串直接使用字符串的成员函数 substr。具体代码如下：

```
#include<iostream>
#include<string>
using namespace std;
int main() {
    int m, n;
    cin>>m>>n;
    cin.get();                    //吸收第 2 个整数之后的空格符
    string s;
    getline(cin,s);               //遇到换行符表示输入结束
    cout<<s.substr(m-1,n)<<endl;
    return 0;
}
```

例 4.5.5　逆置串

输入一个字符串（可能包含空格），把该串逆置后输出。

输入样例：

```
mca ekil I
```

输出样例：

```
I like acm
```

在线做题一般通过测试数据的比对来判断代码的正确性，即只要代码能够根据预先给定的测试输入数据得到预设的测试输出数据就判定该代码正确。因此，若是在线求解本题，则可把该字符串从后往前逐个字符输出。具体代码如下：

```
#include<iostream>
#include<string>
using namespace std;
int main() {
    string s;
    getline(cin,s);
    for(int i=s.size()-1; i>=0; i--) {
```

```
        cout<<s[i];
    }
    cout<<endl;
    return 0;
}
```

若确实需要把字符串逆置过来，则可以把串中的字符按顺序逐个取出来，连接到结果串（初值为空串）之前。具体代码如下：

```
#include<iostream>
#include<string>
using namespace std;
int main() {
    string s;
    getline(cin,s);
    string res="";                    //结果串一开始置为空串
    for(int i=0; i<s.size(); i++) {
        res=s[i]+res;                 //每取得一个字符就连接到结果串之前
    }
    cout<<res<<endl;
    return 0;
}
```

上面的代码需用一个与 s 等长的辅助字符串 res，存在一定的空间浪费。

若考虑节省空间，则可以串的中间位置为界，左、右对称位置（两个位置的下标之和等于串长减 1）上的字符交换；设串 s 的串长 n=s.size()，则 $s[0]$ 与 $s[n-1]$ 交换，$s[1]$ 与 $s[n-2]$ 交换，$s[2]$ 与 $s[n-3]$ 交换……例如，若 s="1234"，则'1'与'4'交换，'2'与'3'交换；若 s="12345"，则'1'与'5'交换，'2'与'4'交换。

```
#include<iostream>
#include<string>
using namespace std;
int main() {
    string s;
    getline(cin,s);                   //输入可包含空格的字符串
    int n=s.size();                   //求字符串的长度
    for(int i=0; i<n/2; i++) {        //i 从 0 到 n/2-1 循环，交换 s[i] 与 s[n-i-1]
        char c=s[i];                  //字符串变量 s 中的每个元素是 char 类型
        s[i]=s[n-i-1];
        s[n-i-1]=c;
    }
    cout<<s<<endl;
    return 0;
}
```

逆置串还可以使用另一种思路：用 i 指向第一个字符（用下标 i=0 表示），j 指向最后一个字符（用下标 j=s.size()-1 表示），并交换 i、j 所指的字符，之后 i 指向其后一个字符（i++），j 指向其前一个字符（j--），直到 i==j。具体代码如下：

```
#include<iostream>
```

```
#include<string>
using namespace std;
int main() {
    string s;
    getline(cin,s);
    for(int i=0, j=s.size()-1; i<j; i++, j--) {
        char c=s[i];
        s[i]=s[j];
        s[j]=c;
    }
    cout<<s<<endl;
    return 0;
}
```

简单起见，可以使用 C++中的系统函数 swap（不需额外头文件）实现变量的交换。例如，可用语句"swap(s[i], s[j]);"交换 *s*[*i*]和 *s*[*j*]。

例 4.5.6　数字字符串转换为整数

输入一个字符串（仅包含数字字符），将其转换为整数。

输入样例：

```
1234
```

输出样例：

```
1234
```

设将数字字符串 *s* 转换为整数 *n*，可先置 *n* 的初值为 0，然后从头到尾将 *s* 中的每个数字字符转换为数字并作为个位添加到 *n* 之后。具体代码如下：

```
#include<iostream>
#include<string>
using namespace std;
int main() {
    string s;
    cin>>s;
    int n=0;
    for(int i=0; i<s.size(); i++) {
        n=n*10+(s[i]-'0');        //将 s[i]转换为数字，并作为 n 的个位添加到 n 之后
    }
    cout<<n<<endl;
    return 0;
}
```

实际上，C++提供了系统函数 stoi 可将字符串转换为整数，如 stoi("1234")得到 1234；而系统函数 to_string 可将数值转换为字符串，如 to_string(1234)得到"1234"，to_string(1234.56)得到"1234.560000"（6 位小数，不足补 0）。注意，这两个函数是 C++ 11 标准提供的函数，在 Dev-C++下需在"工具"菜单的"编译选项"子菜单的"编译器"选项卡中添加编译命令"-std=c++11"（先选中"编译时加入以下命令"，再在文本框中输入-std=c++11），如图 4-1 所示。

图 4-1　添加 C++ 11 编译命令

4.6　在线题目求解

例 4.6.1　统计不同数字字符的个数

输入若干的字符串，每个字符串中只包含数字字符，统计串中不同字符的出现次数。

输入格式：

测试数据有多组，处理到文件尾。对于每组测试，输入一个字符串（不超过 80 个字符）。

输出格式：

对于每组测试，按字符串中出现字符的 ASCII 码升序逐个输出不同的字符及其个数（两者之间留一个空格），每组输出之后空一行，输出格式参照输出样例。

输入样例：

```
12123
```

输出样例：

```
1 2
2 2
3 1
```

本题要统计 0~9 各个数字字符的个数，需要 10 个计数器，显然使用一个包含 10 个元素的整型计数器数组是很自然的想法。然后把数字字符减去'0'字符转换为整数作为下标。实际上，字符也可以转换为 ASCII 码对应的整数，因此也可以直接用数字字符作为下标。注意到字符 9 的 ASCII 码 57 是最大的下标，所以数组长度定义为 58。输出时要按 ASCII 码升序输出，可以用数字字符 0~9 作为循环变量及下标。具体代码如下：

```cpp
#include<iostream>
#include<string>
using namespace std;
int main() {
    string s;
    while(cin>>s) {
        int cnt[58]={0};                    //计数器数组清 0
        for(int i=0; i<s.size(); i++) {
```

```
            cnt[s[i]]++;                        //以字符 s[i]作为下标
        }
        for(char c='0'; c<='9'; c++) {    //循环变量可以是字符型变量
            if(cnt[c]==0) continue;
            cout<<c<<" " <<cnt[c]<<endl;
        }
        cout<<endl;
    }
    return 0;
}
```

例 4.6.2 可重组相等

如果一个字符串通过字符位置的调整能重组为另一个字符串，就称这两个字符串"可重组相等"。给出两个字符串，请判断它们是否"可重组相等"。

输入格式：

首先输入一个正整数 T，表示测试数据的组数，然后是 T 组测试数据。每组测试输入两字符串 s 和 t（长度都不超过 30）。

输出格式：

对于每组测试，判断它们是否"可重组相等"，是则输出 Yes，否则输出 No。

输入样例：

```
1
Oh, yes!
y! O, seh
```

输出样例：

```
Yes
```

设两个字符串分别是 s、t，本题可采用以下两种思路。

思路 1：在 s 中每取一个字符就在 t 中看能否找到，若能找到则可把 t 中的该字符删去或改为某个特殊字符（如'\0'）。这样可以保障 s、t 中字符一一对应，当然也可以增加一个标记数组来保障。

思路 2：把 s、t 分别升序排序，直接检查是否满足 s==t。

下面分别给出按思路 2 编写的 C++风格代码和按思路 1 编写的 C 风格代码。

```
//按思路 2 编写的 C++风格代码
#include<iostream>
#include<string>
#include<algorithm>        //sort 函数的头文件
using namespace std;
int main() {
    int T;
    cin>>T;
    cin.get();              //吸收整数后面的换行符，以免被 getline 函数作为空串输入
    while(T--) {
        string s,t;
        getline(cin,s);     //使用 string 变量存储字符串
```

```
        getline(cin,t);
        sort(s.begin(),s.end());
        sort(t.begin(),t.end());
        if(s==t) cout<<"Yes\n";
        else cout<<"No\n";
    }
    return 0;
}
```

以上代码中排序直接使用 C++的系统函数 sort 完成，其头文件是 algorithm。在熟练掌握选择、冒泡排序之后，直接使用 sort 函数实现排序可以减少编码工作量，节约编码时间。例如，语句 "sort(s.begin(),s.end());" 就完成了字符串 s 的升序排序，这里 sort 函数中两个参数对应了一个闭开区间[s.begin(),s.end())，指明是对整个字符串 s 进行排序。另外，string 类型的常量或变量可以直接比较大小。注意，先后使用 cin 和 getline 函数时，需要把确认 cin 输入的换行符吸收掉（本题吸收一次即可，cin.get()放在循环外），否则 getline 函数将得到该换行符而使字符串变量成为一个空串。

```
//按思路 1 编写的 C 风格代码
#include<stdio.h>
#include<string.h>
int main() {
    int T,i,j,m,n;
    char s[31],t[31];          //使用 char 数组存储字符串
    scanf("%d",&T);
    getchar();                 //吸收整数后面的换行符
    while(T--) {
        gets(s);
        gets(t);
        m=strlen(s);
        n=strlen(t);
        for(i=0; i<m; i++) {
            for(j=0; j<n; j++) {
                if(s[i]==t[j]) {
                    t[j]='\0';
                    break;
                }
            }
            if(j==n) {
                break;
            }
        }
        if(m==n && i==m) printf("Yes\n");
        else printf("No\n");
    }
    return 0;
}
```

例 4.6.3　二分查找

对于输入的 n 个整数，先进行升序排序，然后进行二分查找。

输入格式：

测试数据有多组，处理到文件尾。每组测试数据的第一行是一个整数 n（$1 \leqslant n \leqslant 100$），第二行有 n 个各不相同的整数待排序，第三行是查询次数 m（$1 \leqslant m \leqslant 100$），第四行有 m 个整数待查找。

输出格式：

对于每组测试，分 2 行输出，第一行是升序排序后的结果，每两个数据之间留一个空格；第二行是查找的结果，若找到则输出排序后元素的位置（从 1 开始），否则输出 0，同样要求每两个数据之间留一个空格。

输入样例：

```
9
4 7 2 1 8 5 9 3 6
5
10 9 8 7 -1
```

输出样例：

```
1 2 3 4 5 6 7 8 9
0 9 8 7 0
```

二分查找的前提是待查找的数据序列有序且存放在数组中。用 low、high 分别表示数组中首、尾元素的下标，则查找区间可以用闭区间[low, high]表示，二分查找的基本思想如下：把待查数据 x 与查找区间的中间元素（下标 mid=(low+high)/2）相比较，若相等则查找成功，若 x 小于中间元素则在左半区间（low 不变，high=mid-1）按相同的方法继续查找，否则就在右半区间（high 不变，low=mid+1）按相同的方法继续查找。

本题排序的 C++风格代码直接调用 sort 函数实现。具体代码如下：

```cpp
#include<iostream>
#include<algorithm>                      //sort 的头文件
using namespace std;
const int N=100;
int main() {
    int n;
    while(cin>>n) {
        int a[N], m, x;
        for(int i=0; i<n; i++) cin>>a[i];      //输入
        sort(a,a+n);                    //升序排序,待排区间[&a[0], &a[n-1]+1)
        for(int i=0; i<n; i++) {
            if(i>0) cout<<" ";
            cout<<a[i];
        }
        cout<<endl;
        cin>>m;
        for(int j=0; j<m; j++) {
            cin>>x;
            int k=-1;                   //保存找到时的下标,初值-1 表示找不到
            int low=0, high=n-1;        //low、high 分别指向区间的首、尾元素
            while(low<=high) {          //当查找区间还有数据
```

```
        int mid=(low+high)/2;        //计算中间元素的下标
        if(a[mid]==x) {              //若找到，则保存下标并结束查找
            k=mid;
            break;
        }
        if(a[mid]>x) high=mid-1;     //x 小于中间数，转向左半区间找
        else low=mid+1;             //x 大于中间数，转向右半区间找
    }
    if(j>0) cout<<" ";
    cout<<k+1;
    }
    cout<<endl;
    }
    return 0;
}
```

例 4.6.4　判断双对称方阵

对于一个 n 阶方阵，请判断该方阵是否双对称，即既左右对称又上下对称。若是则输出 yes，否则输出 no。例如，样例中，以第 2 列为界则左右对称，以第 2 行为界则上下对称，因此输出 yes。

输入格式：

首先输入一个正整数 T，表示测试数据的组数，然后是 T 组测试数据。每组数据的第一行输入方阵的阶 n（$2 \leq n \leq 50$），接下来输入 n 行，每行 n 个整数，表示方阵中的元素。

输出格式：

对于每组测试数据，若该方阵双对称，则输出 yes，否则输出 no。

输入样例：

```
1
3
1 2 1
3 5 3
1 2 1
```

输出样例：

```
yes
```

本题直接根据题意，对于给定的方阵，先判断是否左右对称（以垂直中位线为界），若是则再判断是否上下对称（以水平中位线为界）。可以使用标记变量的方法，其初值设为 true，一旦发现出现不对称的情况则把其值改为 false，最后根据标记变量的值输出结果。

```
#include<iostream>
using namespace std;
const int N=100;
int main() {
    int T;
    cin>>T;
    while(T--) {
        int n,i,j,k;
```

```
        int a[N][N];
        cin>>n;
        for(i=0; i<n; i++) {
            for(j=0; j<n; j++) cin>>a[i][j];
        }
        bool flag=true;
        for(i=0; i<n&&flag; i++) {
            for(j=0; j<n/2&&flag; j++) {
                if(a[i][j]!=a[i][n-j-1]) flag=false;
            }
        }
        if(flag==false) {
            cout<<"no"<<endl;
            continue;
        }
        for(j=0; j<n&&flag; j++) {
            for(i=0; i<n/2&&flag; i++) {
                if(a[i][j]!=a[n-i-1][j]) flag=false;
            }
        }
        if(flag==true) cout<<"yes"<<endl;
        else cout<<"no"<<endl;
    }
    return 0;
}
```

本题判断对称的循环条件中加了"&&flag"，在发现不对称时把标记变量 flag 变为 false，可以起到"短路"作用而结束循环的效果，不需要内外循环都用 break 语句来结束二重循环。这种方法适用于从二重及多重循环中直接跳出语句而结束整个循环。

例 4.6.5 马鞍点测试

如果矩阵 A 中存在这样的一个元素 $A[i][j]$ 满足下列条件：$A[i][j]$ 是第 i 行中值最小的元素，且又是第 j 列中值最大的元素，则称之为该矩阵的一个马鞍点。请编写程序求出矩阵 A 的马鞍点。

输入格式：

首先输入一个正整数 T，表示测试数据的组数，然后是 T 组测试数据。

对于每组测试数据，首先输入 2 个正整数 m、n（$1 \leqslant m,n \leqslant 100$），分别表示二维数组的行数和列数。

然后是二维数组的信息，每行数据之间用一个空格分隔，每个数组元素均小于 2^{31}。简单起见，假设二维数组的元素各不相同，且每组测试数据最多只有一个马鞍点。

输出格式：

对于每组测试数据，若马鞍点存在则输出其值，否则输出 Impossible。

输入样例：

```
1
4 3
6 7 11
```

```
2 17 13
4 -2 3
5 9 88
```

输出样例:

```
6
```

根据题意,可以每行都找到一个最小值的位置(列下标),再检查该数是否是所在列中的最大值,若是则输出。考虑到没有马鞍点时的输出,可以设置一个计数器或标记变量。具体代码如下:

```cpp
#include<iostream>
using namespace std;
const int N=100;
int main() {
    int T;
    cin>>T;
    while(T--) {
        int a[N][N];
        int m, n, i, j, k;
        cin>>m>>n;
        for(i=0; i<m; i++) {
            for(j=0; j<n; j++) cin>>a[i][j];
        }
        bool has=false;
        for(int i=0; i<m&&has==false; i++) {
            k=0;
            for(int j=1; j<n; j++) {              //找到 i 行最小数把列下标记录在 k 中
                if(a[i][j]<a[i][k]) k=j;
            }
            bool flag=true;
            for(int l=0; l<m&&flag; l++) {    //检查 a[i][k]是否是 k 列中的最大数
                if(a[l][k]>a[i][k]) flag=false;
            }
            if(flag==true) {
                cout<<a[i][k]<<endl;
                has=true;
            }
        }
        if(has==false) cout<<"Impossible\n";
    }
    return 0;
}
```

本题只有一个马鞍点,找到即可结束循环。如果存在多个马鞍点的情况,则需要针对每个(*i*, *j*)位置上的数都要去检查是否满足马鞍点的条件,实现思想类似于例 4.6.7,具体代码留给读者自行完成。

例 4.6.6　骑士

在国际象棋中，棋盘的行编号为 1~8，列编号为 a~h；马以"日"方式行走，根据马在当前棋盘上的位置，请问有几种合适的走法？如图 4-2 所示，设马（以 H 表示）在 e4 位置，则下一步可以走的位置是棋盘中粗体数字标注的 8 个位置。

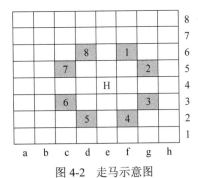

图 4-2　走马示意图

输入格式：

首先输入一个正整数 T，表示测试数据的组数，然后是 T 组测试数据。每组测试数据输入一个字符（a~h）和一个整数（1~8），表示马所在的当前位置。

输出格式：

对于每组测试，输出共有几种走法。

输入样例：

```
1
e4
```

输出样例：

```
8
```

本题只要判断马可以跳的 8 个可能位置有几个在棋盘上。例如，如图 4-2 所示，当前位置为 e4 时，可以跳的 8 个位置 f6、g5、g3、f2、d2、c3、c5、d6 都在棋盘上，所以结果为 8。为方便求得 8 个位置，可以设一个方向增量数组，如 f6 相对于 e4 在行、列方向的增量分别是 2、1，但习惯上二维数组的行下标是从 0 开始且从上往下递增的，与图 4-2 所示相反，则可以把 f6 相对于 e4 在行、列方向的增量设为-2、1，而 g5 相对于 e4 在行、列方向的增量为-1、2，依次类推，可以得到如下方向数组（其中 N 等于 8）：

```
int dir[N][2]={{-2,1},{-1,2},{1,2},{2,1},{2,-1},{1,-2},{-1,-2},{-2,-1}};
```

在输入的行、列上分别加上行增量（dir[i][0]）、列增量（dir[i][1]）即可得到新的可能能够到达的位置。另外，输入列 c 和行 row 之后要转换为下标，因为列是（从'a'开始的）小写字母，减去'a'即可得到列下标，而输入的行号和习惯上（从 0 开始且从上往下递增的）的行下标加起来等于 N，所以可用 N-row 得到行下标。具体代码如下：

```
#include<iostream>
using namespace std;
const int N=8;
int dir[N][2]={{-2,1},{-1,2},{1,2},{2,1},{2,-1},{1,-2},{-1,-2},{-2,-1}};
int main() {
    int T;
    cin>>T;
    while(T--) {
        char c;
        int row, col, cnt=0;
        cin>>c>>row;
        row=N-row;                //输入的行号转换为从 0 开始且从上往下递增的行下标
```

```
        col=c-'a';                //小写字母转换为下标
        for(int i=0; i<N; i++) {
            int j=row+dir[i][0];
            int k=col+dir[i][1];
            if(j>=0 && j<=N-1 && k>=0 && k<=N-1)
                cnt++;
        }
        cout<<cnt<<endl;
    }
    return 0;
}
```

实际上，若直接按图 4-2 设置方向增量数组，则无须转换行下标 row。

例 4.6.7　纵横

莫大侠练成纵横剑法，走上了杀怪路，每次仅出一招。这次，他遇到了一个正方形区域，由 $n{\times}n$ 个格子构成，每个格子（行号、列号都从 1 开始编号）中有若干个怪。莫大侠施展幻影步，抢占了一个格子，使出绝招"横扫四方"，就把他上、下、左、右四个直线方向区域内的怪都灭了（包括抢占点的怪）。请帮他算算他抢占哪个位置使出绝招"横扫四方"能杀掉最多的怪。如果有多个位置都能杀最多的怪，优先选择按行优先最靠前的位置。例如，样例中位置（1，2）、（1，3）、（3，2）、（3，3）都能杀 5 个怪，则优先选择位置（1，2）。

输入格式：

首先输入一个正整数 T，表示测试数据的组数，然后是 T 组测试数据。对于每组测试，第一行输入 n（$3{\leqslant}n{\leqslant}20$），第二行开始的 n 行输入 $n{\times}n$ 个格子中的怪数（非负整数）。

输出格式：

对于每组测试数据输出一行，包含三个整数，分别表示莫大侠抢占点的行号和列号及所杀的最大怪数，数据之间留一个空格。

输入样例：

```
1
3
1 1 1
0 1 1
1 1 1
```

输出样例：

```
1 2 5
```

本题的题意是任选一个位置(i,j)（$0{\leqslant}i,j{\leqslant}n{-}1$）并把第 i 行和第 j 列的所有数加起来求最大值，因此可以用二重循环穷举每个位置，把相应行和相应列的数累加起来检查是否大于当前最大值，若是则把当前最大值改掉并把位置记录下来。由于等于时不做改动和记录，能保证"如果有多个位置都能杀最多的怪，优先选择按行优先最靠前的位置"。具体代码如下：

```
#include<iostream>
```

```
using namespace std;
const int N=20;
int main() {
    int T;
    cin>>T;
    while(T--) {
        int a[N][N];
        int i, j, k, n;
        cin>>n;
        for(i=0; i<n; i++) {
            for(j=0; j<n; j++) cin>>a[i][j];
        }
        int r=0, c=0, res=0;
        for(i=0; i<n; i++) {          //控制行
            for(j=0; j<n; j++) {      //控制列
                int sum=0;
                for(k=0; k<n; k++) {  //累加第 i 行数据
                    sum+=a[i][k];
                }
                for(k=0; k<n; k++) {  //累加第 j 列数据
                    sum+=a[k][j];
                }
                sum-=a[i][j];         //因为抢占点的数被加了 2 次，扣去 1 次
                if(sum>res) {         //等于时不变，则保留下来的是行优先最靠前的
                    res=sum;
                    r=i;
                    c=j;
                }
            }
        }
        cout<<r+1<<" "<<c+1<<" "<<res<<endl;
    }
    return 0;
}
```

例 4.6.8　统计数字

输入一个字符串，统计其中数字字符的个数。

输入格式：

首先输入一个正整数 *T*，表示测试数据的组数，然后是 *T* 组测试数据。每组测试输入一个仅由字母和数字组成的字符串（长度不超过 80）。

输出格式：

对于每组测试，在一行上输出该字符串中数字字符的个数。

输入样例：

```
2
ac520ac520
a1c2m3sdf
```

输出样例:

```
6
3
```

实现思想: 外循环控制测试组数,内循环中输入字符串后逐个扫描字符串的每个字符,
若是数字字符,则计数器增 1。具体代码如下:

```cpp
#include<iostream>
#include<string>
using namespace std;
int main() {
    int T;
    cin>>T;
    for(int j=0; j<T; j++) {
        string s;
        cin>>s;
        int cnt=0;
        for(int i=0;i<s.size();i++) {
            if(s[i]>='0'&&s[i]<='9') cnt++;
        }
        cout<<cnt<<endl;
    }
    return 0;
}
```

处理字符串时,使用 string 比使用 char 类型的数组要简单、方便。使用字符数组,用
scanf 函数输入时格式字符是 s。对于大量字符串输入的题目,用 cin 函数输入 string 类型变
量可能导致超时,此时可以使用字符数组作为缓冲避免超时。具体代码如下:

```cpp
#include<iostream>
#include<string>
using namespace std;
int main() {
    int n;
    scanf("%d",&n);
    for(int j=0; j<n; j++) {
        string s;
        char ts[81];            //定义一个字符数组,长度为 81
        scanf("%s",ts);         //缓冲输入,若输入的字符串包含空格,则用 gets(ts);
        s=ts;                   //可以把 char 数组赋值给 string 类型变量
        int cnt=0;
        for(int i=0;i<s.size();i++) {
            if(s[i]>='0'&&s[i]<='9') cnt++;
        }
        cout<<cnt<<endl;
    }
    return 0;
}
```

例 4.6.9 单词首字母大写（HDOJ 2026）

输入一个英文句子，要求将每个单词的首字母改成大写字母。

输入格式：

测试数据有多组，处理到文件尾。每组测试输入一行，包含一个长度不超过 100 的英文句子（仅包含大小写英文字母和空格），单词之间以一个空格间隔。

输出格式：

对于每组测试，输出按照要求改写后的英文句子。

输入样例：

```
i like acm
i want to get accepted
```

输出样例：

```
I Like Acm
I Want To Get Accepted
```

实现思想：根据空格取单词，每次把空格之前的子串作为一个单词从句子中截取下来，存放到临时串 *t* 中，使用 cnt 函数统计单词个数。为方便处理，在输入串的最后添加一个空格。遇到空格时，若 *t*[0]为小写字母则改为大写。具体代码如下：

```cpp
#include<iostream>
#include<string>
using namespace std;
int main() {
    string s;
    while(getline(cin,s)) {
        s=s+" ";                    //按空格取单词，为方便处理，在最后加一个空格
        int i,n=s.size(),cnt=0;
        string t="";                //临时保存一个单词
        for(i=0;i<n;i++) {
            if(s[i]==' ') {         //遇到空格，表示其前面的一个单词结束
                if(t[0]>='a'&&t[0]<='z') t[0]+='A'-'a';
                cnt++;              //单词数增 1
                if(cnt>1) cout<<" ";
                cout<<t;
                t="";
                continue;
            }
            t=t+s[i];               //把字符连接到临时串 t 中
        }
        cout<<endl;
    }
    return 0;
}
```

逐个单词取出放到临时字符串 *t* 中，可以对单词做更多的处理，如单词逆置、求最长单词等。实际上，本题还有其他一些求解方法。例如，用 string 类型字符串的成员函数 find

找空格，再用成员函数 substr 取子串来完成，具体留给读者自行实现。以上代码对于单词之间有多个空格也能正确处理，请读者自行分析。

由于 C 语言使用字符数组处理字符串时不如 C++的 string 类型变量方便，推荐使用 string 类型处理字符串。

实际上，对于每组测试数据，可以循环处理：先输入一个单词，再输入一个字符，若该字符为换行符，则表示一组测试数据输入结束。具体代码如下：

```
#include<iostream>
#include<string>
using namespace std;
int main() {
    string s;
    while(cin>>s) {
        while(true) {
            if(s[0]>='a'&&s[0]<='z') s[0]+='A'-'a';
            cout<<s;
            if(cin.get()=='\n') break;      //若某单词后是换行符，则表示一组测试数据
                                            //输入结束
            cout<<" ";
            cin>>s;
        }
        cout<<endl;
    }
    return 0;
}
```

例 4.6.10　平均值

在一行上输入若干整数，每个整数以一个空格分开，求这些整数的平均值。

输入格式：

首先输入一个正整数 T，表示测试数据的组数，然后是 T 组测试数据。每组测试输入一个字符串（仅包含数字字符和空格）。

输出格式：

对于每组测试，输出以空格分隔的所有整数的平均值，结果保留一位小数。

输入样例：

```
1
1 2 3 4 5 6 7 8 9 10
```

输出样例：

```
5.5
```

由于本题未明确一行上输入几个整数，若使用 C++实现，则可以直接用 getline 函数输入一个字符串，再根据空格把各个整数字符串分离出来。其中，一种方法是类似例 4.6.9，根据空格分离出各个整数串再将其转换为整数，这种方法的代码由读者自行实现；另一种方法是使用 STL 中的串流 stringstream（需包含头文件 sstream），这种方法可以很容易得到各个整数。具体代码如下：

```
#include<iostream>
#include<string>
#include<sstream>                 //串流的头文件
using namespace std;
int main() {
    int T;
    cin>>T;
    cin.get();                    //吸收测试组数后的换行符
    while(T--) {
        string s;
        getline(cin,s);           //输入包含空格的串
        stringstream ss;          //定义串流 ss
        ss<<s;                    //把串插入串流，此处 ss 类似输出流 cout
        int t;
        int sum=0, cnt=0;
        while(ss>>t) {            //从串流中提取以空格分隔的数据，此处 ss 类似输入流 cin
            sum+=t;
            cnt++;
        }
        printf("%.1lf\n",sum*1.0/cnt);
    }
    return 0;
}
```

可见，使用 stringstream 可以方便取得输入的字符串中以空格分隔的各个数据，方法是先把输入的数据"输出"到串流中，再从串流中"输入"变量中。另外，可以发现，代码中没有做把数字串转换为整数的工作，因为 ss>>t 中的 t 是整型变量，所以得到的结果就是整数。如果要把整数转换为数字串，也可以用串流完成，如以下代码把整数 123456 转换为数字串"123456"。

```
stringstream ss;
ss<<123456;
string s;
ss>>s;
```

需要注意的是，串流的执行效率较低，对于大量输入数据的问题，可能得到超时反馈。另外，若定义在循环外的串流在循环中多次被使用，则每次用后需将其清空（设串流变量为 ss，则可用语句 "ss.clear();"）。

实际上，本题可以不用字符串处理，对于每组测试数据，可以每次先输入一个整数，再输入一个字符，若该字符为换行符，则表示该组数据输入结束。具体代码如下：

```
#include<iostream>
using namespace std;
int main() {
    int T;
    cin>>T;
    while(T--) {
        int t, sum=0, cnt=0;
        while(true) {
```

```
            cin>>t;
            sum+=t;
            cnt++;
            if(cin.get()=='\n') break;    //若整数之后是一个换行符，则表示一组数据
                                          //输入结束
        }
        printf("%.1lf\n",sum*1.0/cnt);
    }
    return 0;
}
```

习题

一、选择题

1. 下列说法正确的是（   ）。

    A. 有定义语句 "int a[10];"，则数组名 a 代表 $\&a[1]$

    B. 数组元素的下标必须为整型常量

    C. 在定义一维数组时，数组长度可以用任意类型的表达式表示

    D. 若有定义语句 "int i=10,a[10];"，则可以用 $a[i/3+3]$ 表达数组元素

2. 在 C/C++ 语言中引用数组元素时，数组下标的要求，下列选项中最合适的是（   ）。

    A. 整型常量   B. 整型变量   C. 整型表达式   D. 任何类型的表达式

3. 有数组初始化语句 "int a[4]={1,2,3,4};"，则 $a[3]$ 的值为（   ）。

    A. 4   B. 3   C. 2   D. 1

4. 有数组初始化语句 "int a[] ={1,2,3,4,5,6,7,8,9,10};"，则数值最小和最大的元素下标分别是（   ）。

    A. 1，10   B. 0，9   C. 1，9   D. 0，10

5. 有数组定义语句 "int i=3,a[20];"，则元素引用错误的是（   ）。

    A. $a[7*i-1]$ B. $a[2*i*i+1]$ C. $a[3*i+1]$ D. $a[0]$

6. 与语句 "int a[10]={0};" 能达到的效果相同的语句是（   ）。

    A. int a[10]; a[0]=0;

    B. int i,a[10]; for (i=0; i<10; i++) a[i]=0;

    C. int i,a[10]; for (i=1; i<=10; i++) a[i]=0;

    D. int a[10]; a[10]=0;

7. 以下对字符数组进行初始化，错误的是（   ）。

    A. char c1[3]={'1','2','3'};   B. char c2[3]="123";

    C. char c3[ ]={'1','2','3','\0'};   D. char c4[ ]="123";

8. 设有定义语句 "char s[12]="string" ;"，则语句 "printf("%d\n",strlen(s));" 的输出是（   ）。

    A. 6   B. 7   C. 11   D. 12

9. 以下数组初始化中，合法的是（   ）。

  A. char a[ ]="string";   B. int a[5]={0,1,2,3,4,5};

  C. char a="string";   D. char a[6]="string";

10. 以下初始化数组的各语句中，错误的是（ ）。

  A. int a[3][]={1,2,3,4,5,6};   B. int a[2][2]={1,2,3,4};

  C. float a[2][5]={0,2,4,6,8,10}; D. int a[][3]={1,2,3,4,5,6};

11. 有定义语句"char s[10];"可以把字符串常量"123456"赋值给字符数组 s 的语句正确的是（ ）。

  A. s[]="123456";   B. s="123456";

  C. strcpy(s,"123456");   D. strcmp(s,"123456");

12. 基于以下代码，不能正确输出字符串的是（ ）。

```
string s;
char ts[10];
cin>>ts;
s=ts;
```

  A. printf("%s\n", s);   B. printf("%s\n", s.c_str());

  C. cout<<s<<endl;   D. printf("%s\n", ts);

13. 有初始化语句"int a[3][4]={1,3,5,7,9};"，则 $a[1][2]$ 的值为（ ）。

  A. 0   B. 3   C. 5   D. 9

14. 语句"int a[3][4]={0};"的作用是（ ）。

  A. 仅使得元素 $a[0][0]$ 为0   B. 仅使得元素 $a[1][1]$ 为0

  C. 使得所有元素都为0   D. 仅使得元素 $a[3][4]$ 为0

15. 有数组初始化语句"int a[3][2]={1,2,3,4,5,6};"，则值为 6 的数组元素是（ ）。

  A. $a[3][2]$ B. $a[2][1]$ C. $a[1][2]$ D. $a[2][3]$

16. 有数组定义语句"int a[2][3];"，则元素引用错误的是（ ）。

  A. $a[1][3]$ B. $a[0][2]$ C. $a[1][2]$ D. $a[1][0]$

17. 执行以下代码后，k 的值是（ ）。

```
string s="123456", t="7788";
int k=s.find(t);
```

  A. 4294967295 B. −1   C. 0   D. 0xffffffff

18. 以下代码的输出结果是（ ）。

```
string s="123";
char c='a';
cout<<s+c<<endl;
```

  A. 语句出错   B. 188   C. 123a   D. 12310

19. 以下代码的输出结果是（ ）。

```
string s="12300",t="1256";
cout<<(s<t)<<endl;
```

  A. true   B. false   C. 1   D. 0

20. 以下代码的输出结果是（　　）。

```
string s, t;
s="abcdefgh";
t=s.substr(3);
cout<<t<<endl;
```

    A. abc   B. cdefgh   C. defgh   D. fgh

21. 以下代码的输出结果是（　　）。

```
string s, t;
s="abcdefgh";
t=s.substr(3,4);
cout<<t<<endl;
```

    A. defg   B. cdef   C. defgh   D. 语句出错

22. 以下代码的输出结果是（　　）。

```
string s="123";
int sum=0;
for(int i=0;i<s.length();i++) {
    sum=sum*10+(s[i]-'0');
}
cout<<sum<<endl;
```

    A. 5451   B. 123   C. 321   D. 不确定

23. 有代码如下：

```
string s="";
s[0]='1';
```

关于以上语句说法正确的是（　　）。

    A. 语句"s[0]='1';" 有问题   B. s的值为字符'1'

    C. s是空格串   D. s的值为字符串"1"

24. 有代码如下：

```
string s;
cin>>s;
cout<<s<<endl;
```

输入以下字符串，以上代码输出的是（　　）。

```
123 abc
```

    A. 123 abc   B. 123   C. abc   D. 123abc

25. 有代码如下：

```
int n;
string s;
cin>>n;
getline(cin, s);
cout<<s.size()<<endl;
```

在输入以下数据后得到的结果是（　　　）。

```
1
Hello World
```

    A. 11   B. 0   C. 5   D. 12

26. 以下代码的输出结果是（　　　）。

```
string res="";
string s,t="123456";
s=string(3,'0');    //相当于s="000";
s=s+"123";
for(int i=5;i>=0;i--) {
    char c=s[i]+t[i]-'0';
    res=c+res;
}
cout<<res<<endl;
```

    A. 975321   B. 236456   C. 654632   D. 123579

二、编程题

1. 部分逆置。

输入 n 个整数，把第 i 个到第 j 个之间的全部元素进行逆置，并输出逆置后的 n 个数。

输入格式：

首先输入一个正整数 T，表示测试数据的组数，然后是 T 组测试数据。每组测试先输入三个整数 n，i，j（$0<n<100$，$1 \leqslant i<j \leqslant n$），再输入 n 个整数。

输出格式：

对于每组测试数据，输出逆置后的 n 个数，要求每两个数据之间留一个空格。

输入样例：

```
1
7 2 6 11 22 33 44 55 66 77
```

输出样例：

```
11 66 55 44 33 22 77
```

2. 保持数列有序。

有 n 个整数，已经按照从小到大顺序排列好，现在另外给一个整数 x，请将该数插入序列中，并使新的序列仍然有序。

输入格式：

测试数据有多组，处理到文件尾。每组测试先输入两个整数 n（$1 \leqslant n \leqslant 100$）和 x，再输入 n 个从小到大有序的整数。

输出格式：

对于每组测试，输出插入新元素 x 后的数列（元素之间留一个空格）。

输入样例：

```
3 3 1 2 4
```

输出样例：

```
1 2 3 4
```

3. 简单的归并。

已知数组 A 和 B 各有 m、n 个元素，且元素按值非递减排列，现要求把 A 和 B 归并为一个新的数组 C，且 C 中的数据元素仍然按值非递减排列。

例如，若 $A=(3, 5, 8, 11)$，$B=(2, 6, 8, 9, 11, 15, 20)$，则 $C=(2, 3, 5, 6, 8, 8, 9, 11, 11, 15, 20)$。

输入格式：

首先输入一个正整数 T，表示测试数据的组数，然后是 T 组测试数据。

每组测试数据输入两行，其中第一行首先输入 A 的元素个数 m（$1 \leq m \leq 100$），然后输入 m 个元素。第二行首先输入 B 的元素个数 n（$1 \leq n \leq 100$），然后输入 n 个元素。

输出格式：

对于每组测试数据。分别输出将 A、B 合并后的数组 C 的全部元素。输出的元素之间以一个空格分隔（最后一个数据之后没有空格）。

输入样例：

```
1
4 3 5 8 11
7 2 6 8 9 11 15 20
```

输出样例：

```
2 3 5 6 8 8 9 11 11 15 20
```

4. 变换数组元素。

变换的内容如下：

（1）将长度为 10 的数组中的元素按升序进行排序；

（2）将数组的前 n 个元素换到数组的最后面。

输入格式：

首先输入一个正整数 T，表示测试数据的组数，然后是 T 组测试数据。每行测试数据输入 1 个正整数 n（$0<n<10$），然后输入 10 个整数。

输出格式：

对于每组测试数据，输出变换后的全部数组元素。元素之间以一个空格分隔（最后一个数据之后没有空格）。

输入样例：

```
1
2 34 37 98 23 24 45 76 89 34 68
```

输出样例：

```
34 34 37 45 68 76 89 98 23 24
```

5. 武林盟主。

在传说的江湖中，各大帮派要选武林盟主了，如果龙飞能得到超过一半帮派的支持就可以当选，而每个帮派的结果又是由该帮派帮众投票产生的，如果某个帮派超过一半的帮众支持龙飞，则他将赢得该帮派的支持。现在给出每个帮派的帮众人数，请问龙飞至少需要赢得多少人的支持才可能当选武林盟主？

输入格式：

测试数据有多组，处理到文件尾。每组测试先输入一个整数 n（$1 \leqslant n \leqslant 20$），表示帮派数，然后输入 n 个正整数，表示每个帮派的帮众人数 a_i（$a_i \leqslant 100$，$1 \leqslant i \leqslant n$）。

输出格式：

对于每组数据输出一行，表示龙飞当选武林盟主至少需要赢得支持的帮众人数。

输入样例：

```
3 5 7 5
```

输出样例：

```
6
```

6. 集合 $A-B$。

求两个集合的差集。注意，同一个集合中不能有两个相同的元素。

输入格式：

首先输入一个正整数 T，表示测试数据的组数，然后是 T 组测试数据。每组测试数据输入 1 行，每行数据的开始是 2 个整数 n（$0 < n \leqslant 100$）和 m（$0 < m \leqslant 100$），分别表示集合 A 和集合 B 的元素个数，然后紧跟着 $n+m$ 个元素，前面 n 个元素属于集合 A，其余的属于集合 B。每两个元素之间以一个空格分隔。

输出格式：

针对每组测试数据输出一行数据，表示集合 $A-B$ 的结果，如果结果为空集合，则输出 NULL，否则从小到大输出结果，每两个元素之间以一个空格分隔。

输入样例：

```
2
3 3 1 3 2 1 4 7
3 7 2 5 8 2 3 4 5 6 7 8
```

输出样例：

```
2 3
NULL
```

7. 又见 $A+B$。

某天，诺诺在做两个 10 以内（包含 10）的加法运算时，感觉太简单。于是她想增加一点难度，同时也巩固一下英文（学好英文真的很重要！），就把数字用英文单词表示。为了验证她的答案，请根据给出的两个英文单词表示的数字，计算它们之和，并以英文单词的形式输出。如果没记住这些数字的英文单词，那就先好好学学英文吧。

输入格式：

多组测试数据，处理到文件尾。每组测试输入两个英文单词表示的数字 A、B（$0 \leq A$, $B \leq 10$）。

输出格式：

对于每组测试，在一行上输出 $A+B$ 的结果，要求以英文单词表示。

输入样例：

```
ten ten
one two
```

输出样例：

```
twenty
three
```

8. 简版田忌赛马。

这是一个简版田忌赛马问题，具体如下。

田忌与齐王赛马，双方各有 n 匹马参赛，每场比赛赌注为 200 两黄金，现已知齐王与田忌的每匹马的速度，并且齐王肯定是按马的速度从快到慢出场，请写一个程序帮助田忌计算他最多赢多少两黄金（若输，则用负数表示）。

简单起见，保证 $2n$ 匹马的速度均不相同。

输入格式：

首先输入一个正整数 T，表示测试数据的组数，然后是 T 组测试数据。

每组测试数据输入 3 行，第一行是 n（$1 \leq n \leq 100$），表示双方参赛马的数量，第 2 行 n 个正整数，表示田忌的马的速度，第三行 n 个正整数，表示齐王的马的速度。

输出格式：

对于每组测试数据，输出一行，包含一个整数，表示田忌最多赢多少两黄金。

输入样例：

```
1
3
92 83 71
95 87 74
```

输出样例：

```
200
```

9. 并砖。

工地上有 n 堆砖，每堆砖的块数分别是 m_1, m_2, $\cdots$, m_n，每块砖的重量都为 1，现要将这些砖通过 $n-1$ 次的合并（每次把两堆砖合并到一起），最终合成一堆。若将两堆砖合并到一起消耗的体力等于两堆砖的重量之和，请设计最优的合并次序方案，使消耗的体力最小。

输入格式：

测试数据有多组，处理到文件尾。每组测试先输入一个整数 n（$1 \leqslant n \leqslant 100$），表示砖的堆数；然后输入 n 个整数，分别表示各堆砖的块数。

输出格式：

对于每组测试，在一行上输出采用最优的合并次序方案后体力消耗的最小值。

输入样例：

```
7 8 6 9 2 3 1 6
```

输出样例：

```
91
```

10. 删除重复元素。

对于给定的数列，要求把其中的重复元素删去再从小到大输出。

输入格式：

首先输入一个正整数 T，表示测试数据的组数，然后是 T 组测试数据。每组测试数据先输入一个整数 n（$1 \leqslant n \leqslant 100$），再输入 n 个整数。

输出格式：

对于每组测试，从小到大输出删除重复元素之后的结果，每两个数据之间留一个空格。

输入样例：

```
1
10 1 2 2 2 3 3 1 5 4 5
```

输出样例：

```
1 2 3 4 5
```

11. 求补码。

整数在内存中以二进制补码形式存储。对于给定的整数 n，要求输出其 4 字节长的补码。1 字节=8 个二进制位。

输入格式：

输入一个整数 n（$-2^{31} \leqslant n \leqslant 2^{31}-1$）。

输出格式：

输出 n 的补码。

输入样例：

```
-123
```

输出样例：

```
11111111111111111111111110000101
```

12. 加密。

信息安全很重要，特别是密码。给定一个 5 位的正整数 n 和一个长度为 5 的字母构成的字符串 s，加密规则很简单，字符串 s 的每个字符变为它后面的第 k 个字符，其中 k 是 n

的每个数位上的数字。第一个字符对应 n 的万位上的数字，最后一个字符对应 n 的个位上的数字。简单起见，s 中的每个字符为 ABCDE 中的一个。

输入格式：

测试数据有多组，处理到文件尾。每组测试数据在一行上输入非负的整数 n 和字符串 s。

输出格式：

对于每组测试数据，在一行上输出加密后的字符串。

输入样例：

```
12345 ABCDE
```

输出样例：

```
BDFHJ
```

13. 比例。

某班同学在操场上排好队，请确定男、女同学的比例。

输入格式：

测试数据有多组，处理到文件尾。每组测试数据输入一个以 "." 结束的字符串，串中每个字符可能是 M、m、F、f 中的一个，m 或 M 表示男生，f 或 F 表示女生。

输出格式：

对于每组测试数据，在一行上输出男、女生的百分比，结果四舍五入为 1 位小数。输出形式参照输出样例。

输入样例：

```
FFfm.
MfF.
```

输出样例：

```
25.0 75.0
33.3 66.7
```

14. 求子串。

输入一个字符串，输出该字符串的子串。

输入格式：

首先输入一个正整数 k，然后是一个字符串 s（可能包含空格，长度不超过 20），k 和 s 之间用一个空格分开（k 大于 0 且小于或等于 s 的长度）。

输出格式：

输出字符串 s 从头开始且长度为 k 的子串。

输入样例：

```
10 welcome to acm world
```

输出样例：

```
welcome to
```

15. 查找字符串。

在一行上输入两个字符串 s 和英文字符串 t，要求在 s 中查找 t。其中，字符串 s 和 t 均不包含空格，且长度均小于 80。

输入格式：

首先输入一个正整数 T，表示测试数据的组数，然后是 T 组测试数据。每组测试输入 2 个长度不超过 80 的字符串 s 和 t。

输出格式：

对于每组测试数据，若在 s 中找到 t，则输出 Found!，否则输出 not Found!。

输入样例：

```
2
dictionary lion
factory act
```

输出样例：

```
not Found!
Found!
```

16. 判断回文串。

若一个串正向看和反向看等价，则称作回文串。例如，t、abba、xyzyx 均是回文串。给出一个长度不超过 60 的字符串，判断其是否是回文串。

输入格式：

首先输入一个正整数 T，表示测试数据的组数，然后是 T 组测试数据。每行输入一个长度不超过 60 的字符串（串中不包含空格）。

输出格式：

对于每组测试数据，判断是否是回文串，若是则输出 Yes，否则输出 No。

输入样例：

```
2
abba
abc
```

输出样例：

```
Yes
No
```

17. 统计单词。

输入长度不超过 80 的英文文本，统计该文本中长度为 n 的单词总数（单词之间只有一个空格）。

输入格式：

首先输入一个正整数 T，表示测试数据的组数，然后是 T 组测试数据。

每组数据首先输入 1 个正整数 n（$1 \leqslant n \leqslant 50$），然后输入 1 行长度不超过 80 的英文文本（只含英文字母和空格）。注意，不要忘记在输入一行文本前吸收换行符。

输出格式：

对于每组测试数据，输出长度为 n 的单词总数。

输入样例：

```
2
5
hello world
5
acm is a hard game
```

输出样例：

```
2
0
```

18. 魔镜。

传说魔镜可以把任何接触镜面的东西变成原来的两倍，不过增加的那部分是反的。例如，对于字符串 XY，若把 Y 端接触镜面，则魔镜会把这个字符串变为 XYYX；若再用 X 端接触镜面，则会变成 XYYXXYYX。对于一个最终得到的字符串（可能未接触魔镜），请输出没使用魔镜之前，该字符串最初可能的最小长度。

输入格式：

测试数据有多组，处理到文件尾。每组测试输入一个字符串（长度小于 100，且由大写英文字母构成）。

输出格式：

对于每组测试数据，在一行上输出一个整数，表示没使用魔镜前，最初字符串可能的最小长度。

输入样例：

```
XYYXXYYX
```

输出样例：

```
2
```

19. 缩写期刊名。

科研工作者经常要向不同的期刊投稿。但不同期刊的参考文献的格式往往各不相同。有些期刊要求参考文献所发表的期刊名必须采用缩写形式，否则直接拒稿。现对于给定的期刊名，要求按以下规则缩写。

（1）长度不超过 4 的单词不必缩写。

（2）长度超过 4 的单词仅取前 4 个字母，但其后要加 "."。

（3）所有字母都小写。

输入格式：

首先输入一个正整数 T，表示测试数据的组数，然后是 T 组测试数据。

每组测试输入一个包含大小写字母和空格的字符串（长度不超过 85），单词由若干字母构成，单词之间以一个空格间隔。

输出格式：

对于每组测试，在一行上输出缩写后的结果，单词之间以一个空格间隔。

输入样例：

```
1
Ad Hoc Networks
```

输出样例：

```
ad hoc netw.
```

20. 统计字符个数。

输入若干的字符串，每个字符串中只包含数字字符和大小写英文字母，统计字符串中有出现的不同字符的出现次数。

输入格式：

测试数据有多组，处理到文件尾。每组测试输入一个字符串（不超过 80 个字符）。

输出格式：

对于每组测试，按字符串中有出现的字符的 ASCII 码升序逐行输出不同的字符及其个数（两个数据之间留一个空格），每两组测试数据之间留一个空行，输出格式参照输出样例。

输入样例：

```
12123
355
```

输出样例：

```
1 2
2 2
3 1

3 1
5 2
```

21. 溢出控制。

程序设计中处理有符号整型数据时，往往要考虑该整型的表示范围，否则，就会产生溢出（超出表示范围）的麻烦。例如，1 字节（1 字节有 8 个二进制位）的整型能表示的最大整数是 127（2^7-1）；2 字节的整型能表示的最大整数是 32767（$2^{15}-1$）。为了避免溢出，事先确定 m 字节的整型能表达的最大整数是必需的。

输入格式：

测试数据有多组，处理到文件尾。每组测试输入一个整数 m（$1 \leqslant m \leqslant 16$），表示某整型数有 m 字节。

输出格式：

对于每组测试数据，在一行上输出 m 字节的有符号整型数能表示的最大整数。

输入样例：

```
2
```

输出样例:

```
32767
```

22. 计算天数。

根据输入的日期，计算该日期是该年的第几天。

输入格式:

测试数据有多组，处理到文件尾。每组测试输入一个具有格式 "Mon DD YYYY" 的日期。其中，Mon 是 3 个字母表示的月份，DD 是 2 位整数表示的日份，YYYY 是 4 位整数表示的年份。

提示: 闰年则是指该年份能被 4 整除而不能被 100 整除或者能被 400 整除。1~12 月份分别表示为 Jan、Feb、Mar、Apr、May、Jun、Jul、Aug、Sep、Oct、Nov、Dec。

输出格式:

对于每组测试，计算并输出该日期是该年的第几天。

输入样例:

```
Oct 26 2023
```

输出样例:

```
299
```

23. 判断对称方阵。

输入一个整数 n 及一个 n 阶方阵，判断该方阵是否以主对角线对称，输出 Yes 或 No。

输入格式:

首先输入一个正整数 T，表示测试数据的组数，然后是 T 组测试数据。每组数据的第一行输入一个整数 n（$1<n<100$），接下来输入 n 阶方阵（共 n 行，每行 n 个整数）。

输出格式:

对于每组测试，若该方阵以主对角线对称，则输出 Yes，否则输出 No。

输入样例:

```
1
4
1 2 3 4
2 9 4 5
3 4 8 6
4 5 6 7
```

输出样例:

```
Yes
```

24. 杨辉三角。

杨辉三角是南宋杰出数学家杨辉在其著作《详解九章算法》提出的表示二项式展开后的系数构成的三角图形。例如，$n=5$，则杨辉三角如下输出样例所示。输入一个整数 n，输出 n 行的杨辉三角形。

输入格式：

输入数据有多组，每组1个整数 n（$1 \leqslant n \leqslant 10$），一直处理到文件尾。

输出格式：

对于每个 n，输出 n 行杨辉三角形。每个数据的输出为5字符宽度，具体见输出样例。

输入样例：

```
5
```

输出样例：

```
1
1    1
1    2    1
1    3    3    1
1    4    6    4    1
```

25. 成绩排名。

对于 n 个学生 m 门课程的成绩，按平均成绩从大到小输出学生的学号（不处理那些有功课不及格的学生），对于平均成绩相同的情况，学号小的排在前面。

输入格式：

首先输入一个正整数 T，表示测试数据的组数，然后是 T 组测试数据。每组数据首先输入2个正整数 n、m（$1 \leqslant n \leqslant 50$，$1 \leqslant m \leqslant 5$），表示有 n 个学生和 m 门课程，然后是 n 行 m 列的整数，依次表示学号从1到 n 的学生的 m 门课程的成绩。

输出格式：

对于每组测试，在一行内按平均成绩从大到小输出没有不及格课程的学生学号（每两个学号之间留一个空格）。若无满足条件的学生，则输出 NULL。

输入样例：

```
1
4 3
60 60 61
60 61 60
77 78 29
60 62 60
```

输出样例：

```
4 1 2
```

26. 找成绩。

给定 n 个同学的 m 门课程成绩，要求找出总分排列第 k 名（保证没有相同总分）的同学，并依次输出该同学的 m 门课程的成绩。

输入格式：

首先输入一个正整数 T，表示测试数据的组数，然后是 T 组测试数据。每组测试包含两部分，第一行输入3个整数 n、m 和 k（$2 \leqslant n \leqslant 10$，$3 \leqslant m \leqslant 5$，$1 \leqslant k \leqslant n$）；接下来的 n 行，每行输入 m 个百分制成绩。

输出格式：

对于每组测试，依次输出总分排列第 k 的那位同学的 m 门课程的成绩，每两个数据之间留一个空格。

输入样例：

```
1
7 4 3
74 63 71 90
98 68 83 62
90 55 93 95
68 64 93 94
67 76 90 83
56 51 87 88
62 58 60 81
```

输出样例：

```
67 76 90 83
```

27. 最值互换。

给定一个 n 行 m 列的矩阵，请找出最大数与最小数并交换它们的位置。若最大或最小数有多个，以最前面出现者为准（矩阵以行优先的顺序存放，请参照样例）。

输入格式：

测试数据有多组，处理到文件尾。每组测试数据的第一行输入 2 个整数 n、m（$1<n$，$m<20$），接下来输入 n 行数据，每行 m 个整数。

输出格式：

对于每组测试数据，输出处理完毕的矩阵（共 n 行，每行 m 个整数），每行中每两个数据之间留一个空格。具体参看输出样例。

输入样例：

```
3 3
4 9 1
3 5 7
8 1 9
```

输出样例：

```
4 1 9
3 5 7
8 1 9
```

28. 构造矩阵。

当 $n=3$ 时，所构造的矩阵如输出样例所示。观察该矩阵，相信你能找到规律。现在，给你一个整数 n，请构造出相应的 n 阶矩阵。

输入格式：

首先输入一个正整数 T，表示测试数据的组数，然后是 T 组测试数据。每组测试数据输入一个正整数 n（$n\leqslant20$）。

输出格式：

对于每组测试，逐行输出构造好的矩阵，每行中的每个数字占 5 字符宽度。

输入样例：

```
1
3
```

输出样例：

```
    4    2    1
    7    5    3
    9    8    6
```

29. 数雷。

扫雷游戏玩过吗？没玩过的请参考图 4-3。

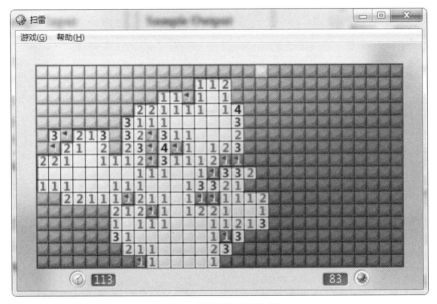

图 4-3　扫雷游戏示意图

点开一个格子的时候，如果这一格没有雷，那它上面显示的数字就是周围 8 个格子的地雷数目。给你一个矩形区域表示的雷区，请数一数各个无雷格子周围（上、下、左、右、左上、右上、左下、右下 8 个方向）有几个雷。

输入格式：

首先输入一个正整数 T，表示测试数据的组数，然后是 T 组测试数据。对于每组测试，第一行输入 2 个整数 x、y（$1 \leqslant x$, $y \leqslant 15$），接下来输入 x 行，每行 y 个字符，用于表示地雷的分布，其中，"*"表示地雷，"."表示该处无雷。

输出格式：

对于每组测试，输出 $x \times y$ 的矩形，有地雷的格子显示 "*"，没地雷的格子显示其周围 8 个格子中的地雷总数。任意两组测试之间留一个空行。

输入样例：

```
1
3 3
**.
..*
.*.
```

输出样例：

```
**2
34*
1*2
```

第5章

函　　数

5.1　引例与概述

5.1.1　引例

例 5.1.1　处理并输出

先输入整数 n（$n<100$），然后再输入 n 个整数。请完成以下任务。

（1）输出这些整数。

（2）把这些整数逆置后输出。

（3）把这些整数升序排列并输出。

输出时，每两个数据之间留一个空格。

输入格式：

测试数据有多组，处理到文件尾。每组测试输入两行，第一行输入 n（$1<n<100$），第二行输入 n 个整数。

输出格式：

对于每组测试，输出三行，第一行直接输出所输入的 n 个整数，第二行输出逆置后的 n 个整数，第三行输出升序排列后的 n 个整数。每行的每两个数据之间留一个空格。

输入样例：

```
5
3 2 1 5 4
```

输出样例：

```
3 2 1 5 4
4 5 1 2 3
1 2 3 4 5
```

本题宜用数组处理。而题中 3 个任务每个都要求输出，可把输出的代码重复使用 3 次，但这样的代码较冗长，编码效率较低。我们应勤学善思，提高效率意识和规范意识。当一段代码需要重复多次使用时，通常会考虑能否把这段代码独立出来作为一个整体，这就需要用到自定义函数。具体代码如下：

```
#include<bits/stdc++.h>          //万能头文件
using namespace std;
const int N=100;
```

```
void prtArray(int a[], int n) { //函数定义，输出数组元素的函数
    for(int i=0; i<n; i++) {
        if(i!=0) cout<<" ";
        cout<<a[i];
    }
    cout<<endl;
}
int main() {
    int a[N],n,j,k;
    while(cin>>n) {
        for(j=0; j<n; j++) cin>>a[j];
        prtArray(a, n);              //第 1 次调用自定义函数
        for(k=0; k<n/2; k++) {
            swap(a[k],a[n-1-k]);
        }
        prtArray(a, n);              //第 2 次调用自定义函数
        sort(a, a+n);                //调用系统函数，排序区间[&a[0], &a[n-1]+1)
        prtArray(a, n);              //第 3 次调用自定义函数
    }
    return 0;
}
```

这里定义了一个自定义函数 prtArray，用于输出包含 *n* 个元素的一维数组，数据之间留一个空格，然后调用该函数（函数必须被调用后才有效果）3 次完成 3 个任务中的输出。这种代码实现显然更加简洁。实际上，一些常用功能即使在一个程序中不被调用多次，也经常写成一个一个自定义函数。例如，判断一个数是否是素数，求两个整数的最大公约数或最小公倍数、二分查找及排序等。

另外，这个程序用了 C++的万能头文件 "bits/stdc++.h"，包含这个头文件相当于包含了 C++所有的头文件，省去需包含各种头文件的麻烦。例如，本题中使用了系统函数 sort，本来应该包含头文件 algorithm，但有了万能头文件就不用再写该头文件了。使用万能头文件的 C++程序只需要使用以下两句，而不用再包含其他头文件：

```
#include<bits/stdc++.h>          //万能头文件
using namespace std;             //引入 std 命名空间
```

需要注意的是，虽然 Dev-C++编译环境和目前很多高校的 OJ 都支持万能头文件，但也有些 OJ 和编译环境（如 VC6、VC2010 等）不支持万能头文件，建议使用新接触的 IDE 时或在线做题及程序设计竞赛之前先做测试。通用起见，本书代码一般不使用万能头文件，读者写代码时可自行决定是否使用万能头文件。

5.1.2 概述

简言之，函数是一组相关语句组织在一起所构成的整体，并以函数名标注。

从用户的角度而言，函数分为库函数（系统函数）和用户自定义函数。库函数有很多，例如，在 math.h 中的 sqrt、fabs、pow、ceil、floor、round 等，调用示例如下：

```
sqrt(9.0)                        //得到 3.0，求平方根
fabs(-3.5)                       //得到 3.5，求实数的绝对值
```

```
pow(2,3)                              //得到 8.0，求幂
ceil(3.1)                             //得到 4.0，即不小于参数的最小整数
floor(3.9)                            //得到 3.0，即不大于参数的最大整数
round(3.56)                           //得到 4.0，即对参数四舍五入取整
```

因以上函数的返回类型都是 double，故结果都表示为包含小数点的实数。规范起见，建议这些函数的参数也用 double 类型。

又如，在 stdlib.h 中的 abs、srand、rand、malloc、free 等，调用示例如下：

```
abs(-1)                               //得到 1，整数的绝对值
srand(time(NULL));                    //设置随机数生成器的种子,time需包含头文件 time.h
int a=rand();                         //产生 0~RAND_MAX（32767）之间的一个随机整数
int b=20+rand()%(80-20+1);            //产生 20~80 之间的一个随机整数
int *a=(int *) malloc(5*sizeof(int));   //申请 5 个 int 类型元素的动态数组
free(a);                                //释放用 malloc 申请的动态数组
```

注意，库函数使用时须包含相应头文件。另外，在 Dev-C++下也能调用 max（求两者中的大者）、min（求两者中的小者）、stoi（将数字字符串转换为整数）、to_string（将数值转换为字符串）等系统函数。其中，后两者是 C++ 11 标准下的函数，使用前需添加编译命令 "−std=c++11"（设置路径详见例 4.6.4）。读者可以自行查阅并测试感兴趣的系统函数。

本章主要介绍用户自定义函数。

一个大的程序一般分为若干个程序模块，每个模块用来实现一个特定的功能，每个模块一般写一个函数定义来实现（需调用）。

函数是 C/C++程序的基本构成单位，一个 C/C++程序由一个主函数 main 及若干其他函数构成。C/C++程序从 main 函数中开始执行，在 main 函数中结束。

函数的作用是通过函数调用实现的。操作系统调用主函数，主函数调用其他函数，其他函数可以调用主函数之外的其他函数。同一函数可以被一个或几个函数调用任意次。

如图 5-1 所示，是一个函数的调用示意图。

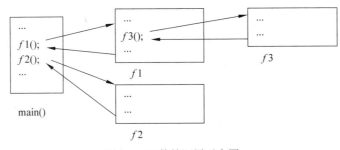

图 5-1　函数的调用示意图

由图 5-1 可见，main 函数调用 $f1$、$f2$ 函数，$f1$ 函数调用 $f3$ 函数，$f3$ 函数调用结束返回 $f1$ 函数中的调用点，$f1$ 函数调用结束返回到 main 函数中的调用点，$f2$ 函数调用结束返回到 main 函数中的调用点。

5.2 函数基本用法

5.2.1 函数的定义

函数定义由函数头和函数体两部分组成。一般形式如下：

类型 函数名（[形参列表]） {

    函数体

}

说明：

（1）"函数类型函数名([形参列表])"是函数头，{}中的是函数体。

（2）函数类型（也称返回类型）可以是各种基本数据类型、指针类型、结构体类型、void（空类型，明确指定函数不返回值）等。C 语言的函数默认返回类型为 int，但 Dev-C++、VC2010 等编译环境都不支持默认返回类型。建议明确指定函数的返回类型。

（3）函数名必须是合法的标识符。

（4）函数定义中的参数为形式参数，简称形参。根据是否有形参，函数可分为带参函数和无参函数。形参列表的每个参数包括参数类型和参数名，形参列表若有多个参数，则以逗号分开。C++支持参数带默认值，默认值参数须放在最右侧。

（5）根据是否有返回值，函数可分为有返回值函数和无返回值函数。通过函数中的 return 语句返回函数的返回值。return 语句的一般格式如下：

return [返回值表达式];

其中，返回值表达式的类型一般应与返回类型一致，否则以返回类型为准。语句"return;"控制程序流程返回到调用点；若 return 语句后带返回值表达式，则在控制程序流程返回调用点的同时带回一个值。

下面给出几个函数定义的例子：

```
void print() {                          //无参函数，也没有返回值，返回类型用 void
    cout<<"hello\n"<<endl;
}
int max(int a, int b) {                 //求两个整数的最大值
    return a>=b?a:b;
}
//重载函数：C++中参数不同的若干同名函数
string max(string a, string b) {        //求两个字符串的最大值
    return a>=b?a:b;
}
//C++默认值参数的函数，带默认值的参数处于最右侧
int max3nums(int a, int b=2, int c=3){ //求三个整数的最大值
    int t=max(a, b);                    //嵌套调用 max(int, int)
    return max(t, c);
}
```

5.2.2 函数的声明

若函数定义在函数调用之前，则定义时的函数头可以充当函数声明（或称函数原型）；

否则函数调用之前必须先进行函数声明，形式如下：

函数类型 函数名（[形参列表]）；

即以函数定义时的函数头加分号表示函数声明，其中，形参列表中的形参名可以省略。

例如 5.2.1 节定义的 max 函数声明如下：

```
int max(int a, int b);
string max(string a, string b);
```

或

```
int max(int, int);                    //省略形参名
string max(string, string);           //省略形参名
```

5.2.3　函数的调用

函数调用的形式一般如下：

[变量=]函数名（[实际参数表]）[；]

void 返回类型的函数只能以语句形式调用，其他返回类型的函数一般以表达式形式调用，否则其返回值没有意义。

调用时的参数称为实际参数，简称实参，一般不需要指定数据类型，除非是进行强制类型转换。参数的类型、顺序、个数必须与函数定义中的一致，但带默认值参数的函数调用时实参个数可以与形参个数不一致。

函数调用时，把实参依序传递给形参，然后执行函数定义体中的语句，执行到 return 语句或函数结束时，程序流程返回到调用点。

例如，调用 5.2.1 节定义的函数的方法如下：

```
print();                              //void 返回类型的函数以语句形式调用
int t=max(123,99);                    //有返回值的函数一般以表达式形式调用
cout<<max(1, 2)<<endl;                //调用 max(int, int)
cout<<max("abc", "cdfg")<<endl;       //调用 max(string, string)
cout<<max3nums(1)                     //实参为 1,2,3，后两个参数使用默认值
    <<" "<<max3nums(4,5)              //实参为 4,5,3，后一个参数使用默认值
    <<" "<<max3nums(5,3,4)<<endl;     //实参为 5,3,4，不使用默认值
```

max3nums 函数共有 3 个参数，其中 2 个带默认值，调用时可提供 1、2、3 个实参。

函数调用也可用变量作为实参，主调函数中的实参和被调函数中形参可以同名，但它们实际上是局限于各自所在函数的不同变量。

在 OJ 做题或程序设计竞赛时，题目通常有多组测试数据，可以把一组测试的代码单独作为一个函数处理，然后在循环中调用该函数完成多组测试。

5.3　函数举例

例 5.3.1　逆序数的逆序和

输入两个正整数，先将它们分别倒过来，然后再相加，最后再将结果倒过来输出。注意：前置的零将被忽略。例如，输入 305 和 794，倒过来相加得到 1000，输出时只要输出 1

就可以了。

　　因为求逆序数的方法是一样的，可以编写一个求逆序数的函数，调用 3 次即可完成 2 个输入的整数及 1 个结果整数的逆置。

　　思考：当 *x*=1234，如何得到 *x* 的逆序数？

　　设 *r* 为 *x* 的逆序数，可以这样考虑：*r*=((4×10+3)×10+2)×10+1=4321，即让 *r* 一开始为 0，再不断把 *x* 的个位取出来加上 *r*×10 重新赋值给 *r*，直到 *x* 为 0（通过 *x*=*x*/10 不断去掉个位数）。具体代码如下：

```
#include<iostream>
using namespace std;
int reverseNum(int x) {              //构成逆序的函数，x 是正整数
    int r=0;
    while(x>0) {
        r=r*10+x%10;                 //移位后右边加上 x 的个位数
        x=x/10;
    }
    return r;
}
int main() {
    int a,b;
    cin>>a>>b;
    int c=reverseNum(a)+reverseNum(b);
    cout<<reverseNum(c)<<endl;
    return 0;
}
```

本例所写的 reverseNum 能够忽略前导 0，原因请读者自行分析。

例 5.3.2　素数判定函数

　　输入一个正整数 *n*，判断 *n* 是否是素数，是则输出 yes，否则输出 no。要求写一个判断一个正整数是否是素数的函数。

　　关于 *n* 是否是素数，已知可以从 2 至 $\sqrt{n}$ 判断是否有 *n* 的因子，若有则不是素数。这里只要把相关代码作为一个整体写成一个函数。因为结果只有两种可能（是或否），所以返回类型设为 bool（只有 true、false 两个值）；而 *n* 是要被判断的数，因此需要一个整型参数。具体代码如下：

```
#include<iostream>
#include<cmath>                      //系统函数 sqrt 求开方数须包含此头文件
using namespace std;
bool isPrime(int n) {                //判断 n 是否是素数,若是则返回 true,否则返回 false
    bool flag=true;                  //一开始假设是素数，标记变量初值设为 true
    double limit=sqrt(n);
    for(int i=2; i<=limit; i++) {
        if(n%i==0) {                 //若有因子，则可以判断 n 不是素数
            flag=false;
            break;
        }
    }
```

```
        if(n==1) flag=false;           //对1特判
        return flag;
    }
    int main() {
        int n;
        cin>>n;
        if(isPrime(n)==true)
            cout<<"yes"<<endl;
        else
            cout<<"no"<<endl;
        return 0;
    }
```

例 5.3.3　最小回文数

输入整数 n，输出比该数大的最小回文数。其中，回文数指的是正读、反读一样的数，如 131、1221 等。要求写一个判断一个整数是否是回文数的函数。

判断是否是回文数可以调用例 5.3.1 中的求逆序数的函数 reverseNum，判断该数与逆序数是否相等。因为要找比 n 大的最小回文数，可以从 $n+1$ 开始逐个尝试是否满足逆序数等于本身的条件，第一个满足条件的数即为结果。具体代码如下：

```
#include<iostream>
using namespace std;
int main() {
    bool isSymmetric(int);          //定义在调用之后，须在调用前先声明
    int n;
    cin>>n;
    while(true) {
        n++;
        if(isSymmetric(n)==true) break;
    }
    cout<<n<<endl;
    return 0;
}
int reverseNum(int x) {             //构成逆序数的函数，x 是正整数
    int r=0;
    while(x>0) {
        r=r*10+x%10;                //移位后右边加上 x 的个位数
        x=x/10;
    }
    return r;
}
bool isSymmetric(int n) {           //判断 n 是否是回文数,若是返回 true,否则返回 false
    if(n==reverseNum(n))            //回文数的判断
        return true;
    else
        return false;
}
```

实际上，函数 isSymmetric 可以简写为如下：

```
bool isSymmetric(int n) {
    return n==reverseNum(n);
}
```

例 5.3.4　大整数加法

输入两个大正整数（长度可能达到 1000 位），求两者之和。

两个大正整数加法的基本思路：两个大正整数作为字符串（用 string 类型变量）处理，加法根据"右对齐、逐位相加"的方法，关键在于右对齐相加及进位处理。其中，右对齐相加可以在把两个字符串逆置后从第一个字符开始相加。字符串的逆置可以写一个以字符串变量为形参的函数，需要注意的是，string 类型形参的变化不会影响实参，因此通过返回值返回变化后的结果（实际上把 string 类型变量作为引用参数来返回结果更简单，读者可以在掌握引用之后自行修改）。在做加法时，拟用第一个字符串存放最终结果，因此需要保证其长度不小于第二个字符串，方法是判断两个字符串的长度，若前一个字符串短，则调用系统函数 swap 交换两个字符串。进位处理方面，可以用一个整型变量表示，其初值一开始设为 0，在加法计算过程中把其加到和中，并不断更新为最新的进位。具体代码如下：

```
#include<iostream>
#include<string>
using namespace std;
string reverse(string s) {                //逆置字符串
    int n=s.size(), mid=n/2;
    for(int i=0; i<mid; i++) {            //以中间为界，两端字符交换
        swap(s[i],s[n-1-i]);
    }
    return s;
}
string bigAdd(string s, string t) {
    if(s.size()<t.size()) swap(s,t);      //若 s 短于 t，则交换
    s=reverse(s);                         //逆置 s
    t=reverse(t);                         //逆置 t
    int carry=0;                          //进位
    for(int i=0; i<s.size(); i++) {
        carry+=s[i]-'0';                  //把 s[i]转换为整数加到 carry 中
        if(i<t.size())                    //若第二个字符串还没有结束
            carry+=t[i]-'0';              //则把 t[i]转换为整数加到 carry 中
        s[i]=carry%10+'0';                //余数转换为数字字符存放在 s[i]中
        carry/=10;                        //保存新的进位
    }
    s=reverse(s);                         //结果逆置
    if(carry>0) s="1"+s;                  //最后的进位
    return s;
}
int main() {
    string a,b;
    cin>>a>>b;
    cout<<bigAdd(a,b)<<endl;
    return 0;
}
```

实际上，逆置字符串也可以调用 algorithm 头文件中的 reverse 函数实现。例如，逆置字符串 s 的代码如下：

```
reverse(s.begin(),s.end());
```

其中，两个参数对应的逆置区间为[s.begin(), s.end())，即此调用语句将逆置整个字符串 s。

5.4 数组作为函数参数

5.4.1 数组元素作为实参

数组元素也称下标变量，因此数组元素作为函数实参时，与普通变量作为函数实参是一致的：单向值传递，即只能把实参的值传递给形参，而不能再把形参的值传回给实参。

例 5.4.1 数组元素作为实参

在一维数组 a 中存放 10 个整数，请输出它们的立方数。要求定义一个求立方数的函数。具体代码如下：

```
#include<iostream>
using namespace std;
int cubic(int  n) {              //自定义求立方数的函数
    return n*n*n;
}
int main() {
    int a[10], i, j;
    for(i=0; i<10; i++) cin>>a[i];
    for(i=0; i<10; i++) {
        cout<<cubic(a[i])<<endl;      //数组元素作为实参
    }
    return 0;
}
```

5.4.2 数组名作为函数参数

本小节讨论数组名作为函数的参数，即形参和实参都使用数组名。此时传递的是数组的首地址（数组名代表数组的首地址），即传地址。实际上，数组名作函数参数时参数传递依然是单向的，即由实参传递给形参，但由于在函数调用期间，形参数组与实参数组同占一段连续的存储单元，因此对形参数组的改变就是对实参数组的改变，即从效果上看，达到了双向传递的效果。

例 5.4.2 m 趟选择排序

输入 n 个整数构成的数列，要求利用选择排序进行排序，并输出第 m 趟排序后的数列状况。请把选择排序定义为一个函数。

选择排序的思想和方法在前面的章节中已经讨论过，这里以函数的形式表达。具体代码如下：

```
#include<iostream>
using namespace std;
```

```
const int N=100;
//n 个数，进行 m 趟排序
void selectSort(int a[], int n, int m) {
    for(int i=0; i<m; i++) {              //控制 0~m-1 共 m 趟排序
        int k=i;
        for(int j=i+1; j<n; j++) {
            if(a[k]>a[j]) k=j;
        }
        if(k!=i) swap(a[k],a[i]);         //直接调用系统函数 swap 交换
    }
}
void prt(int a[], int n) {                //输出 n 个数据，每两个数据之间一个空格
    for(int i=0; i<n; i++) {
        if(i>0) cout<<" ";
        cout<<a[i];
    }
    cout<<endl;
}
int main() {
    int b[N], n, k;
    cin>>n>>k;
    for(int i=0; i<n; i++) cin>>b[i];
    selectSort(b, n, k);                  //第一个参数是数组名作为函数的实参
    prt(b, n);                            //第一个参数是数组名作为函数的实参
    return 0;
}
```

运行结果：

```
6 3↵
3 5 1 2 8 6↵
1 2 3 5 8 6
```

从运行结果可见，实参数组 *b* 在调用 selectSort 函数之后发生了改变，即形参数组 *a* 的改变影响到了实参数组 *b*。因为数组名作为函数参数时，是将实参数组的首地址传给形参数组，所以，在函数调用期间 $a[i]$ 和 $b[i]$（$0 \leqslant i < n$）同占一个存储单元，则对 $a[i]$ 的改变就是对 $b[i]$ 的改变。

注意：

（1）用数组名作为函数参数，应该在主调用函数和被调用函数中分别定义数组，本例中 *a* 是形参数组，*b* 是实参数组，分别在其所在函数中定义，不能只在一方定义。

（2）实参数组与形参数组类型应一致（本例都为 int 类型），如不一致，将出错。

（3）string 类型形参或者 vector 形参的改变不会影响实参，除非使用引用参数。

5.5　引用

通俗地说，引用是对象（可以是变量、符号常量等）的"别名"。定义引用变量的格式如下：

　　　　类型 &别名变量=变量；
其中，"&"与数据类型一起时是引用定义符，而不是地址符或按位与运算符。
　　例如：

```
int a=123;
int &ra=a;                              //ra 为 a 的别名，对 ra 的操作就是对 a 的操作
const int N=100;
const int &rN=N;                        //rN 为符号常量 N 的别名
```

　　引用是对象的别名，而一旦一个别名给了一个对象，此别名就不能用作其他对象的别名，所以引用声明时必须进行初始化。
　　对于有了别名的对象，不管使用原名还是别名进行操作，都是对该对象的操作。
　　因为引用形式的形参变量（简称引用形参）是实参变量（简称实参）的别名，对引用形参的改变就是对实参的改变，所以可以通过引用形参来返回值，而且可以通过使用多个引用形参达到返回多个值的目的。
　　例 5.5.1　交换函数
　　设计一个函数，实现交换两个整型变量的值。

```
#include<iostream>
using namespace std;
void mySwap(int &a, int &b) {
    int t=a;
    a=b,b=t;
}
int main() {
    int m, n;
    cin>>m>>n;
    mySwap(m, n);
    cout<<m<<" "<<n<<endl;
    return 0;
}
```

　　运行结果：

```
1 3↵
3 1
```

　　从运行结果可见，调用交换两个引用形参的 mySwap 函数后，两个实参的值也发生了交换。因为在参数传递时，相当于执行语句"int &a=m; int &b=n;"，即引用形参 a、b 分别是实参 m、n 的别名，则对 a、b 的改变就是对 m、n 的改变。可见，通过引用形参可以达到返回多个值的目的。注意，引用形参对应的实参必须是相同类型的变量。
　　例 5.5.2　分析程序运行结果

```
#include<iostream>
#include<string>
using namespace std;
void f(string s, int i, int j) {
    while(i<j)swap(s[i++], s[j--]);
```

```
        cout<<"In f(): "<<s<<endl;
    }
    int main() {
        string ts="1234567";
        f(ts,0,ts.size()-1);
        cout<<"In main(): "<<ts<<endl;
        return 0;
    }
```

运行结果：

```
In f(): 7654321
In main(): 1234567
```

分析可知，f 函数的功能是逆置形参 s，因此在 f 函数中输出的 s 是逆置后的结果；但由于 f 函数的三个参数都是值参数，即只是把实参的值传给形参而不能再从形参传回给实参，因此形参 s 在 f 函数中的改变不会影响实参 ts，则 main 函数中输出的 ts 保留原值。

若希望 f 函数中形参 s 的改变使得 main 函数中的实参 ts 相应改变，则应如何改写 f 函数？由于引用形参可以达到形参改变则实参改变的效果，因此只要在形参 s 的前面增加引用定义符，即把 f 函数的函数头改为 "void f(string &s, int i, int j)"。可见，引用形参可以把形参的改变"传回"给实参，实际上是因为引用形参是实参的别名，在函数调用期间引用形参和对应的实参是同一个对象。

例 5.5.3　以引用参数返回多个值

编写函数，以引用参数方式返回 n 个整数的最大值、最小值、大于平均值的数据的个数。

输入数据个数 n（$n \leqslant 100$），然后输入 n 个整数，再调用函数得到最大值、最小值、大于平均值的数据的个数并输出。例如，输入 5 4 3 5 1 2，则输出 5 1 2。

通过引用形参可以返回多个值，因此本题可以使用三个引用形参分别返回最大值、最小值、大于平均值的数据的个数。具体代码如下：

```
#include<iostream>
using namespace std;
void solve(int a[], int n, int &max, int &min, int &cnt) {
    int i,sum=0;
    cnt=0;
    for(i=0; i<n; i++) sum+=a[i];
    double avg=sum*1.0/n;
    for(i=0; i<n; i++) {
        if(a[i]>avg) cnt++;
    }
    max=min=a[0];
    for(i=1; i<n; i++) {
        if(max<a[i]) max=a[i];
    }
    for(i=1; i<n; i++) {
        if(min>a[i]) min=a[i];
    }
}
int main() {
```

```
int a[100],max,min,cnt,n;
cin>>n;
for(int i=0; i<n; i++)cin>>a[i];
solve(a,n,max,min,cnt);
cout<<max<<" "<<min<<" "<<cnt<<endl;
return 0;
}
```

5.6 递归函数

5.6.1 递归基础

递归函数是直接或间接地调用自身的函数，可分为直接递归函数和间接递归函数。本书仅讨论直接递归函数。递归函数的两个要素是边界条件（递归出口）与递归方程（递归式），只有具备了这两个要素，才能在有限次计算后得出结果。

对于简单的递归问题，关键是分析得出递归式，并在递归函数中用 if 语句表达。

例 5.6.1　使用递归函数求 $n!$

递归式
$$n! = \begin{cases} 1, & n = 0,1 \\ n(n-1)!, & n > 1 \end{cases}$$

根据 $n!$ 的递归式，直接用 if 语句表达。

```
int f(int n) {
    if(n==0 || n==1) return 1;
    else return f(n-1) * n;
}
```

递归函数的执行分为扩展和回代两个阶段。例如，$f(5)$ 的调用先不断扩展到递归出口求出结果为 1，然后逐步回代结果到各个调用点，最终的调用结果为 120，如图 5-2 所示。

另外，$n!$ 增长速度很快（13!已超出 int 表示范围），需注意溢出问题。那么，稍大一点的数的阶乘怎么办？更大的数，如求 100!，又怎么办呢？读者可以自行思考或参考例 9.3.3 求解。

可用条件运算符简写以上函数，具体函数定义如下：

```
int f(int n) {
    return n>1 ? f(n-1)*n : 1;
}
```

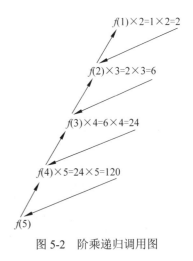

图 5-2　阶乘递归调用图

递归是实现分治法和回溯法的有效手段。分治法是将一个难以直接解决的大问题，分割成一些规模较小的相似问题，各个击破，分而治之。回溯法是一种按照选优条件往前搜索，在不能再往前时回退到上一步继续搜索的方法。

例 5.6.2 最大公约数函数

输入两个正整数 a、b，求这两个正整数的最大公约数。要求定义一个函数求最大公约数。

已知两个正整数的最大公约数是能够同时整除它们的最大正整数。求最大公约数可以用穷举法，也可以用辗转相除法（欧几里得算法）。

利用辗转相除法确定两个正整数 a 和 b 的最大公约数的算法思想如下：

若 $a\%b=0$，则 b 为最大公约数，否则 $\gcd(a, b) = \gcd(b, a\%b)$。

即递归式如下：

$$\gcd(a,b)=\begin{cases} b, & a\%b = 0 \\ \gcd(b,a\%b), & a\%b! = 0 \end{cases}$$

根据辗转相除法的思想，求最大公约数的递归函数如下：

```
int gcd(int a,int b) {        //递归法
    if(a%b==0)
        return b;
    else
        return gcd(b,a%b);
}
```

通过调用以上定义的最大公约数函数，可以方便地求得两个整数的最大公约数、最小公倍数，也可以方便地求得多个整数的最大公约数或最小公倍数，具体代码实现留给读者自行完成。

5.6.2 典型递归问题

例 5.6.3 斐波那契数列

意大利数学家斐波那契（Leonardo Fibonacci）是 12—13 世纪欧洲数学界的代表人物。他提出的"兔子问题"引起了后人的极大兴趣。

"兔子问题"假定一对大兔子每个月可以生一对小兔子，而小兔子出生后两个月就有繁殖能力，问从一对小兔子开始，n 个月后能繁殖出多少对兔子？

这是一个递推问题，可以构造一个递推的表格如表 5-1 所示。

表 5-1 兔子问题递推表

时间（月）	小兔（对）	大兔（对）	总数（对）	时间（月）	小兔（对）	大兔（对）	总数（对）
1	1	0	1	6	3	5	8
2	0	1	1	7	5	8	13
3	1	1	2	8	8	13	21
4	1	2	3	9	13	21	34
5	2	3	5	10	21	34	55

从表 5-1 可得每月的兔子总数构成如下数列：

1，1，2，3，5，8，13，21，34，55，…

可以发现此数列的规律：前 2 项是 1，从第 3 项起，每项都是前两项的和。

因此，可得递归式如下：

$$f(n)=\begin{cases}1, & n=1,2\\ f(n-1)+f(n-2), & n>2\end{cases}$$

根据递归式，容易写出求斐波那契数列第 *n* 项的递归函数，具体如下：

```
//求解斐波那契数列(递归法)
int f(int n) {
    if(n<=2)
        return 1;
    else
        return f(n-1)+f(n-2);
}
#include<iostream>
using namespace std;
int main() {
    int n;
    cin>>n;
    cout<<f(n)<<endl;
    return 0;
}
```

若在本地运行时输入 *n* 为 40，程序需要较长的时间才能得到结果，若在线提交一般将得到超时反馈。原因在于上述函数存在大量的重复计算。例如，*f*(6)的递归调用过程如图 5-3 所示。

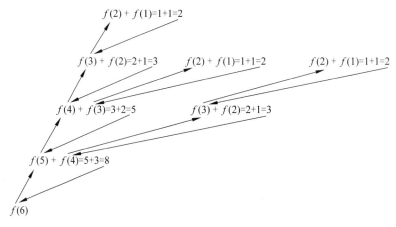

图 5-3　斐波那契数列递归调用图

从图 5-3 可见，*f*(4)重复计算 2 次，*f*(3)重复计算 3 次。读者可自行分析，若给定 *n*，则 *f*(*n*-2)，*f*(*n*-3)，…，*f*(3)分别重复计算多少次？

一般而言，递归的深度不宜过大，否则递归程序的执行效率过低，在线做题时将导致超时。

注意到斐波那契数列的增长速度很快，当输入 *n* 为 47 时，结果已经超出 int 的表示范围，若要求斐波那契数列第 46 项之后的若干项，可以使用 long long int 类型（可计算至第 92 项）。为了避免在线做题超时，可以把斐波那契数列的所有项一次性算出来存放在外部数组（定义在函数之外的数组）中，输入数据后直接从数组中把结果取出来，即用空间换时间。具体代码如下：

```
#include<iostream>
using namespace std;
const int N=92;
long long int a[N]={1,1};        //外部数组
void f() {          //使用此函数一次性计算得到的结果存入 a 中，main 函数中一开始调用一次
    for(int i=2; i<N; i++) a[i]=a[i-1]+a[i-2];
}
int main() {
    f();
    int T;
    cin>>T;
    while(T--) {                   //T 组测试数据
        int n;
        cin>>n;
        cout<<a[n-1]<<endl;
    }
    return 0;
}
```

另外，可用记忆化搜索（保存搜索结果并用于后续计算）的方法减少递归函数中大量的重复计算，从而避免超时。具体代码如下：

```
#include<iostream>
using namespace std;
//求解斐波那契数列(递归法+记忆化搜索)
int a[47];
int f(int n) {
    if(n<=2)
        a[n]=1;
    else if(a[n]==0)
        a[n]=f(n-1)+f(n-2);
    return a[n];
}
int main() {
    int T;
    cin>>T;
    while(T--) {                   //T 组测试数据
        int n;
        cin>>n;
        cout<<f(n)<<endl;
    }
    return 0;
}
```

关于斐波那契数列，有许多有趣的知识，有兴趣的读者可以自行了解。例如，斐波那契数列螺旋线（当海螺被切成两半的时候，它内腔壁的形状是"斐波那契螺旋线"形状），或当斐波那契数列趋向于无穷大时，相邻两项的比值趋向于黄金分割比例 0.618。

例 5.6.4 快速幂

输入两个整数 a、b，如何高效地计算 a^b？保证结果不超过 $2^{63}-1$。

若 $b=32$，则用循环 "for(s=1,i=0;i<b;i++) s *= a;" 将需要运算 32 次。

如果用二分法，则可以按 $a^{32} \to a^{16} \to a^8 \to a^4 \to a^2 \to a^1 \to a^0$ 的顺序来分析，在计算出 a^0 后可以倒过去计算出 a^1 直到 a^{32}。这与递归函数的执行过程是一致的，因此可以用递归方法求解。

二分法计算 a^b 的要点举例说明如下：

（1）$a^{10} = a^5 \times a^5$

（2）$a^9 = a^4 \times a^4 \times a$

即根据 b 的奇偶性来做不同的计算，$b=0$ 是递归出口。因此可得递归式如下：

$$a^b = \begin{cases} 1, & b=0 \\ a^{\frac{b}{2}} \cdot a^{\frac{b}{2}}, & b\%2=0 \\ a^{\frac{b}{2}} \cdot a^{\frac{b}{2}} \cdot a, & b\%2=1 \end{cases}$$

根据递归式可以方便地实现递归函数。为减少重复计算从而提高程序执行效率，可以先计算 $a^{\frac{b}{2}}$ 并放到临时变量中。具体代码如下：

```cpp
#include<iostream>
using namespace std;
long long int cal(int a, int b) {
    if(b==0) return 1;
    long long int t=cal(a, b/2);
    if(b%2==0) return t*t;
    else return t*t*a;
}
int main() {
    int a,b;
    cin>>a>>b;
    cout<<cal(a,b)<<endl;
    return 0;
}
```

例 5.6.5 Hanoi 塔问题

设 A、B、C 是三个塔座。开始时，在塔座 A 上有 n（$1 \leqslant n \leqslant 64$）个圆盘，这些圆盘自下而上，由大到小地叠在一起。例如，3 个圆盘的 Hanoi 塔问题初始状态如图 5-4 所示。

现在要求将塔座 A 上的这些圆盘移到塔座 B 上，并仍按同样顺序叠放。在移到圆盘时应遵守以下移动规则。

规则（1）：每次只能移动一个圆盘。

规则（2）：任何时刻都不允许将较大的圆盘压在较小的圆盘之上。

规则（3）：在满足移动规则（1）和（2）的前提下，可将圆盘移至 A、B、C 中任何一个塔座上。

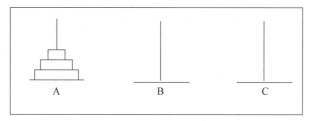

图 5-4　Hanoi 塔问题示意图（3 个圆盘）

设 a_n 表示 n 个圆盘从一个塔座全部转移到另一个塔座的移动次数，显然有 $a_1=1$。当 $n \geq 2$ 时，要将塔座 A 上的 n 个圆盘全部转移到塔座 B 上，可以采用以下步骤。

（1）把塔座 A 上的 $n-1$ 个圆盘转移到塔座 C 上，移动次数为 a_{n-1}。

（2）把塔座 A 上的最后一个大圆盘转移到塔座 B 上，移动次数等于 1。

（3）把塔座 C 上的 $n-1$ 个圆盘转移到塔座 B 上，移动次数为 a_{n-1}。

经过这些步骤后，塔座 A 上的 n 个圆盘就全部转移到塔座 B 上。

由组合数学的加法规则，移动次数为 $2a_{n-1}+1$。计算总的移动次数的递归关系式如下：

$$a_n = \begin{cases} 1, & n=1 \\ 2a_{n-1}+1, & n>1 \end{cases}$$

求解该递归关系式，可得 $a_n=2^n-1$。例如：

当 $n=3$，移动 7 次。

当 $n=4$，移动 15 次。

……

当 $n=64$，移动 $2^{64}-1=18446744073709551615$ 次，设每秒移动一次，完成所有 64 个圆盘的移动需要 $18446744073709551615/(365 \times 24 \times 60 \times 60)/100000000 \approx 5849.42$（亿年）。

如果想知道具体是如何移动的，可以根据前面的步骤，把每次只有 1 个圆盘时的移动情况输出（调用下面的 move 函数）。模拟 Hanoi 塔问题中圆盘移动过程的具体程序如下：

```
void move(char get, char put) {      //输出移动情况，从 get 到 put
    cout<<get<<"-->"<<put<<endl;
}
//递归函数，n 个圆盘，从 from 移动到 to，借助 by
void hanoi(int n, char from, char to, char by) {
    if(n==1) move(from,to);          //只有 1 个直接移动
    else {
        hanoi(n-1,from,by,to);       //把 n-1 个圆盘从 from 移动到 by，借助 to
        move(from,to);               //只有 1 个则直接移动
        hanoi(n-1,by,to,from);       //把 n-1 个圆盘从 by 移动到 to，借助 from
    }
}
int main() {
    int n;
    cin>>n;
    hanoi(n,'A', 'B', 'C');          //调用，实现把 n 个圆盘从 A 移动到 B，借助 C
    return 0;
}
```

若要输出总的移动次数，则该如何修改以上代码？若要输出每次移动的是第几个圆盘，则又该如何修改以上代码？具体代码留给读者自行思考后实现。

5.7　变量的作用域与生命期

5.7.1　变量的作用域

变量的作用域分为块作用域和文件作用域。

变量在花括号内（块）声明时，通常称为局部变量；块作用域指的是局部变量从定义处开始可用，到块结束处为止。局部变量若不指定初值，则为随机数。

变量在函数外部声明时，通常称为全局变量或外部变量；文件作用域指的是外部变量从声明处开始可用，到文件结束处为止。外部变量若不指定初值，则默认为相应类型的 0。

全局变量和局部变量是从空间角度来分的。不同作用域的同名变量在使用时，遵循"最近"原则。建议编程时取名有所区分。另外，for 语句的()中定义的变量也是局部变量，仅在该 for 语句中可用。

例 5.7.1　分析程序运行结果

```
#include<iostream>
using namespace std;
int n;                          //全局变量，默认初值为 0
int m=3;                        //全局变量，初始化值为 3
void f() {
    int m=6;                    //局部变量
    cout<<n<<" "<<m<<endl;
}
int main() {
    int n=4;                    //局部变量
    f();
    if(n>m) {
        int m=5;                //局部变量
        cout<<n<<" "<<m<<endl;
    }
    return 0;
}
```

运行结果：

```
0 6
4 5
```

可以使用 extern 声明扩展外部变量的作用域。外部变量的作用域从定义点开始，如果在定义点之前的函数想引用该外部变量，则应该在引用之前用关键字 extern 对该变量做"外部变量声明"，表示该变量是一个已经定义的外部变量。有了此声明，就可以从"声明"处开始，合法地使用该外部变量。

例 5.7.2　用 extern 扩展作用域

```cpp
#include<iostream>
using namespace std;
int max(int x, int y) {
    return x>y?x:y;
}
int main() {
    extern int A,B;
    printf("%d\n",max(A,B));
    return 0;
}
int A=1, B=3;
```

在本程序的最后一行定义了外部变量 A、B，但由于外部变量 A、B 定义的位置在 main 函数之后，若不加以声明则在 main 函数中不能使用。通过在 main 函数中用 extern 对 A 和 B 进行"外部变量声明"，就可以从"声明"处开始合法地使用这两个外部变量。

5.7.2　变量的生命期

用户存储空间可以分为三部分：程序区、静态存储区和动态存储区。变量的存储方式可以分为静态存储（在程序运行期间分配固定的存储空间）和动态存储（在程序运行期间根据需要进行动态存储空间的分配）。

全局变量和静态局部变量（static 局部变量）存放在静态存储区，在程序执行过程中始终占据固定的存储单元。静态局部变量在编译时赋初值，且只赋初值一次；若不赋初值则系统自动赋初值为 0（或 0.0、NULL、'\0'等）。

函数形式参数、局部变量（不包括 static 局部变量）及函数调用时的现场保护和返回地址存放在动态存储区，在函数调用开始时分配动态存储空间，函数调用结束时释放空间。

例 5.7.3　分析程序运行结果

```cpp
#include<iostream>
using namespace std;
int f(int a) {
    int b=1;
    static int c=3;
    b++;
    c++;
    return a+b+c;
}
int main() {
    int a=3;
    for(int i=0;i<3;i++) printf("%d\n",f(a));
    return 0;
}
```

运行结果：

```
9
10
11
```

第一次调用时，执行 a+b+c，a=3、b=2、c=4，返回 9；第二次调用时，a、b 的值与第一次调用时一样，而 c 在保留原值 4 的基础上加了 1 而等于 5，故返回 10；第三次调用时 c 在 5 的基础上加 1 而等于 6，故返回 11。

5.8　编译预处理

编译预处理主要包括宏定义、文件包含和条件编译，以#开始，不需要用分号结束，一般单独写在一行上。符号"#"用来指明其后为编译预处理命令。

5.8.1　宏定义

宏定义只是简单字符串替换，经常用来实现带名常量的定义，例如：

```
#define PI 3.1415926     //PI 是宏名，3.1415926 是宏替换体
#define ZERO 1e-9        //ZERO 是宏名，1e-9 是宏替换体
#define N 100            //N 是宏名，100 是宏替换体
```

宏定义也可以带参数，例如，下面是求两个数最大值的带参宏定义：

```
#define Max(a,b) ((a)>(b)?(a):(b))
```

其中，Max(a,b)是宏名及其参数，((a)>(b)?(a):(b))是宏替换体。

建议带参定义的宏替换体中的参数都用"()"括起来，以避免类似以下的错误。

例 5.8.1　分析程序运行结果

```
#include<stdio.h>
int main() {
    #define f(a,b) a*b
    printf("%d\n", f(1+2,3+4));
    return 0;
}
```

运行结果：

```
11
```

期望的结果是(1+2)×(3+4)=21，但得到结果的是 11。原因在于宏定义是直接进行简单的字符串替换。例如，f(1+2,3+4)被替换为 1+2×3+4，因此得到 11。

5.8.2　文件包含

文件包含是将一些头文件或其他源文件包含到本文件中。一个文件被包含后，该文件的所有内容都被包含进来。C/C++语言提供了#include 命令用来实现"文件包含"的操作。在#include 命令中，文件名可以用双引号（""）或尖括号（<>）括起来，即

#include<文件名>
#include "文件名"

用尖括号时，称为标准方式，系统直接到存放 C/C++库函数头文件所在的目录中查找

要包含的文件；用双引号时，系统先在用户当前目录中查找要包含的文件，若找不到，则再按标准方式查找。

一般来说，如果为调用库函数而包含相关的头文件，则用尖括号，以节省查找时间。如果要包含的是用户自己编写的文件（这种文件一般都在当前目录中），一般用双引号。

在 Dev-C++及很多 OJ 中，选择 C++或 G++编译器时，可以使用万能头文件"bits\stdc++.h"，从而避免遗漏头文件而导致的编译错误。当然，在程序设计竞赛前测试比赛环境时应先测试万能头文件是否可用。

5.8.3　条件编译

条件编译是带#的 if 语句（有#if、#ifdef、#ifndef、#elif 等多种形式），以#endif 结束。

显然，在 OJ 中提交代码之前需要先在本地运行正确。如果样例测试数据较多，直接在控制台输入输出时容易看错。此时，可以先把测试输入数据放到一个文件中，再通过 C 语言的 freopen 函数从该文件输入数据，并把测试结果输出到一个新文件中，即把以下代码放到 main 函数的开始处：

```
freopen("input.txt","r",stdin);        //input.txt 在当前目录，也可以指定路径
freopen("output.txt","w",stdout);      //output.txt 自动生成在当前目录
```

为避免包含调用 freopen 函数的代码直接提交到 OJ 导致错误，可以把调用 freopen 的语句放在条件编译中。具体代码如下：

```
#ifndef ONLINE_JUDGE
    freopen("input.txt","r",stdin);        //读方式 r 和标准输入流 stdin 可固定不变
    freopen("output.txt","w",stdout);   //写方式 w 和标准输出流 stdout 可固定不变
#endif
```

ONLINE_JUDGE 是一个符号常量，通常 OJ 上都有定义，因此提交后并不会去打开文件；而本地没有定义这个符号常量，就会使用 freopen 函数分别以读方式（"r"）打开输入文件 input.txt（需先建好并放好数据）、以写方式（"w"）打开输出文件 output.txt（自动生成）。freopen 的第一个参数是具体文件名，可以指定文件所在的路径，如"e:\\ output.txt"。建议程序设计竞赛正式比赛前先测试评测 OJ 是否定义了符号常量 ONLINE_JUDGE。

例 5.8.2　重复读

输入一个整数 n，再输入 n 个字符串（可能包含空格），请原样输出 n 个字符串。要求使用 freopen 文件测试的方法，先把输入数据放在 D 盘的 1.txt 文件中，再把结果输出到 D 盘的 2.txt 文件中。

本题用 getline 函数输入字符串，用 cin.get()吸收整数后的换行符，用 freopen 函数打开文件读写。具体代码如下：

```
#include<iostream>
#include<string>
using namespace std;
int main() {
#ifndef ONLINE_JUDGE
    freopen("d:\\1.txt","r",stdin);
```

```
        freopen("d:\\2.txt","w",stdout);
#endif
    int n;
    cin>>n;
    cin.get();
    for(int i=0;i<n;i++) {
        string s;
        getline(cin,s);
        cout<<s<<endl;
    }
    return 0;
}
```

注意，D 盘下的 1.txt 文件必须存在，设其中内容如下：

```
3
I like programming.
Enjoying it.
Just do it.
```

则将自动在 D 盘下生成文件 2.txt，包含以下输出结果：

```
I like programming.
Enjoying it.
Just do it.
```

5.9　在线题目求解

例 5.9.1　验证哥德巴赫猜想

哥德巴赫猜想之一是指一个偶数（2 除外）可以拆分为两个素数之和。请验证这个猜想。因为同一个偶数可能可以拆分为不同的素数对之和，这里要求结果素数对彼此最接近。

输入格式：

首先输入一个正整数 T，表示测试数据的组数，然后是 T 组测试数据。每组测试输入 1 个偶数 n（$6 \leq n \leq 10000$）。

输出格式：

对于每组测试，输出两个彼此最接近的素数 a、b（$a \leq b$），两个素数之间留 1 个空格。

输入样例：

```
2
30
40
```

输出样例：

```
13 17
17 23
```

本题可以先写一个判断某个正整数是否是素数的函数，然后循环变量 i 从 $n/2$ 处开始到

2 进行循环（因为两个素数的差值 $d=(n-i)-i=n-2i$，当 i 越大时 d 越小），若发现 $i \leqslant (n/2)$ 和 $n-i \geqslant (n/2)$ 同时是素数则得到结果并结束循环。具体代码如下：

```cpp
#include<iostream>
#include<cmath>
using namespace std;
bool isPrime(int n) {
    if(n==1) return false;
    bool flag=true;
    int m=sqrt(n*1.0);
    for(int i=2; i<=m; i++) {
        if(n%i==0) {
            flag=false;
            break;
        }
    }
    return flag;
}
int main() {
    int T;
    cin>>T;
    while(T--) {
        int n;
        cin>>n;
        for(int i=n/2; i>=2; i--) {
            if(isPrime(i)==true && isPrime(n-i)==true) {
                cout<<i<<" "<<n-i<<endl;
                break;
            }
        }
    }
    return 0;
}
```

例 5.9.2　素数的排位（ZJUTOJ 1341）

已知素数序列为 2、3、5、7、11、13、17、19、23、29、……，即素数的第一个是 2，第二个是 3，第三个是 5，……

那么，对于输入的一个任意整数 N，若是素数，则能确定是第几个素数吗？若不是素数，则输出 0。

输入格式：

测试数据有多组，处理到文件尾。每组测试输入一个正整数 N（$1 \leqslant N \leqslant 1000000$）。

输出格式：

对于每组测试，输出占一行，如果输入的正整数 N 是素数，则输出其排位，否则输出 0。

输入样例：

输出样例:

6

　　本题可以利用上题的 isPrime 函数及用空间换时间的思想一次性把排位计算出来放在数组中，输入数据时再直接从数组中取结果输出。但这种方法对每个数都要调用 isPrime 函数，效率依然较低。若用筛选法，则能较好地提高效率。具体代码如下:

```cpp
#include<iostream>
#include<cmath>
using namespace std;
const int N=1000001;
int a[N];                          //排名数组，数组长度较大，作为外部数组定义在函数之外
bool f[N];                         //标记数组
void init() {                      //筛选法
    int i;
    for(i=1; i<N; i++) f[i]=true;
    f[1]=false;
    int k=sqrt(N);
    for(i=2; i<=k; i++) {
        if(f[i]==false) continue;
        for(int j=i*i; j<N; j+=i) {
            f[j]=false;
        }
    }
}
void Rank() {                      //排位
    int cnt=0;
    for(int i=1; i<N; i++) {
        if(f[i]==true) {
            cnt++;
            a[i]=cnt;
        }
        else {
            a[i]=0;
        }
    }
}
int main() {
    init();
    Rank();
    int n;
    while(cin>>n) {
        cout<<a[n]<<endl;          //输入数据时直接从数组中取数据
    }
    return 0;
}
```

　　若读者已经熟练掌握了筛选法，则可以改写 init 函数，同时进行排位和筛选。具体代码如下:

```
#include<iostream>
using namespace std;
const int N=1000001;
int a[N];                                    //数组太大，作为外部数组
void init() {
    int i, cnt=0;
    for(i=1; i<N; i++) a[i]=1;
    a[1]=0;
    for(i=2; i<N; i++) {
        if(a[i]==0) continue;                //若为非素数则跳过
        a[i]=++cnt;                          //cnt 初值为 0，第一素数从 1 开始排位
        if(i>N/i) continue;                  //i>sqrt(N)的另一种表达
        for(int j=i*i; j<N; j+=i) {          //筛掉非素数
            a[j]=0;
        }
    }
}
int main() {
    init();
    int n;
    while(cin>>n) {
        cout<<a[n]<<endl;
    }
    return 0;
}
```

例 5.9.3　母牛问题（ZJUTOJ 1182）

若一头小母牛从第 4 个年头开始每年生育一头母牛，按照此规律，第 n 年时有多少头母牛？要求编写两个函数，分别以迭代、递归的方法进行求解。

输入格式：

测试数据有多组，处理到文件尾。每组测试输入一个正整数 n（$1 \leqslant n \leqslant 40$）。

输出格式：

对于每组测试，输出第 n 年时的母牛总数。

输入样例：

15

输出样例：

129

本题也是一道递推题，递推表如表 5-2 所示。

根据表 5-2，可以得到如下数列：

$$1、1、1、2、3、4、6、9、13、19、\cdots\cdots$$

观察数列，发现规律如以下递归式所示：

$$f(n) = \begin{cases} 1, & n = 1, 2, 3 \\ f(n-1) + f(n-3), & n \geqslant 4 \end{cases}$$

表 5-2　母牛问题递推表

时间/年	小牛	中牛	大牛	总数	时间/年	小牛	中牛	大牛	总数
1	1	0	0	1	6	1	1	2	4
2	0	1	0	1	7	2	1	3	6
3	0	0	1	1	8	3	2	4	9
4	1	0	1	2	9	4	3	6	13
5	1	1	1	3	10	6	4	9	19

　　根据递归式，容易写出使用递归法或迭代法的函数。另外，本题也可以采用空间换时间的思想：一次性先把结果计算出来并放在数组中，然后在输入数据时从数组中取出数据。具体代码如下：

```
#include<iostream>
using namespace std;
int f(int n) {                    //递归法
    if(n<4)
        return 1;
    return f(n-1)+f(n-3);
}
int cow(int n) {                  //迭代法
    if(n<4) return 1;
    int n1=1, n2=1, n3=1, n4;     //分别表示（当前）第 1~4 年的母牛数
    for(int i=4; i<=n; i++) {
        n4=n3+n1;
        n1=n2;
        n2=n3;
        n3=n4;
    }
    return n4;
}
const int N=41;
int a[N]={0,1,1,1};               //外部数组，保存结果，空间换时间
void init() {
    for(int i=4; i<N; i++) {
        a[i]=a[i-1]+a[i-3];
    }
}
int main() {
    init();
    int n;
    while(cin>>n) {
        cout<<f(n)<<endl;         //递归法结果
        //cout<<cow(n)<<endl;     //迭代法结果
        //cout<<a[n]<<endl;       //用空间换时间结果
    }
    return 0;
}
```

读者不妨再观察数列，尝试找到其他的递归式。

例 5.9.4 特殊排序

输入一个整数 n 和 n 个各不相等的非负整数，将这些整数从小到大进行排序，要求奇
数在前，偶数在后。

输入格式：

首先输入一个正整数 T，表示测试数据的组数，然后是 T 组测试数据。每组测试先输入
一个整数 n（$1<n<100$），再输入 n 个非负整数。

输出格式：

对于每组测试，在一行上输出根据要求排序后的结果，数据之间留一个空格。

输入样例：

```
3
5 1 2 3 4 5
3 12 4 5
6 2 4 6 8 0 1
```

输出样例：

```
1 3 5 2 4
5 4 12
1 0 2 4 6 8
```

本题采用函数的方法来实现，主要是写两个函数，一个是表明排序规则的比较函数 cmp，
另一个是自定义的排序函数 mySort（使用冒泡排序的思想）。比较函数中体现题意要求的奇
数在前，偶数在后，并都按从小到大排序。具体代码如下：

```
#include<iostream>
using namespace std;
bool cmp(int a, int b) {          //比较函数
    if(a%2!=b%2)                  //奇偶性不同
        return a%2!=0;            //前奇后偶，a%2!=0 表明 a 是奇数
    else
        return a<b;               //前小后大
}
void mySort(int a[], int n) {
    for(int i=0; i<n-1; i++) {
        for(int j=0; j<n-1-i; j++) {
            if(cmp(a[j], a[j+1])==false) {
                int t=a[j];
                a[j]=a[j+1];
                a[j+1]=t;
            }
        }
    }
}
int main() {
    int T;
    cin>>T;
```

```
        while(T--) {
            int n;
            cin>>n;
            int a[100];
            for(int i=0; i<n; i++) cin>>a[i];
            mySort(a, n);
            for(int j=0; j<n; j++) {
                if(j>0) cout<<" ";
                cout<<a[j];
            }
            cout<<endl;
        }
        return 0;
    }
```

　　请读者仔细体会 cmp 函数的写法。注意，若输入的数据中包含负整数，cmp 函数需稍做修改，请读者思考原因并自行修改。

　　实际上，对于在线做题，可以从小到大直接排好序，输出时先输出奇数，再输出偶数，具体代码留给读者自行完成。

　　另外，对于 C++风格代码，可直接调用 algorithm 头文件中的系统排序函数 sort 以提高编码效率，即无须定义 mySort 函数，并将"mySort (a, n);"改为"sort (a, a+n,cmp);"，其中 sort 的第三个参数是比较函数 cmp。本例及后两例采用自定排序函数的方法实现，以便于读者能方便地将 C++风格代码转换为 C 风格代码。

例 5.9.5　平方和排序（ZJUTOJ 1038）

　　输入 N 个非负整数（都小于 2^{31}），要求按各个整数的各数位上数字的平方和从小到大排序，若平方和相等则按数值从小到大排序。

　　例如，三个整数 9、31、13 各数位上数字的平方和分别为 81、10、10，则排序结果为 13、31、9。

　　输入格式：

　　测试数据有多组。每组数据先输入一个整数 N（$0<N<100$），然后输入 N 个非负整数。若 $N=0$，则输入结束。

　　输出格式：

　　对于每组测试，在一行上输出按要求排序后的结果，数据之间留一个空格。

　　输入样例：

```
9
12 567 91 33 657 812 2221 3 77
0
```

　　输出样例：

```
12 3 2221 33 812 91 77 567 657
```

　　本题用函数的方法来实现，主要是分别定义 cmp、mySort 函数。本题的 mySort 函数使用选择排序的思想。为方便起见，写一个函数求一个整数各数位上数字的平方和。具体代码如下：

```
#include<iostream>
using namespace std;
int sumSquare(int n) {              //整数 n 的各数位的平方和
    int sum=0;
    while(n>0) {
        sum=sum+(n%10)*(n%10);
        n=n/10;
    }
    return sum;
}
bool cmp(int a, int b) {            //比较函数
    int sa=sumSquare(a), sb=sumSquare(b);
    if(sa==sb)                      //若平方和相等
        return a<b;                 //则按数据本身前小后大排序
    else
        return sa<sb;               //若平方和不等，则按平方和前小后大排序
}
void mySort(int a[], int n) {   //排序函数
    for(int i=0; i<n-1; i++) {
        int k=i;
        for(int j=i+1; j<n; j++) {
            if(cmp(a[k],a[j])==false) k=j;
        }
        if(k!=i) swap(a[k], a[i]);
    }
}
int main() {
    while(true) {
        int n;
        cin>>n;
        if(n==0) break;
        int a[100];
        for(int i=0; i<n; i++) cin>>a[i];
        mySort(a, n);
        for(int j=0; j<n; j++) {
            if(j>0) cout<<" ";
            cout<<a[j];
        }
        cout<<endl;
    }
    return 0;
}
```

例 5.9.6　按长度排序（ZJUTOJ 1030）

先输入一个正整数 N，再输入 N 个整数，要求对 N 个整数进行排序：先按长度从小到大排，若长度一样则按数值从小到大排。

输入格式：

测试数据有多组。每组测试数据的第一行输入一个整数 N（$0<N<100$），第二行输入 N

个整数（每个整数最多可达 80 位）。若 *N*=0，则输入结束。

　　输出格式：

　　对于每组测试，输出排序后的结果，每个数据占一行。每两组测试结果之间留一个空行。

　　输入样例：

```
3
123
12
3333
2
123
101
0
```

　　输出样例：

```
12
123
3333

101
123
```

　　本题用函数的方法来实现，主要是分别定义 cmp、mySort 函数。由于输入的整数位数可能达到 80 位，采用 string 类型处理。实际上，mySort 与前一个例子的不同之处仅在于数组的类型不一样。所以关键是 cmp 函数，根据题意，先比长度，若长度不等则返回前后字符串长度的比较结果，否则返回前后字符串大小的比较结果。两组测试结果之间留一个空行可以使用计数器的方法控制。具体代码如下：

```cpp
#include<iostream>
#include<string>
using namespace std;
const int N=100;
void prt(string a[], int n) {                    //输出函数
    for(int i=0; i<n; i++) cout<<a[i]<<endl;
}
bool cmp(string a, string b) {                   //比较函数
    if(a.size()!=b.size())                       //若长度不等，则直接比长度
        return a.size()<b.size();
    return a<b;                                  //若长度相等，则比大小
}
void mySort(string a[], int n) {                 //排序函数
    for(int i=0; i<n-1; i++) {
        int k=i;
        for(int j=i+1; j<n; j++) {
            if(cmp(a[k],a[j])==false) k=j;
        }
        if (k!=i) swap(a[k], a[i]);
    }
}
```

```
int main() {
    string b[N];
    int i,n,cnt=0;
    while(true) {
        cin>>n;
        if(n==0) break;
        for(i=0; i<n; i++) cin>>b[i];
        mySort(b, n);
        cnt++;
        if(cnt>1) cout<<endl;                      //用计数器方法控制之间一个空行
        prt(b,n);
    }
    return 0;
}
```

例 5.9.7 按日期排序（**ZJUTOJ 1045**）

输入若干日期，按日期从小到大排序。

输入格式：

本题只有一组测试数据，且日期总数不超过 100 个。按"MM/DD/YYYY"（月/日/年，其中月份、日期各 2 位，年份 4 位）的格式逐行输入若干日期。

输出格式：

按"MM/DD/YYYY"的格式输出已从小到大排序的各个日期，每个日期占一行。

输入样例：

```
12/31/2005
10/21/2003
02/12/2004
11/12/1999
10/22/2003
11/30/2005
```

输出样例：

```
11/12/1999
10/21/2003
10/22/2003
02/12/2004
11/30/2005
12/31/2005
```

本题输入的日期格式是"月/日/年"的格式，而日期排序实际上是按"年/月/日"格式进行的；一种思路是定义三个整型数组分别存放年、月、日再依次按年、月、日的顺序分别排序。因为日期格式固定为"MM/DD/YYYY"，若把日期格式改为"YYYY/MM/DD"，则可以直接按字符串大小进行比较（定义一个返回类型为 bool 的比较函数 cmp）。在程序设计竞赛时，排序相关的问题一般通过调用系统函数 sort 来提高编程效率，该函数表明比较规则的第三个参数通常是根据题意自定义的比较函数 cmp。具体代码如下：

```
#include<iostream>
```

```
#include<string>
#include<algorithm>
using namespace std;
const int N=100;
bool cmp(string a, string b) {
    a=a.substr(6)+"/"+a.substr(0,5);     //改为"YYYY/MM/DD"格式
    b=b.substr(6)+"/"+b.substr(0,5);     //改为"YYYY/MM/DD"格式
    return a<b;                          //日期的比较就是日期字符串的比较，前小后大
}
int main() {
    string a[N];
    int n=0;
    while(cin>>a[n]) n++;
    sort(a,a+n,cmp);                     //sort 的第三个参数是bool 类型的比较函数
    for(int i=0; i<n; i++) cout<<a[i]<<endl;
    return 0;
}
```

习题

一、选择题

1. 当一个函数无返回值时，函数的返回类型应为（　　）。

　　A. 任意　　　　　　　B. void　　　　　　　C. int　　　　　　　D. char

2. C/C++语言中不可以嵌套的是（　　）。

　　A. 函数调用　　　　B. 函数定义　　　　C. 循环语句　　　　D. 选择语句

3. 在 C/C++语言中函数返回值的类型是由（　　）决定的。

　　A. 主函数　　　　　　　　　　　　B. return语句中的表达式类型

　　C. 函数定义中指定的返回类型　　　D. 调用该函数时的主调函数类型

4. 以下（　　）函数，没有返回值。

　　A. int f(){int a=2; return a*a;}

　　B. void g(){printf("c\n"); }

　　C. int h(){int a=2; return a*a*a;}

　　D. 以上都是

5. 被调函数返回给主调函数的值称为（　　）。

　　A. 形参　　　　　　B. 实参　　　　　　C. 返回值　　　　　D. 参数

6. 被调函数通过（　　）语句，将值返回给主调函数。

　　A. if　　　　　　　B. for　　　　　　　C. while　　　　　　D. return

7. 有"void f(int a){ a=3;}"，则以下代码

```
int n=1;
f(n);
cout<<n<<endl;      //C++风格代码
printf("%d\n",n);   //C 风格代码
```

的执行结果是（　　）。

    A. 3   B. 1   C. 0   D. 不确定

8. 函数定义如下：

```
void f(int b) {b=9;}
```

实参数组及函数调用如下：

```
int a[5]={1};
f(a[1]);
```

则以下输出语句的结果为（　　）。

```
cout<<a[1]<<endl;        //C++风格代码
printf("%d\n",a[1]);     //C 风格代码
```

    A. 0   B. 1   C. 9   D. 以上都不对

9. 函数 f 定义如下，执行语句 "m=f(5);" 后，m 的值应为（　　）。

```
int f(int k) {
    if(k==0 || k==1) return 1;
    else return f(k-1)+f(k-2);
}
```

    A. 3   B. 8   C. 5   D. 13

10. 递归函数的两个要素是（　　）。

    A. 函数头、函数体   B. 递归出口、边界条件

    C. 边界条件、递归方程   D. 递归表达式、递归方程

11. 若使用一维数组名作为函数实参，则以下说法正确的是（　　）。

    A. 必须在主调函数中说明此数组的大小

    B. 实参数组类型与形参数组类型可以不匹配

    C. 在被调用函数中，不需要考虑形参数组的大小

    D. 实参数组名与形参数组名必须一致

12. 函数定义如下：

```
void f(int b[]) {b[1]=9;}
```

实参数组及函数调用如下：

```
int a[5]={1};
f(a);
```

则以下输出语句的结果为（　　）。

```
cout<<a[1]<<endl;        //C++风格代码
printf("%d\n",a[1]);     //C 风格代码
```

    A. 0   B. 1   C. 9   D. 以上都不对

13. 关于数组名作为函数参数的说法错误的是（　　）。

    A. 参数传递时，实参数组的首地址传递给形参数组

B. 在函数调用期间，形参数组的改变就是实参数组的改变

C. 通过数组名作为函数参数，可以达到返回多个值的目的

D. 在函数调用期间，形参数组和实参数组对应的是不同的数组

14. 数组名作为实参时，传递给形参的是（　　　）。

    A. 数组的首地址 　　　　　　　　　B. 第一个元素的值

    C. 数组中全部元素的值 　　　　　　D. 数组元素的个数

15. 关于全局变量和局部变量的说法，正确的是（　　　）。

    A. 全局变量必须在函数之外进行定义

    B. 若全局变量与局部变量同名，则默认为全局变量

    C. 全局变量的作用域为其所在的整个文件范围

    D. 全局变量也称外部变量，仅在函数外部有效，而在函数内部无效

16. 以下程序的输出结果是（　　　）。

```
//C++风格代码
int m;
void f(){
    int m=4;
    cout<<m<<" ";
}
int main(){
    f();
    cout<<m<<endl;
    return 0;
}
//C风格代码
int m;
void f(){
    int m=4;
    printf("%d ",m);
}
int main(){
    f();
    printf("%d\n",m);
    return 0;
}
```

    A. 0 4 　　　　　　B. 4 0 　　　　　　C. 4 4 　　　　　　D. 4 随机数

17. "const int N=10;" 定义了符号常量 N，以下功能相同的是（　　　）。

    A. #define N=10; 　B. #define N 10; 　C. #define N 10 　D. const int N=10

18. C/C++语言的编译预处理以#开始，其中不包括（　　　）。

    A. 宏定义 　　　　B. 条件编译 　　　　C. 文件包含 　　　　D. 全局变量声明

19. 函数原型为 "void f(int &i);"，变量定义 "int n=100"，则下面调用正确的是（　　　）。

    A. f(10) 　　　　B. f(10+n) 　　　　C. f(n) 　　　　D. f(&n)

20. 有函数定义 "void f(int &a) { a=3; }"，则以下代码的执行结果是（　　　）。

```
int n=1;
```

```
f(n);
cout<<n<<endl;
```

　　A. 1　　　　　　　B. 3　　　　　　C. 0　　　　　　D. 不确定

二、编程题

1. 进制转换。

将十进制整数 n（$-2^{31}<n<2^{31}$）转换成 k（$2\leqslant k\leqslant 16$）进制数。注意，10~15 分别用字母 A、B、C、D、E、F 表示。

输入格式：

首先输入一个正整数 T，表示测试数据的组数，然后是 T 组测试数据。每组测试数据输入两个整数 n 和 k。

输出格式：

对于每组测试，先输出 n，然后输出一个空格，最后输出对应的 k 进制数。

输入样例：

```
2
123 16
-12 2
```

输出样例：

```
123 7B
-12 -1100
```

2. 多个数的最小公倍数。

两个整数公有的倍数称为它们的公倍数，其中最小的一个公倍数称为它们两个的最小公倍数。当然，n 个数也可以有最小公倍数。例如，5、7、15 的最小公倍数是 105。

输入 n 个数，请计算它们的最小公倍数。

输入格式：

首先输入一个正整数 T，表示测试数据的组数，然后是 T 组测试数据。每组测试先输入一个整数 n（$2\leqslant n\leqslant 20$），再输入 n 个正整数（属于[1，100000]范围内）。这里保证最终的结果小于 2^{31}。

输出格式：

对于每组测试，输出 n 个整数的最小公倍数。

输入样例：

```
2
3 5 7 15
5 1 2 4 3 5
```

输出样例：

```
105
60
```

3. 互质数。

Sg 认识到互质数很有用。若两个正整数的最大公约数为 1，则它们是互质数。要求编写递归函数判断两个整数是否是互质数。

输入格式：

首先输入一个正整数 T，表示测试数据的组数，然后是 T 组测试数据。每组测试先输入 1 个整数 n（$1 \leqslant n \leqslant 100$），再输入 n 行，每行有一对整数 a、b（$0 < a$，$b < 10^9$）。

输出格式：

对于每组测试数据，输出有多少对互质数。

输入样例：

```
1
3
3 11
5 11
10 12
```

输出样例：

```
2
```

4. 最长的单词。

输入一个字符串，将此字符串中最长的单词输出。要求至少使用一个自定义函数。

输入格式：

测试数据有多组，处理到文件尾。每组测试数据输入一个字符串（长度不超过 80）。

输出格式：

对于每组测试，输出字符串中的最长单词，若有多个长度相等的最长单词，输出最早出现的那个。这里规定，单词只能由大小写英文字母构成。

输入样例：

```
Keywords insert, two way insertion sort,
This paper discusses three methods for insertion.
```

输出样例：

```
insertion
discusses
```

5. 按 1 的个数排序。

对于给定若干由 0、1 构成的字符串（长度不超过 80），要求将它们按 1 的个数从小到大排序。若 1 的个数相同，则按字符串本身从小到大排序。要求至少使用一个自定义函数。

输入格式：

测试数据有多组，处理到文件尾。对于每组测试，首先输入一个整数 n（$1 \leqslant n \leqslant 100$），然后输入 n 行，每行包含一个由 0、1 构成的字符串。

输出格式：

对于每组测试，输出排序后的结果，每个字符串占一行。

输入样例:

```
3
10011111
00001101
1010101
```

输出样例:

```
00001101
1010101
10011111
```

6. 旋转方阵。

对于一个奇数 n 阶方阵,请给出经过顺时针方向 m 次旋转(每次旋转 $90°$)后的结果。

输入格式:

测试数据有多组,处理到文件尾。每组测试的第一行输入 2 个整数 n、m($1<n<20$,$1\leq m\leq 100$),接下来输入 n 行数据,每行 n 个整数。

输出格式:

对于每组测试,输出奇数阶方阵经过 m 次顺时针方向旋转后的结果。每行中各数据之间留一个空格。

输入样例:

```
3 2
4 9 2
3 5 7
8 1 6
```

输出样例:

```
6 1 8
7 5 3
2 9 4
```

7. 求矩阵中的逆鞍点。

求出 $n\times m$ 矩阵中的所有逆鞍点。这里的逆鞍点是指在其所在的行上最大,在其所在的列上最小的元素。若存在逆鞍点,则输出所有逆鞍点的值及其对应的行、列下标。若不存在逆鞍点,则输出 Not。要求至少使用一个自定义函数。

输入格式:

测试数据有多组,处理到文件尾。每组测试的第一行输入 n 和 m(都不大于 100),第二行开始的 n 行每行输入 m 个整数。

输出格式:

对于每组测试,若存在逆鞍点,则按行号从小到大、同一行内按列号从小到大的顺序输出每个逆鞍点的值和对应的行、列下标,每两个数据之间一个空格;若不存在逆鞍点,则输出 Not。

输入样例:

```
3  3
97 66 96
85 36 35
88 67 91
```

输出样例：

```
85 1 0
```

8. 数字螺旋方阵。

已知 *n*=5 时的螺旋方阵如输出样例所示。输入一个正整数 *n*，要求输出 *n*×*n* 个数字构成的螺旋方阵。要求至少使用一个自定义函数。

输入格式：

首先输入一个正整数 *T*，表示测试数据的组数，然后是 *T* 组测试数据。每组测试输入一个正整数 *n*（*n*≤20）。

输出格式：

对于每组测试，输出 *n*×*n* 的数字螺旋方阵。各行中的每个数据按 4 位宽度输出。

输入样例：

```
1
5
```

输出样例：

```
25  24  23  22  21
10   9   8   7  20
11   2   1   6  19
12   3   4   5  18
13  14  15  16  17
```

第6章

结 构 体

6.1 引例

例 6.1.1 进步排行榜

假设每名学生的信息包括用户名、进步总数和解题总数。解题进步排行榜中，按进步总数及解题总数生成排行榜。要求先输入 n 个学生的信息；然后按进步总数降序排列；若进步总数相同，则按解题总数降序排列；若进步总数和解题总数都相同，则排名相同，但输出信息时按用户名升序排列，否则排名为排序后相应的序号。

输入格式：

首先输入一个整数 T，表示测试数据的组数，然后是 T 组测试数据。每组测试数据先输入一个正整数 n（$1 < n < 50$），表示学生总数。然后输入 n 行，每行包括一个不含空格的字符串 s（不超过 8 位）和 2 个正整数 d 和 t，分别表示用户名、进步总数和解题总数。

输出格式：

对于每组测试，输出最终排名。每行一个学生的信息，分别是排名、用户名、进步总数和解题总数。每行的各个数据之间留一个空格。

输入样例：

```
1
6
usx15131 21 124
usx15101 27 191
usx15113 31 124
usx15136 18 199
usx15117 27 251
usx15118 21 124
```

输出样例：

```
1 usx15113 31 124
2 usx15117 27 251
3 usx15101 27 191
4 usx15118 21 124
4 usx15131 21 124
6 usx15136 18 199
```

对于本题，根据本章之前的知识，一种自然的想法是定义三个一维数组，根据排序要求，分情况进行调整，但要注意三个数组同步进行。显然，这种代码较冗长，编码效率较低，而且也不便于使用系统函数 sort。我们应勤学善思，提高效率意识。那么，有没有更好的方法呢？能否把学生的信息作为一个整体呢？

答案是肯定的，那就是使用可以把不同类型数据作为一个整体的结构体类型。本题具体代码如下：

```cpp
#include<iostream>
#include<string>
#include<algorithm>
using namespace std;
struct Student {                        //结构体类型,struct 是声明结构体类型的关键字
    string username;                    //用户名
    int diff;                           //进步总数
    int total;                          //解题总数
};
bool cmp(Student s, Student t) {        //比较函数
    if(s.diff!=t.diff) return s.diff>t.diff;
    if(s.total!=t.total) return s.total>t.total;
    return s.username<t.username;
}
const int N=50;
int main() {
    int T;
    cin>>T;
    while(T--) {
        Student a[N];                   //定义结构体数组
        int n,i;
        cin>>n;
        for(i=0; i<n; i++) {
            cin>>a[i].username>>a[i].diff>>a[i].total;
        }
        sort(a, a+n, cmp);              //排序区间[&a[0], &a[n-1]+1)
        int rank=1;
        cout<<rank<<" "<<a[0].username<<" "
            <<a[0].diff<<" "<<a[0].total<<endl;
        for(i=1; i<n; i++) {
            if(a[i].diff!=a[i-1].diff || a[i].total!=a[i-1].total) rank=i+1;
            cout<<rank<<" "<<a[i].username<<" "
                <<a[i].diff<<" "<<a[i].total<<endl;
        }
    }
    return 0;
}
```

对于本例，读者先理解结构体类型如何把不同类型的信息构成一个整体及如何用结构体数组简化编程即可。本题详细代码可以在学完结构体数组排序的知识后再深入理解。

结构体，也称结构，是被命名为一个标识符的各种不同类型变量的集合。通过使用结构体可以有组织地把不同数据类型的数据信息存放在一起，也便于实现链表结构。每个人

都是独一无二的，当我们团结起来，凝聚成一个一个精诚合作的团队，奋发向上，就能为"中国梦"做出更大贡献。

结构体是用户自定义类型，声明结构体类型之后，可与 int、double 等基本数据类型同等看待。

6.2 结构体基础

6.2.1 结构体类型声明

结构体类型的声明需用关键字 struct 开头，格式如下：

struct 结构体类型名 {

　　数据类型 数据成员 1;

　　数据类型 数据成员 2;

　　...

　　数据类型 数据成员 *n*;

};

结构体中的各个数据成员（简称成员或域）可以是变量、数组等不同形式。

例如：

```
struct Student {
    char name[12]; //字符数组类型的成员
    int  score;     //int 类型的成员
};                  //此分号必不可少
```

上面的语句声明了一个学生情况结构体类型 Student，包括字符数组 name 和整型变量 score 两个数据成员。可见，结构体把不同类型的数据构成一个整体。关于结构体声明的说明如下。

（1）结构体声明语句以分号";"结束。

（2）结构体类型的内存长度为所有成员内存长度之和。

例如，sizeof(Student)的值等于 16，即 12+4。

注意，结构体的内存长度可能会受到结构体内存对齐规则的影响。例如，若将数据成员 name 数组的长度改为 11，则由于 int 类型占 4 字节，score 成员的开始地址与结构体首地址（即 name 成员的首地址）的偏移量必须是 4 的倍数，因此 name 数组后存在一个填充字节，sizeof(Student)的值依然等于 16。若 Student 结构体声明中把 score 类型改为 double，则 sizeof(Student)的值等于 24（double 类型占 8 字节，name 长度为 12，score 成员偏移首地址 16 字节后存放）。另外，根据结构体内存对齐规则，结构体的内存长度必须是对齐模数（结构体成员中最大对齐数与编译器默认的对齐数 8 中的小者）的倍数。

（3）在 C++语言中，结构体声明中也可以包含函数（称为成员函数）。

例如：

```
struct Student {
```

```
    char name[12];
    int  score;
    void init() {              //成员函数
        score=0;
    }
};
```

6.2.2 结构体变量的定义及初始化

1. 定义结构体变量

定义结构体变量通常可以使用三种方式。

方式 1，先声明结构体类型，再用结构体类型定义结构体变量。例如：

```
struct Student {              //声明结构体类型
    string  name;
    int  score;
};
Student s1,s2;                //定义结构体变量，C++风格
struct Student s3,s4;         //定义结构体变量，C 风格，需使用关键字 struct
```

注意，在 C 语言中，使用结构体类型定义变量时，必须使用 struct 关键字。

方式 2，直接定义结构体变量，不给出结构体类型名。例如：

```
struct {
    string  name;
    int  score;
} s1,s2;
```

一般不推荐此种定义方式，因为没有结构体类型名，其作用范围仅在其声明处。

方式 3，在声明结构体类型的同时定义结构体变量。例如：

```
struct  Student {
    string  name;
    int  score;
} s1,s2;
```

说明：

（1）只有在定义变量后，才为该变量开辟存储单元。

（2）对结构体中的成员，可以单独使用，它的作用与地位相当于普通变量。

（3）成员也可以是一个已定义的结构体类型变量。例如：

```
struct Date {                 //日期结构体
    int year;
    int month;
    int day;
};
struct Student {              //学生结构体
    string name;
    Date birthday;           //成员是其他类型的结构体变量
};
```

（4）成员名可以与程序中的变量名相同，两者代表的不是同一对象。建议成员名与一般变量名加以区分。

2. 结构体变量的初始化

```
struct Student {
    int sno;
    char sname[20];
    char addr[30];
} stu={15001, "Li Ming", "123 Road Beijing"};
```

注意：结构体变量的初值用花括号 { } 括起来，花括号内各个成员变量的值之间用逗号分隔，其值必须与成员变量一一对应，且数据类型应与成员变量一致。

实际上，也可以仅初始化最前面的若干成员，例如：

```
Student st={15001};
```

初始化部分成员时，未显式初始化的其他成员默认初始化为 0（或者 0.0、NULL、'\0' 等）。例如，仅初始化 sno 成员时，成员 sname 和 addr 数组中的每个字符都默认初始化为'\0'。

注意，string 类型的结构体成员在 Visual C++ 6 编译器下无法初始化。

6.2.3　结构体变量的使用

1. 结构体成员使用形式

结构体成员使用形式如下：

结构体变量名.成员名

"."是成员选择运算符，简称点运算符，在所有的运算符中优先级属于最高一级，其左边应该是一个结构体类型的变量。通过结构体变量和点运算符引用的每个数据成员，具有自己的数据类型，使用方法与同类型的变量相同。

例如：

```
struct Student{
    string sno;
    double score;
} s;
s.sno="10001";
s.score=95;
```

2. 输入、输出

同类型的结构体变量可以整体赋值，例如：

```
Student s={"10003",88};     //Dev-C++中可以初始化 string 类型成员
Student t=s;                //t 和 s 是同类型的结构体变量
```

结构体变量整体赋值时，实际上是逐个成员进行的，即相当于执行如下语句：

```
t.sno=s.sno;
t.score=s.score;
```

结构体变量的输入输出只能按结构体变量中的各个成员逐个进行。例如：

```
Student s;
cin>>s.sno>>s.score;
cout<<s.sno<<" "<<s.score;
```

注意，结构体变量不能整体输入、输出。例如，对于结构体变量 s，下面的输入输出语句是错的：

```
cout<<s;
cin>>s;
```

3. 嵌套成员逐级引用

如果成员本身又属于一个结构体类型，则需要使用若干成员选择运算符，一级一级地找到最低一级的成员。例如：

```
struct Date {
    int year;
    int month;
    int day;
};
struct Student {
    string name;
    Date birthday;
} s1;
s1.birthday.year=2002;
```

6.3 结构体数组

6.3.1 结构体数组的定义与初始化

结构体数组的每个元素都是结构体类型的变量，它们分别包含各个数据成员项。

1. 结构体数组的定义

结构体数组的定义与结构体变量的定义类似，也可以使用三种方式。

方式 1，先声明结构体类型，再定义数组。例如：

```
struct  Student {
    int sno;
    double score;
};
Student  stu[30];
```

方式 2，在声明结构体类型的同时定义数组。例如：

```
struct  Student {
    int  sno;
    double score;
} stu[30];
```

方式 3，在声明结构体类型的同时定义数组，且不为结构体类型起名。例如：

```
struct {
    int sno;
    double score;
} stu[30];
```

2. 结构体数组的初始化

结构体数组的初始化指的是在定义结构体数组的同时给全部或部分数组元素指定初值，前者是整体初始化，后者是部分初始化。在仅初始化部分数组元素时，未明确初始化的成员自动初始化为不同类型的 0。因为每个结构体数组元素都是同类型的结构体变量，初始化方法类似结构体变量。因为在数组初始化的{}中，各个元素的初始值可以省略{}。例如：

```
struct  Student {
    int  sno;
    double score;
} s[10]={1001, 89.0, 1002, 76.0};              //部分初始化,初始化 s[0]、s[1]
```

为清晰起见，建议结构体数组初始化时每个元素的初始值用{}括起来。例如：

```
Student s[2]={{1001, 89.0}, {1002,76.0}}; //整体初始化
```

6.3.2　结构体数组应用举例

例 6.3.1　平均成绩

首先输入一个整数 n（$n<100$），然后输入 n 个学生的姓名及其 3 门功课成绩（整数），要求按输入的逆序逐行输出每个学生的姓名、3 门课成绩和平均成绩（保留 2 位小数）。每行的每两个数据之间留一个空格。若有学生平均成绩低于 60 分，则不输出该学生信息。

根据题意，可以声明一个包含姓名、3 门课成绩的结构体类型。为方便起见，平均成绩也可以作为一个成员。程序实现主要包含输入、处理、输出三个步骤。具体代码如下：

```
#include<string>
#include<iomanip>
#include<iostream>
using namespace std;
struct Stud {                              //结构体类型
    string sname;                          //姓名
    int s1, s2, s3;                        //三门课成绩
    double average;                        //平均分
};
int main() {
    Stud st[100];
    int i, n;
    cin>>n;
    for(i=0; i<n; i++) {
        cin>>st[i].sname>>st[i].s1>>st[i].s2>>st[i].s3;
        st[i].average=(st[i].s1+st[i].s2+st[i].s3)/3.0;
    }
    for(i=n-1; i>=0; i--) {
```

```
        if(st[i].average<60) continue;
        cout<<st[i].sname<<" "<<st[i].s1<<" "<<st[i].s2<<" "<<st[i].s3;
        cout<<" "<<fixed<<setprecision(2)<<st[i].average<<endl;
    }
    return 0;
}
```

例 6.3.2 成绩排序

首先输入一个整数 n（$n<100$），然后输入 n 个学生的姓名和 3 门功课成绩（整数），要求根据 3 门功课的平均成绩从高分到低分输出每个学生的姓名、3 门功课成绩及平均成绩（结果保留 2 位小数），若平均分相同则按姓名的字典序输出。

根据题意，结构体成员应包含姓名及 3 门功课成绩，而平均成绩可以不作为成员。方便起见，可以考虑把平均成绩作为一个成员。但平均成绩是实数，有误差，作相等比较时可能不够准确。实际上，由于每个学生都是 3 门课，平均分的比较就是总分的比较，因此可以在结构体中增加一个总分成员。排序规则用比较函数 cmp 指定，排序采用系统函数 sort（将 cmp 作为其第 3 个参数）。具体代码如下：

```
#include<string>
#include<iomanip>
#include<algorithm>
#include<iostream>
using namespace std;
const int M=100;                    //最大学生数
const int N=3;                      //课程门数
struct Stud {
    string name;
    int score[N];
    int sum;                        //按平均分比较即按总分比较
};
//实现排序规则的比较函数
bool cmp(Stud s1, Stud s2) {        //结构体变量作为函数参数
    if(s1.sum!=s2.sum)
        return s1.sum>s2.sum;
    return s1.name<s2.name;
}
//结构体数组作函数参数
void input(Stud st[], int n) {      //输入函数，同时计算每个学生的总分
    for(int i=0; i<n; i++) {
        cin>>st[i].name;
        st[i].sum=0;
        for(int j=0; j<N; j++) {
            cin>>st[i].score[j];
            st[i].sum += st[i].score[j];
        }
    }
}
void output(Stud st[], int n) {    //输出函数
    for(int i=0; i<n; i++) {
```

```
        cout<<st[i].name;
        for(int j=0; j<N; j++) {
            cout<<" "<<st[i].score[j];
        }
        cout<<" "<<fixed<<setprecision(2)<<st[i].sum*1.0/N<<endl;
    }
}
int main() {
    int n;
    Stud s[M];
    cin>>n;                          //输入学生数
    input(s, n);                     //输入学生的姓名和成绩
    sort(s, s+n, cmp);               //排序
    output(s, n);                    //输出学生信息
    return 0;
}
```

若本题要求平均分相同时按输入顺序输出（即保持排序的稳定性），则可以在结构体类型中增加一个记录学生（输入）序号的成员 index，在输入数据时初始化该成员，在 cmp 函数中同时考虑该成员的比较。即比较函数如下：

```
bool cmp(Stud s1, Stud s2) {         //结构体变量作为函数参数
    if (s1.sum!=s2.sum)
        return s1.sum>s2.sum;
    return s1.index<s2.index;
}
```

6.4　在线题目求解

例 6.4.1　解题排行

解题排行榜中，按解题总数生成排行榜。假设每个学生信息仅包括学号、解题总数；要求先输入 n 个学生的信息；然后按解题总数降序排列，若解题总数相同则按学号升序排列。注意，解题总数相同的学生其排名也相同，否则排名为排序后相应的序号。

输入格式：

首先输入一个正整数 T，表示测试数据的组数，然后是 T 组测试数据。每组测试数据先输入 1 个正整数 n（$1 \leqslant n \leqslant 100$），表示学生总数。然后输入 n 行，每行包括 1 个不含空格的字符串 s（不超过 8 位）和 1 个正整数 d，分别表示一个学生的学号和解题总数。

输出格式：

对于每组测试数据，输出最终排名信息，每行一个学生的信息：排名、学号、解题总数。每行数据之间留一个空格。

输入样例：

```
1
4
0010 200
```

```
1000 110
0001 200
0100 225
```

输出样例:

```
1 0100 225
2 0001 200
2 0010 200
4 1000 110
```

首先设计结构体类型，根据题意结构体包含两个成员，即学号 sno 和解题总数 total；然后是比较规则的表达，可以写一个比较函数 cmp：若 total 不等，则按 total 大者优先，否则按 sno 小者优先；再就是排序的表达，可以自定义排序函数 mySort，该函数采用冒泡排序的思想；最后是排名的处理，设排名变量 r 初值为 1，可以在按要求排好序之后先输出第一个人的排名（即 1）及其 sno、total，从第二个人开始与前一个人的 total 相比，若不等则 r 改为序号（即其下标加 1），否则 r 保持不变。具体代码如下:

```cpp
#include<iostream>
#include<string>
using namespace std;
struct Stu {
    string sno;
    int total;
};
bool cmp(Stu s, Stu t) {                //比较函数
    if(s.total!=t.total)
        return s.total>t.total;
    return s.sno<t.sno;
}
void mySort(Stu a[], int n) {           //排序函数
    for(int i=0; i<n-1; i++) {
        for(int j=0; j<n-i-1; j++) {
            if(cmp(a[j], a[j+1])==false)
                swap(a[j], a[j+1]);
        }
    }
}
const int N=100;
int main() {
    int T;
    cin>>T;
    while(T--) {
        Stu a[N];
        int n,i;
        cin>>n;
        for(i=0; i<n; i++) {
            cin>>a[i].sno>>a[i].total;
        }
        mySort(a, n);
```

```
        int r=1;
        for(i=0; i<n; i++) {
            if(i>0 && a[i].total!=a[i-1].total) r=i+1;
            cout<<r<<" "<<a[i].sno<<" "<<a[i].total<<endl;
        }
    }
    return 0;
}
```

本题中的 cmp 函数还有其他多种写法，读者可以自行思考并写出。排序可以直接使用系统函数 sort 完成，其第 3 个参数为比较函数 cmp。

例 6.4.2　确定最终排名

某次程序设计竞赛时，最终排名采用的排名规则如下。

根据成功做出的题数（设为 solved）从大到小排序，若 solved 相同则按输入顺序确定排名先后顺序（请结合输出样例）。请确定最终排名并输出。

输入格式：

首先输入一个正整数 T，表示测试数据的组数，然后是 T 组测试数据。每组测试数据先输入 1 个正整数 n（$1 \leqslant n \leqslant 100$），表示参赛队伍总数。然后输入 n 行，每行包括 1 个字符串 s（不含空格且长度不超过 100）和 1 个正整数 d（$0 \leqslant d \leqslant 15$），分别表示队名和该队的解题数量。

输出格式：

对于每组测试数据，输出最终排名。每行一个队伍的信息：排名、队名、解题数量。

输入样例：

```
1
8
Team22 2
Team16 3
Team11 2
Team20 3
Team3 5
Team26 4
Team7 1
Team2 4
```

输出样例：

```
1 Team3 5
2 Team26 4
3 Team2 4
4 Team16 3
5 Team20 3
6 Team22 2
7 Team11 2
8 Team7 1
```

本题的排序采用自定义的 mySort 函数，该函数采用冒泡排序的思想，而选择排序和冒泡排序已为读者所熟知，所以编码的主要工作是定义一个表达排序规则的比较函数。另外，因为本题中的排名即序号，可以直接输出序号而不需做特别处理。具体代码如下：

```cpp
#include<iostream>
#include<string>
using namespace std;
struct Team {
    string name;
    int solved;
};
const int N=100;
bool cmp(Team a, Team b) {
    return a.solved>=b.solved;
}
void mySort(Team a[], int n) {
    for(int i=0; i<n-1; i++) {
        for(int j=0; j<n-i-1; j++) {
            if(cmp(a[j], a[j+1])==false)swap(a[j], a[j+1]);
        }
    }
}
int main() {
    int T;
    cin>>T;
    while(T--) {
        Team a[N];
        int i, n;
        cin>>n;
        for(i=0; i<n; i++) cin>>a[i].name>>a[i].solved;
        mySort(a, n);
        for(i=0; i<n; i++) cout<<i+1<<" "<<a[i].name<<" "<<a[i].solved<<endl;
    }
    return 0;
}
```

上面的代码没有显式表达对"solved 相同时按输入顺序确定排名先后顺序"的处理。为什么可以不用处理呢？这是因为冒泡排序是一种"稳定"的排序方法，对于两个相同的 solved，由于比较函数 cmp 的返回值是 true 而不发生交换，因此相对顺序没有发生变化，依然保持输入时的顺序。如果采用选择排序或者 STL 之 sort 函数则需要明确处理此要求，即结构体声明中增加序号成员 index（在输入数据时赋初值为下标等值）、比较函数 cmp 中指明 solved 相等时按序号小者优先，结构体类型和比较函数具体如下：

```cpp
struct Team {
    string name;
    int solved;
    int index;                //序号
};
bool cmp(Team a, Team b) {
    if(a.solved==b.solved)    //solved 相等则按序号从小到大
```

```
        return a.index<b.index;
    return a.solved>b.solved;
}
```

例 6.4.3 乒乓球赛排名

在某次校乒乓球赛中，采用"胜者得 3 分，败者得 1 分"的计分规则。请根据各人总得分从高到低进行排名，若总得分相同，则排名也相同；但输出时按姓氏的字典序输出。若某人的总得分与其前者不同，则排名为其排序后的序号。

输入格式:

首先输入一个正整数 T，表示测试数据的组数，然后是 T 组测试数据。每组测试先输入一个整数 n（$2 \leqslant n \leqslant 10$），表示参赛人数，然后输入 $n \times (n-1)/2$ 行，每行输入两个姓氏 A、B（长度都不超 5，且都不含空格），表示该场比赛 A 胜了 B。

输出格式:

对于每组测试，按名次分行输出，名次与名字之间以一个空格间隔，并列名次的姓氏按字典序在同一行输出，每行的每两个数据之间以一个空格间隔。

输入样例:

```
1
3
Huang Han
Wang Huang
Wang Han
```

输出样例:

```
1 Wang
2 Huang
3 Han
```

考虑到每个选手信息包含姓氏和总得分，先设计包含两个成员（姓氏、总得分）的结构体类型。然后根据题意"按总得分高到低进行排名，若总得分相同则按姓氏字典序输出"编写一个比较函数 cmp。排序采用系统函数 sort，比较函数 cmp 作为 sort 的第 3 个参数。排序之前需先计算每位选手的总得分，首先根据每个比赛信息确定选手是否在此前已经出现过，若没有出现过，则把其放到数组的最后并作初始化总得分为 0；然后根据"胜者得 3 分、败者得 1 分"计算两位选手的得分。方便起见，定义一个查找函数 find，每输入一个比赛结果时分别对两个选手调用该函数。排名类似例 6.4.1，先输出第一个选手信息，然后在输出后面的选手之前先看其总得分是否与前一个选手不同，若不同则排名改为其序号。具体代码如下:

```cpp
#include<iostream>
#include<string>
#include<algorithm>
using namespace std;
struct Player {
    string name;
    int score;
```

```
    };
    bool cmp(Player p1,Player p2) {
        if(p1.score!=p2.score) return p1.score>p2.score;
        return p1.name<p2.name;
    }
    int find(Player a[],string s,int n) {
        for(int k=0; k<n; k++) {
            if(a[k].name==s) return k;
        }
        return -1;
    }
    void run() {
        Player a[10];
        int n,cnt=0;
        cin>>n;
        for(int i=0; i<n*(n-1)/2; i++) {
            string s,t;
            cin>>s>>t;
            int j=find(a,s,cnt);
            int k=find(a,t,cnt);
            if(j==-1) {
                a[cnt].name=s;
                a[cnt].score=3;
                cnt++;
            }
            else a[j].score+=3;
            if(k==-1) {
                a[cnt].name=t;
                a[cnt].score=1;
                cnt++;
            }
            else a[k].score+=1;
        }
        sort(a, a+n, cmp);
        cout<<1<<" "<<a[0].name;
        for(int i=1; i<n; i++) {
            if(a[i].score==a[i-1].score) {
                cout<<" "<<a[i].name;
            }
            else {
                cout<<endl;
                cout<<i+1<<" "<<a[i].name;
            }
        }
        cout<<endl;
    }
    int main() {
        int T;
        cin>>T;
        while(T--) run();
        return 0;
    }
```

习题

一、选择题

1. 结构体类型声明如下,设每个 int 类型数据占 4 字节,则 *s* 占用的内存字节数是(   )。

```
struct Stu{
    int score[50];
    float average;
}s;
```

    A. 104　　　　　　B. 204　　　　　　C. 208　　　　　　D. 108

2. 结构体类型声明如下, sizeof(*a*)的结果为 (   )。

```
struct A{
    double x;
    float f;
}a[3];
```

    A. 36　　　　　　B. 24　　　　　　C. 12　　　　　　D. 48

3. 以下程序的输出结果是 (   )。

```
struct Stu {
    int num;
    char name[10];
} x[5]={1,"Iris",2,"Jack",3,"John",4,"Mary",5,"Tom"};
int main() {
    for(int i=3; i<5; i++) printf("%d%c",x[i].num,x[i].name[0]);
    return 0;
}
```

    A. 3J4M5T　　　B. 4M5T　　　　C. 3J4M　　　　D. 1I2J3J

4. 以下程序的输出结果是 (   )。

```
struct Date {
    int year;
    int month;
};
struct Stu {
    Date birth;
    char city[20];
} x[4]={{2010,4,"Hangzhou"},{2009,7,"Shaoxing"}};
int main() {
    printf("%c,%d\n",x[1].city[1],x[1].birth.year);
    return 0;
}
```

    A. a,2010　　　　B. H,2010　　　　C. S,2009　　　　D. h,2009

5. 根据下面的结构体数组定义，能输出 Mary 的语句是（　　　）。

```
struct Stu{
    char name[9];
    int age;
} p[5]={"John",18,"Iris",19,"Mary",17,"Jack",16};
```

　　A. printf("%s\n",p[1].name);　　　　　B. printf("%s\n",p[3].name);
　　C. printf("%s\n",p[2].name);　　　　　D. printf("%s\n",p[0].name);

6. 以下程序的输出结果是（　　　）。

```
struct XY{
    int x;
    int y;
}s[2]={5, 3, 2, 6};
int main(){
    printf("%d\n",s[0].y*s[1].y);
    return 0;
}
```

　　A. 30　　　　　　　B. 6　　　　　　　C. 10　　　　　　　D. 18

7. 以下程序的输出结果是（　　　）。

```
struct XY{
    int x;
    int y;
}s[10]={5, 3, 2};
int main(){
    printf("%d\n",s[1].x*s[1].y);
    return 0;
}
```

　　A. 15　　　　　　　B. 6　　　　　　　C. 0　　　　　　　D. 不确定

8. 以下代码段的输出结果是（　　　）。

```
struct Stu{
    char name[9];
    int age;
} p[5]={"John",18,"Iris",19,"Mary",17,"Jack",16};
for(int i=0;i<4;i++) p[4].age+=p[i].age;
p[4].age/=4;
printf("%d\n",p[4].age);
```

　　A. 18　　　　　　　B. 17　　　　　　　C. 16　　　　　　　D. 不确定

二、编程题

本章编程题要求使用结构体数组完成。

1. 结构体操作。

有 n 个学生，每个学生的数据包括学号、姓名、3 门课的成绩，从键盘输入 n 个学生数据，要求打印出 3 门课总平均成绩，以及最高总分的学生数据（包括学号、姓名、3 门课的成绩、平均分数）。要求编写 input 函数输入 *n* 个学生数据；编写 avgScore 函数求总平均分；编写 maxScore 函数找出最高分的学生数据；总平均分和最高总分学生的数据都在主函数中输出，平均分、总平均分的结果保留 2 位小数。

输入格式：

首先输入一个正整数 *T*，表示测试数据的组数，然后是 *T* 组测试数据。每组测试数据首先输入一个正整数 *n*（1≤n≤100），表示学生的个数；然后是 *n* 行信息，分别表示学生的学号、姓名（长度都不超过 10 的字符串）和 3 门课成绩（正整数）。

输出格式：

对于每组测试，输出两行，第一行为总平均分；第二行为最高总分学生的学号、姓名、3 门课成绩、平均分，每两个数据之间留一个空格。

输入样例：

```
1
5
1501 zhangsan 80 75 65
1502 lisi 78 77 56
1503 wangwu 87 86 95
1504 lisi 78 77 56
1505 wangwu 88 86 95
```

输出样例：

```
78.60
1505 wangwu 88 86 95 89.67
```

2. 获奖。

在某次竞赛中，判题规则是按解题数从多到少排序，在解题数相同的情况下，按总成绩（保证各不相同）从高到低排序，取排名前 60%的参赛队（四舍五入取整）获奖，请确定某个队能否获奖。

输入格式：

首先输入一个正整数 *T*，表示测试数据的组数，然后是 *T* 组测试数据。每组测试的第一行输入 1 个整数 *n*（1≤*n*≤15）和 1 个字符串 ms（长度小于 10 且不含空格），分别表示参赛队伍总数和想确定是否能获奖的某个队名；接下来的 *n* 行输入 *n* 个队的解题信息，每行 1 个字符串 *s*（长度小于 10 且不含空格）和 2 个整数 *m*、*g*（0≤*m*≤10, 0≤*g*≤100），分别表示一个队的队名、解题数、成绩。当然，*n* 个队名中肯定包含 ms。

输出格式：

对于每组测试，若某队能获奖，则输出 YES，否则输出 NO。

输入样例：

```
1
3 team001
team001 2 27
team002 2 28
```

```
team003 0 7
```

输出样例：

```
YES
```

3. 学车费用。

小明学开车后，才发现他的教练对不同的学员收取不同的费用。

小明想分别对他所了解到的学车同学的各项费用进行累加求出总费用，然后按下面的排序规则排序并输出，以便了解教练的收费情况。排序规则如下。

先按总费用从多到少排序，若总费用相同则按姓名的 ASCII 码从小到大排序，若总费用相同且姓名也相同则按编号（即输入时的顺序号，从 1 开始编）从小到大排序。

输入格式：

测试数据有多组，处理到文件尾。每组测试数据先输入一个正整数 n（$n \leqslant 20$），然后是 n 行输入，第 i 行先输入第 i 个人的姓名（长度不超过 10 个字符，且只包含大小写英文字母），然后再输入若干整数（不超过 10 个），表示第 i 个人的各项费用（都不超过 13000），数据之间都以一个空格分隔，第 i 行输入的编号为 i。

输出格式：

对于每组测试，在按描述中要求的排序规则进行排序后，按顺序逐行输出每个人费用情况，包括费用排名（从 1 开始，若费用相同则排名也相同，否则排名为排序后的序号）、编号、姓名、总费用。每行输出的数据之间留 1 个空格。

输入样例：

```
3
Tom 2800 900 2000 500 600
Jack 3800 400 1500 300
Tom 6700 100
```

输出样例：

```
1 1 Tom 6800
1 3 Tom 6800
3 2 Jack 6000
```

4. 节约有理。

小明准备考研，要买一些书，虽然每个书店都有他想买的所有图书，但不同书店的不同书籍打的折扣可能各不相同，因此价格也可能各不相同。因为资金所限，小明想知道不同书店价格最便宜的图书各有多少本，以便节约资金。

输入格式：

首先输入一个正整数 T，表示测试数据的组数，然后是 T 组测试数据。对于每组测试，第一行先输入 2 个整数 m，n（$1 \leqslant m$，$n \leqslant 100$），表示想要在 m 个书店买 n 本书；第二行输入 m 个店名（长度都不超过 20，并且只包含小写字母），店名之间以一个空格分隔；接下来输入 m 行数据，表示各个书店的售书信息，每行由小数位数不超过 2 位的 n 个实数组成，代表对应的第 $1 \sim n$ 本书的价格。

输出格式：

对于每组测试数据，按要求输出 m 行，分别代表每个书店的店名和能够提供的最便宜图书的数量，店名和数量之间留一个空格。当然，比较必须是在相同的图书之间才可以进行，并列的情况也算。

输出要求按最便宜图书的数量 cnt 从大到小的顺序排列，若 cnt 相同则按店名的 ASCII 码升序输出。

输入样例：

```
1
3 3
xiwangshop kehaishop xinhuashop
11.1 22.2 33.3
11.2 22.2 33.2
10.9 22.3 33.1
```

输出样例：

```
xinhuashop 2
kehaishop 1
xiwangshop 1
```

5. 排队也要尊老爱幼。

大家都知道看病是要排队的。某医院为发扬尊老爱幼的传统美德，规定排队规则如下。

（1）老年人（年龄不小于 60）排在非老年人（年龄小于 60）之前。

（2）儿童（年龄不大于 14）排在年轻人（年龄大于 14 且小于 60）之前。

（3）对于老年人，年龄大者排在年龄小者之前，若年龄相同，则先来者排在后来者之前。

（4）对于儿童，年龄小者排在年龄大者之前，若年龄相同，则先来者排在后来者之前。

（5）对于年轻人，先来者排在后来者之前。

设某天该医院来了 n 位病人，请给出排队信息（序号、姓名、年龄、编号），其中，序号是按规则排队后的顺序号，编号是病人到达该医院的顺序号。序号和编号都从 1 开始。

输入格式：

第一行输入一个正整数 n（$1 < n \leqslant 100$），表示某天该医院到来的病人总数。接下来输入 n 行，其中，第 i（$1 \leqslant i \leqslant n$）是编号为 i 的病人信息，包括姓名（不含空格的字符串，长度不超过 20）和年龄（正整数）。

输出格式：

输出共 n 行，表示按该医院排队规则排好队的病人信息，每行是一个病人的信息，包括序号、姓名、年龄、编号。每行的每两个数据之间留一个空格。

输入样例：

```
8
Zhaoliu 66
Zhangsan 8
Lisi 19
```

```
Wangwu 80
Sunqi 2
Qianba 80
Wu 15
Zhoujiu 2
```

输出样例：

```
1 Wangwu 80 4
2 Qianba 80 6
3 Zhaoliu 66 1
4 Sunqi 2 5
5 Zhoujiu 2 8
6 Zhangsan 8 2
7 Lisi 19 3
8 Wu 15 7
```

6. 确定班级排名。

某学年的班级考评中，班名为 cn_1 的班级获评先进班集体，班名为 cn_2 的班级获评优秀学风班。经了解，该学年学院所有班级中，按班级考评的总分 sc_1 排名选前 3 个班级获评先进班集体，按学风得分 sc_2 排名选排名前 6 个班级获评优秀学风班，且每个班最多只能获评一个荣誉。同时担任这两个班的班主任的某老师很自豪，他拿到学院 n 个班级该学年的班级考评分，请你帮他确定这两个班的总分排名和学风得分排名。

注意，若两个班的 sc_1 相同则总分排名也相同，否则排名为排序后的序号；若两个班的 sc_2 相同则学风得分排名也相同，否则排名为排序后的序号。

输入格式：

先输入 1 个正整数 n（$n \leqslant 100$）和两个字符串 cn_1、cn_2，分别表示班级总数、两个班的班名。然后输入 n 行，每行包括 1 个不含空格的班名字符串 cn 和 2 个正实数 sc_1、sc_2，表示该班该学年的班级考评总分和学风得分。各个班名字符串仅由英文字母和数字字符构成，且长度都不超过 10。

输出格式：

按班名字典序分 2 行分别输出 cn_1、cn_2 这两个班的排名信息，分别是班名、总分排名、学风得分排名。每行的每两个数据之间留一个空格。

输入样例：

```
6 wg201 jk203
jd201 67.6 44.4
jz201 58.4 40.6
jk201 62.4 47.8
jk202 45.5 45
jk203 51 48.2
wg201 63.4 50.2
```

输出样例：

```
jk203 5 2
wg201 2 1
```

7. 足球联赛排名。

本赛季足球联赛结束了。请根据比赛结果，给队伍排名。排名规则如下。

（1）先看积分，积分高的名次在前（每场比赛胜者得 3 分，负者得 0 分，平局各得 1 分）。

（2）若积分相同，则看净胜球（该队伍的进球总数与失球总数之差），净胜球多的排名在前。

（3）若积分和净胜球都相同，则看总进球数，进球总数多的排名在前。

（4）若积分、净胜球和总进球数都相同，则队伍编号小的排名在前。

输入格式：

首先输入一个正整数 T，表示测试数据的组数，然后是 T 组测试数据。每组测试先输入一个正整数 n（$n<1000$），代表参赛队伍总数。方便起见，队伍以编号 1，2，…，n 表示。然后输入 $n×(n-1)/2$ 行数据，依次代表包含这 n 个队伍之间进行单循环比赛的结果，具体格式为 i j p q，其中 i、j 分别代表两支队伍的编号（$1≤i<j≤n$），p、q 代表队伍 i 和队伍 j 的各自进球数（$0≤p$，$q≤50$）。

输出格式：

对于每组测试数据输出一行，按比赛排名从小到大依次输出队伍的编号，每两个数据之间留一个空格。

输入样例：

```
1
4
1 2 0 2
1 3 1 1
1 4 0 0
2 3 2 0
2 4 4 0
3 4 2 2
```

输出样例：

```
2 3 1 4
```

第 7 章

指　　针

7.1　引例与基础

7.1.1　引例

例 7.1.1　平均之上

输入一个整数 n，再输入 n 个成绩，求大于平均分的成绩个数。

输入格式：

首先输入一个正整数 T，表示测试数据的组数，然后是 T 组测试数据。每组测试先输入 n，表示数据个数，然后输入 n 个成绩（整数）。

输出格式：

对于每组测试，输出大于平均分的成绩个数。

输入样例：

```
1
5 68 79 56 95 88
```

输出样例：

```
3
```

本题思路不难，即先用数组保存数据，在求得平均分之后扫描数组，若数组元素大于平均分，则计数器（初值为 0）增 1。但本题并没有给出 n 的范围，那么数组开多大呢？猜一个值，如 100 或 1000 或 10000 等，但在线提交可能得到的反馈都不是 AC（答案正确），因为 n 的值可能远大于所猜的数。显然，可以考虑在输入一个 n 后，再开辟数组长度为 n 的数组。这可用本书第 4 章介绍的变量作为数组长度或 C++的 STL 之 vector 实现，但在有些编译器并不支持变量作为数组长度，而 C 语言也无法使用 vector。本题更一般的方法是采用堆内存分配来实现。堆是程序运行时动态使用的内存空间。

C++使用运算符 new 分配堆内存空间，使用运算符 delete 释放堆内存空间。本题 C++风格代码具体如下：

```cpp
#include<iostream>
using namespace std;
int solve(int a[], int n) {
    int sum=0,cnt=0;
    for(int i=0; i<n; i++) sum=sum+a[i];
```

```
    for(int j=0; j<n; j++) {
        if(a[j]>1.0*sum/n) cnt++;
    }
    return cnt;
}
int main() {
    int T;
    cin>>T;
    while (T--) {
        int n;
        cin>>n;
        int *a;                      //定义指针变量 a
        a=new int [n];               //申请动态数组由指针变量 a 指向，数组长度为变量 n
        for(int i=0; i<n; i++) cin>>a[i];
        cout<<solve(a,n)<<endl;
        delete [] a;                 //释放动态数组 a，注意有[]才能释放整个数组空间
    }
    return 0;
}
```

语句"int *a;"定义了一个指向整型变量的指针变量 *a*，执行语句"a=new int [n];"之后，*a* 就相当于长度为 *n* 的整型数组的数组名，指向整型数组的首元素，则可如一般 int 类型数组名一样使用 *a*；设 *n* 等于 10，动态数组首元素的地址为 2000，则该语句对应的内存示意图如图 7-1 所示。

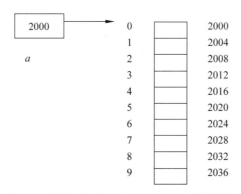

图 7-1　执行语句"a=new int [10];"的示意图

一般而言，使用 new 申请的动态内存空间在用完后最好用 delete 释放内存空间，以免浪费内存空间。

在 C 语言中，实现堆内存分配和释放使用如下特定的函数：

```
void *malloc(unsigned int size);      //分配共 size 字节的内存空间
void free(void*);                     //释放内存空间
```

这两个函数的头文件为 stdlib.h 或 malloc.h。

本题 C 风格代码具体如下：

```
#include<stdio.h>
#include<stdlib.h>
```

```
int solve(int a[], int n) {
    int i,j,sum=0,cnt=0;
    for(i=0; i<n; i++) sum=sum+a[i];
    for(j=0; j<n; j++) {
        if(a[j]>1.0*sum/n) cnt++;
    }
    return cnt;
}
int main() {
    int T;
    scanf("%d",&T);
    while(T--) {
        int n;
        scanf("%d",&n);
        int *a;                              //定义指针变量 a
        a=(int *) malloc(n*sizeof(int));     //申请 n 个 int 类型元素的动态数组
        for(int i=0; i<n; i++) scanf("%d",a+i);
        printf("%d\n",solve(a,n));
        free(a);                             //释放用 malloc 申请的动态数组
    }
    return 0;
}
```

语句"a=(int *) malloc(n*sizeof(int));"的效果与语句"a=new int [n];"相同，注意 malloc 函数的返回类型是空指针类型 void *，因此在实际使用时该函数的返回类型需要根据数组元素的具体类型进行强制转换；malloc 函数的参数是内存字节数，所以申请长度为 n 的整型数组时，参数应写成 n*sizeof(int)。函数 free 的参数一般是 malloc 函数返回的指针，不需要再强制转换为 void*类型。

指针和链表对于初学 C/C++程序设计的学子而言，有一定的难度，但我们应树立攻坚克难的信念，勇于挑战、迎难而上。建议学习指针和链表时多画示意图。

7.1.2　指针基础

1. 变量的地址

内存中的每一字节都有一个编号。这个编号就是这一字节对应的内存地址。程序中的每个变量都对应着内存中的一个地址，从该地址开始的一字节或多字节用来存放该变量。例如：

```
int i, j, k;
i=3;
j=6;
```

上面的定义语句使得 i、j、k 在内存中各占 4 字节的存储单元，其内存地址分别用&i、&j、&k 表示，&i、&j 相应内存单元的内容（值）分别为 3、6。

变量的地址就是指向该变量的指针，如变量 i 的地址（&i）指向变量 i。程序编译后，变量名转换为变量的地址，计算机通过内存地址对变量进行存取。

2. 指针变量

指针变量是专门用来存放另一个变量的地址的变量。指针变量的值（即指针变量的内存单元中存放的值）是其他变量的地址。

定义指针变量的方法如下：

数据类型 ＊ 变量；

例如：

```
int * p;                          //定义整型指针变量p，此处*表示指针定义符
```

上面的定义语句也可写成如下各种形式：

```
int* p;
int *p;
int*p;
```

其中，*p* 为指针变量名，用于存放某个整型变量的地址，即指向某个整型变量。

指针变量的初始化是在定义指针变量的同时指定初值（该值必须为地址值）。例如：

```
int a=100;
int *p=&a;                        //初始化，用变量a的地址&a初始化指针变量p
```

指针变量的引用一般采用取地址运算符（&）与指针取值运算符（*）。取地址运算符（&）只能作用于变量，不能作用于常量、表达式，如&20、&(*i*++)是错误的。

若有如下语句：

```
int a=100, *p=&a;
```

则指针变量 *p* 的值是变量 *a* 的地址，即 *p* 指向变量 *a*，如图 7-2 所示。

图 7-2　指向变量的指针

而指针变量 *p* 所指变量可以表示为*p*，则变量 *a* 与*p* 同占一个存储单元，对*p* 的改变就是对 *a* 的改变。而&*p* 表示指针变量 *p* 的地址，指向变量 *p*。

指针必须有明确的指向，否则通过指针变量可能访问到不该访问的存储单元而导致程序崩溃。例如：

```
int *p;                           //在类型之后的*是指针定义符
*p=100;                           //*为指针取值运算符
```

由于指针变量 *p* 没有初始化，也没有明确赋值，其值为随机数，即 *p* 的指向不确定，而往不确定的内存单元写数据是一个危险操作。

直接使用指针变量，称为指针变量的直接引用，而通过指针取值运算符（*）来引用指针变量所指变量称为指针变量的间接引用。例如：

```
int a=1, *p;
```

```
p=&a;                          //指针变量 p 的直接引用
*p=3;                          //指针变量 p 的间接引用
```

另外，在定义指针变量时，可以使用多个*，从而构成多级指针。例如，二级指针变量定义如下：

```
int a=100, *p=&a;
int **q;                       //二级指针定义
q=&p;                          //二级指针变量 q 的直接引用
```

*q 与 p 同占一个存储单元，**q 与*p 及 a 同占一个存储单元，示意如图 7-3 所示。

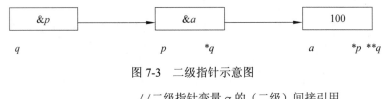

图 7-3　二级指针示意图

```
**q=3;                         //二级指针变量 q 的（二级）间接引用
```

3. 指针运算

指针相关的运算除了取地址（如&p）和取值（如*p），还包括赋值运算、算术运算、自增/自减运算及比较运算等。

1）赋值运算

赋值运算使指针有明确的指向，注意须给指针变量赋地址值。

例如：

```
int a, *p;
p=&a;                          //使得 p 指向变量 a
```

2）算术运算

指针变量可以使用有意义的算术运算，包括加法运算和减法运算。

例如：

```
int a, *p;
p=&a;
p=p+4;
p=p-4;
```

指针变量的加减运算是以其所指变量的内存字节数为单位的。例如，p 所指变量 a 的内存字节数为 4，则 $p=p+4$ 实际按 $p=p+4*\mathrm{sizeof}(a)$ 计算，即 p 的值增加了 16。

3）自增、自减运算

例如：

```
int a, *p=&a;
p++;                           //按 p=p+sizeof(a)计算
p--;                           //按 p=p-sizeof(a)计算
```

4）关系运算

用于比较两个指针值。

例如：

```
int a, b, *p=&a, *q=&b;
if(p<q)                      //p<q 比较两个指针变量的值
    cout<<p<<endl;
else
    cout<<q<<endl;
```

又如：

```
int a[10], *p;
for(p=a; p<a+10; p++)        //p<a+10 比较指针变量 p 的值和 a+10 的值
    cout<<*p<<endl;
```

7.2 指针与数组

一个数组包含若干元素，每个数组元素都是一个下标变量，都在内存中占用存储单元，它们也都有相应的地址。

指针变量既然可以指向变量，当然也可以指向数组元素，即把某个数组元素的地址赋值给指针变量。

数组的指针是指数组的首地址（起始地址），数组元素的指针是指该数组元素的地址。例如：

```
int a[10];                   //定义 a 为包含 10 个整型数据的数组
int *p;                      //定义 p 为指向整型变量的指针变量
p=&a[0];                     //p 指向 a[0]
p++;                         //p 指向 a[1]，加 1 以一个整型变量的内存字节为单位
```

7.2.1 指针与一维数组

例如，定义语句如下：

```
int a[10], *p=a;
```

设数组 *a* 的首地址为 2000，则 *a* 以上语句对应的内存示意如图 7-4 所示。

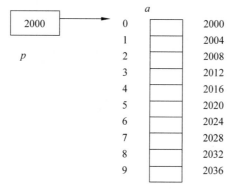

图 7-4 指向一维数组元素的指针示意图

（1）*p+i* 或 *a+i* 就是 *a*[*i*]的地址&*a*[*i*]，或者说，它们指向 *a* 数组的第 *i* 个元素。

例如，*p*+9 或 *a*+9 的值是&*a*[9]，指向 *a*[9]。

这里需要说明的是，*a* 代表数组首地址，*a+i* 也是地址，它的计算方法同 *p+i*，即它的实际地址值为 *a*+*i*×sizeof(int)。

（2）*(*p+i*)或*(*a+i*)是 *p+i* 或 *a+i* 所指向的数组元素，即 *a*[*i*]。

例如，*(*p*+5)、*(*a*+5)都表示 *a*[5]。

实际上，在编译时，对数组元素 *a*[*i*]就是处理成*(*a+i*)，即按数组首地址加上相对偏移量得到要找的元素的地址，然后取出该单元中的内容。

例如，若数组 *a* 的首地址为 2000，设数组为 int 类型（每个元素占 4 字节），则 *a*[3]的地址是按照如下方法计算出来的。

2000+3×4=2012，然后从 2012 这个地址所指的存储单元取出元素的值，即 *a*[3]的值。可以看出，[]实际上是变址运算符，即将 *a*[*i*]先按 *a+i* 计算地址，然后找出此地址所指向的存储单元中的值。

（3）指向数组的指针变量也可以带下标，如 *p*[*i*]与*(*p+i*)等价。

综上所述，引用一个数组元素，在定义语句 "int a[10],*p=a;" 之后，可以用下标法（如 *a*[*i*]、*p*[*i*]）或指针法（如*(*a+i*)或*(*p+i*)）。

例 7.2.1　输出数组元素

用下标法、指针法等不同形式分别输出整型和字符型数组元素。

（1）整型数组。

```
#include<iostream>
using namespace std;
int main() {
    int a[10], i, *p=a;
    for(i=0; i<10; i++) a[i]=i;
    for(i=0; i<10; i++) cout<<a[i]<<endl;
    for(i=0; i<10; i++) cout<<*(a+i)<<endl;
    for(i=0; i<10; i++) cout<<*(p+i)<<endl;
    for(p=a; p<a+10; p++) cout<<*p<<endl;
    return 0;
}
```

（2）字符数组。

```
#include<iostream>
#include<cstring>              //strcpy、strlen 等函数的头文件
using namespace std;
int main() {
    char a[13], *p=a;
    strcpy(a, "hello world!");
    cout<<a<<endl;             //整体输出
    cout<<p<<endl;
    int i, n=strlen(a);
    for(i=0; i<n; i++) cout<<a[i];
    cout<<endl;
    for(i=0; i<n; i++) cout<<*(a+i);
```

```
    cout<<endl;
    for(i=0; i<n; i++) cout<<*(p+i);
    cout<<endl;
    for(p=a; *p!='\0'; p++) cout<<*p;
    cout<<endl;
    p=a;
    for(char *q=p+n-1; q>=p; q--) cout<<*q;
    cout<<endl;
    return 0;
}
```

上面的代码用到字符指针，即指向字符变量或字符数组元素的指针。字符指针的特殊之处在于输出指向字符数组元素的指针将输出整个串，这与输出字符数组名将输出整个串是一致的。例如：

```
#include<iostream>
using namespace std;
int main() {
    char str[6]="China", c='a';
    char *p, *q;
    p=str;                        //字符指针，指向字符数组的首元素
    q=&c;                         //字符指针，指向字符变量 c，则*q 就是 c
    cout<<str<<" "<<c<<endl;      //输出 str 将输出整个字符串
    cout<<p<<" "<<*q<<endl;       //输出 p 将输出整个字符串
    return 0;
}
```

运行结果：

```
China a
China a
```

7.2.2 指针与二维数组

指针变量也可以指向二维数组中的元素。例如：

```
short int a[3][4]={{1,3,5,7},{9,11,13,15},{17,19,21,23}};
short int* p=&a[0][0];            //p 指向二维数组的首元素
```

以上两句代码对应的内存示意图如图 7-5 所示。

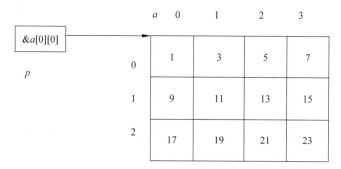

图 7-5 指向二维数组元素的指针

定义了包含 3 行 4 列的二维数组 a 之后，可以认为 a 数组是包含 3 个元素 $a[0]$、$a[1]$、$a[2]$ 的一维数组（short int* 类型），且每个元素表示一个包含 4 个 short int 类型元素的一维数组。例如，$a[0]$ 数组包含 4 个元素：$a[0][0]$、$a[0][1]$、$a[0][2]$、$a[0][3]$。其中，$a[i]$（$0 \leq i \leq 2$）可视为 short int 类型一维数组的数组名。因为数组名代表数组的首地址，因此 $a[0]$ 代表数组 $a[0]$ 中首元素的地址，即 $\&a[0][0]$，$a[1]$ 的值是 $\&a[1][0]$，$a[2]$ 的值是 $\&a[2][0]$，而 $a[i]+j$（$0 \leq i, j \leq 2$）代表数组 $a[i]$ 中下标为 j 的元素的地址，称为列指针，指向二维数组中的具体元素，即第 i 行第 j 列的元素。

数组名 a 代表整个二维数组的首地址（设为 2000），也是指向一维数组 $a[0]$（下标为 0 的这一行）的指针（指向整行，行指针）；$a+1$ 代表指向一维数组 $a[1]$ 的行指针，其值为 2008，因为前一个一维数组 $a[0]$ 有 4 个 short int 型数据，每个数据占 2 字节，即 $a+1$ 中的加 1 是以一行的内存字节数为单位的，即其值为 $2000+4\times2=2008$；$a+2$ 代表指向一维数组 $a[2]$ 的行指针，其值为 2016。

前已述及，$a[0]$ 和 $*(a+0)$ 等价，$a[1]$ 和 $*(a+1)$ 等价，$a[i]$ 和 $*(a+i)$（$0 \leq i \leq 2$）等价。因此，$a[0]+1$ 和 $*(a+0)+1$ 的值都是 $\&a[0][1]$。$a[1]+2$ 和 $*(a+1)+2$ 的值都是 $\&a[1][2]$。请注意不要将 $*(a+1)+2$ 错写成 $*(a+1+2)$，后者变成 $*(a+3)$ 了，相当于 $a[3]$（下标越界）。

思考 1：数组元素 $a[i][j]$（$0 \leq i, j \leq 2$）还有哪些表示方法？

$a[i][j]$ 的等价表达有 $*(*(a+i)+j)$、$*(a[i]+j)$、$(*(a+i))[j]$ 等。

思考 2：第 0 行第 1 列元素的地址怎样表示？

显然，最直观的表达是 $\&a[0][1]$；当然，若把 $a[0]$ 当作一个一维数组名，则可用 $a[0]+1$ 来表示。

此时，$a[0]+1$ 中的 1 代表 1 个列元素的字节数，即 2 字节。若 $a[0]$ 的值是 2000，$a[0]+1$ 的值是 2002（而不是 2008）。这是因为现在是在一维数组范围内讨论问题的，正如有一个一维数组 x，$x+1$ 是其第 1 列元素地址一样。$a[0]+0$、$a[0]+1$、$a[0]+2$、$a[0]+3$ 分别是 $a[0][0]$、$a[0][1]$、$a[0][2]$、$a[0][3]$ 的地址。

综上所述，二维数组 a 的表示形式及含义如表 7-1 所示。

表 7-1   二维数组表示方式及含义

表 示 形 式	含 义
a	行指针，二维数组名，数组首地址
$a+i$、$\&a[i]$	第 i 行行指针
$*(a+i)$、$a[i]$	第 i 行第 0 列元素指针，第 i 行首地址
$*(a+i)+j$、$a[i]+j$、$\&a[i][j]$	第 i 行第 j 列元素指针（列指针）
$*(*(a+i)+j)$、$*(a[i]+j)$、$a[i][j]$、$(*(a+i))[j]$	元素，第 i 行第 j 列元素内容

7.2.3 指针数组

指针数组：数组中的每个元素都是指针，即各元素的值都是地址。定义形式如下：

类型 *数组名[数组长度];

例如，语句 "int *p[10];" 定义了一个长度为 10 的整型指针数组，$p[0]$，$p[1]$，…，$p[9]$ 等各个元素都是指向一个整型变量或整型数组元素的指针变量。

例 7.2.2 分析程序运行结果

```cpp
#include<iostream>
using namespace std;
int main() {
    int a[5]={1,2,3,4,5};                //整型数组
    int *p[5]={a+4,a+3,a+2,a+1,a};       //整型指针数组
    for(int i=0; i<5; i++) {
        if(i>0) cout<<" ";
        cout<<*p[i];
    }
    cout<<endl;
    return 0;
}
```

运行结果:

```
5 4 3 2 1
```

上面代码中,$p[0]$指向$a[4]$,$p[1]$指向$a[3]$,……,$p[4]$指向$a[0]$,则输出$*p[i]$($0 \leqslant i \leqslant 4$)将输出$a[4]$,$a[3]$,…,$a[0]$,即逆序输出$a$数组中的元素。

7.2.4 堆内存分配

例 7.2.3 每列的最大值

输入两个整数m、n,然后输入m行,每行n个整数,要求输出每列的最大值。

因为本题m、n没有给定范围,可以考虑申请二维动态数组。可以采用先申请m个元素的指针数组(可用二级指针指向),然后再申请m个各自包含n个元素的一维数组,并分别由该指针数组的各个元素指向。具体代码如下:

```cpp
#include<iostream>
using namespace std;
int main() {
    int m, n;
    cin>>m>>n;
    int **a=new int* [m];                //申请动态指针数组
    for(int i=0; i<m; i++) {
        a[i]=new int [n];                //指针数组的每个元素分别指向一个一维动态数组
    }
    for(int i=0; i<m; i++) {
        for(int j=0; j<n; j++) cin>>a[i][j];
    }
    for(int i=0; i<n; i++) {
        int max=a[0][i];
        for(int j=1; j<m; j++) {
            if(max<a[j][i]) max=a[j][i];
        }
        if(i>0) cout<<" ";
        cout<<max;
    }
```

```
        cout<<endl;
        for(int i=0; i<m; i++) delete [] a[i];
        delete [] a;
        return 0;
    }
```

二维动态数组的申请/释放还可以采用指向整个一维数组的指针等其他方法，有兴趣的读者可以自行学习。

采用 C 语言实现二维动态数组的申请/释放的具体代码如下：

```
#include<stdio.h>
#include<stdlib.h>
int main() {
    int m, n, i, j, max;
    int **a;
    scanf("%d%d",&m,&n);
    a=(int**) malloc(m*sizeof(int*));    //申请动态指针数组
    for(i=0; i<m; i++) {
        a[i]=(int*) malloc(n*sizeof(int));
    }
    for(i=0; i<m; i++) {
        for(j=0; j<n; j++) scanf("%d",&a[i][j]);
    }
    for(i=0; i<n; i++) {
        max=a[0][i];
        for(j=1; j<m; j++) {
            if(max<a[j][i]) max=a[j][i];
        }
        if(i>0) printf("");
        printf("%d",max);
    }
    printf("\n");
    for(i=0; i<m; i++) free(a[i]);
    free(a);
    return 0;
}
```

7.3 指针与函数

7.3.1 指针参数

指针变量可以作为函数参数，当指针变量为形参时，通过改变形参的间接引用来改变实参变量的值。

实际上，前面所说的数组名作为函数参数本质上是指针变量作为函数参数。例如，

```
void f(int a[], int n) {
    //具体代码
}
```

等价于：

```
void f(int *a, int n) {
    //具体代码
}
```

例 7.3.1　分析程序运行结果

```
#include<iostream>
using namespace std;
void mySwap(int *p, int *q) {
    int t=*p;
    *p=*q;
    *q=t;
}
int main() {
    int a=3,b=4;
    mySwap(&a, &b);                //调用，实参必须是与形参同类型的指针
    cout<<a<<' '<<b<<endl;
    return 0;
}
```

运行结果：

```
4 3
```

可见，调用函数 mySwap 后，两个实参变量的值发生了交换。为什么能达到交换的目的呢？具体分析如下：

程序开始执行时，给实参 a、b 分配存储空间，实参（地址）传递给形参相当于执行语句 "int *p=&a; int *q=&b;"，这样 p、q 分别指向 a、b，p、q 所指向的变量也可表示为 $*p$、$*q$，则在 mySwap 函数调用期间，$*p$ 与 a，$*q$ 与 b 分别同占一个存储单元，则对于 $*p$、$*q$ 的交换就是对实参变量 a、b 的交换；函数调用结束之后，形参变量释放。示意图如图 7-6 所示。

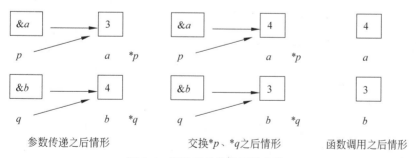

图 7-6　指针变量作为函数参数

例 7.3.2　以指针参数返回多个值

编写函数，以参数方式返回 n 个整数的最大值、最小值、大于平均值的数据的个数。

先输入数据个数 n，然后输入 n 个整数，再调用函数得到最大值、最小值、大于平均值的数据的个数，并输出。例如，输入 5 4 3 5 1 2，则输出 5 1 2。

本题要求返回三个值，但因为在一个函数中使用 return 语句只能返回一个值，因此不能只用 return 语句返回结果。可以考虑使用外部变量、数组名作函数参数、指针变量作为函数参数及引用形式的参数等方法。在这里，采用指针变量作函数参数的方法，用三个指针变量作为函数参数。具体代码如下：

```
#include<iostream>
using namespace std;
void solve(int a[], int n, int *p, int *q, int *r) {
    int i,sum=0;
    for(i=0; i<n; i++) sum+=a[i];
    double avg=sum*1.0/n;
    *p=a[0];
    for(i=1; i<n; i++) {
        if(*p<a[i]) *p=a[i];
    }
    *q=a[0];
    for(i=1; i<n; i++) {
        if(*q>a[i]) *q=a[i];
    }
    *r=0;
    for(i=0; i<n; i++) {
        if(a[i]>avg) ++ *r;
    }
}
int main() {
    int max,min,cnt,n;
    cin>>n;
    int *A=new int [n];                     //申请动态数组
    for(int i=0; i<n; i++)cin>>A[i];
    solve(A,n,&max,&min,&cnt);              //调用
    cout<<max<<" "<<min<<" "<<cnt<<endl;
    delete [] A;                            //释放空间
    return 0;
}
```

本例用指针变量作函数参数返回了三个值。可见，指针变量作为函数参数可以达到返回多个值的目的。

7.3.2 指针函数

指针函数指的是返回类型为指针类型的函数，实际上指针函数和普通函数没有本质的区别，只是返回类型是指针类型。例如，函数"int *findMax(int a[],int n)"的返回类型为 int *，表示该函数返回一个整型指针。

例 7.3.3 指针函数示例

写一个函数，返回 n 个整数中最大值的地址，输出其对应存储单元中的内容。

因为没有说明 n 的范围，一般应使用动态数组；而数组名作函数参数本质上是指针变量作函数参数，可以写成指针参数的形式。具体代码如下：

```
#include<iostream>
using namespace std;
int *findMax(int *a, int n) {          //指针函数，返回整型指针的函数
    int *p=a;
    for(int i=1; i<n; i++) {
        if(*p<a[i]) p=a+i;
    }
    return p;                          //返回整型指针
}
int main() {
    int n;
    cin>>n;
    int *a=new int [n];
    for(int i=0; i<n; i++) cin>>a[i];
    cout<<*findMax(a,n)<<endl;
    delete [] a;
    return 0;
}
```

7.3.3 函数指针

函数指针指的是指向函数的指针，而函数名代表函数的地址，所以存放函数地址的指针变量即为函数指针。例如：

```
bool (*f) (string, string);          //声明函数指针 f
```

声明如上函数指针 *f* 后，*f* 可以指向具有两个 string 类型参数的不同函数。例如：

```
bool cmp1(string, string);
bool cmp2(string, string);
f=cmp1;                              //把函数名代表的地址赋值给函数指针
f=cmp2;                              //把函数名代表的地址赋值给函数指针
```

例 7.3.4 函数指针示例

先输入两个整数 *n* 和 *k*，再输入 *n*（$n \leqslant 10$）个不同的字符串，如果 *k* 为 0，则按字符串从大到小排序，否则先按字符串长度从小到大排序。如果长度一样，则按字符串从小到大排序。

本题可以先设计两个表达上述不同排序规则的比较函数 cmp1 和 cmp2，再设计一个排序函数 mySort，其中一个参数为函数指针，接收比较函数参数，最后通过传递不同的比较函数调用 mySort 就可以按不同的排序规则进行排序。具体代码如下：

```
#include<string>
#include<iostream>
using namespace std;
bool cmp1(string a, string b) {     //按值比较的函数
    return a>b;
}
bool cmp2(string a, string b) {     //先按长度比较，若长度相等再按值比较的函数
    if(a.size()!=b.size())
        return a.size()<b.size();
```

```
        return a<b;
    }
    void mySort(string s[], int n, bool (*f) (string, string)) {
        for(int i=0; i<n-1; i++) {
            int k=i;
            for(int j=i+1; j<n; j++) {
                if(f(s[j], s[k])==true )        //调用比较函数进行比较
                    k=j;
            }
            if(k!=i) swap(s[i],s[k]);
        }
    }
    int main() {
        int n, i, k;
        string s[10];
        cin>>n>>k;
        for(i=0; i<n; i++) cin>>s[i];
        if(k==0) mySort(s, n, cmp1);        //按cmp1指定规则排序
        else mySort(s, n, cmp2);            //按cmp2指定规则排序
        for(i=0; i<n; i++) cout<<s[i]<<endl;
        return 0;
    }
```

例7.3.5 分析 C 语言程序运行结果

```
#include<stdio.h>
#include<stdlib.h>
int cmp(const void *p, const void *q) {
    return *(int *)p-*(int *)q;
}
int main() {
    int i,a[5]={3,2,5,1,4};
    qsort(a,5,sizeof(*a),cmp);              /*C 语言之快速排序*/
    for(i=0; i<5; i++) printf("%5d",a[i]);
    printf("\n");
    return 0;
}
```

运行结果：

```
1   2   3   4   5
```

从运行结果可见，C 语言之快速排序函数 qsort 实现对数组 a 从小到大排序。使用该函数需要包含头文件 stdlib.h。qsort 共有四个参数，第一个参数是待排序数组的起始地址，第二个参数是需要排序的数组元素个数，第三个参数是单个数组元素的内存长度，第四个参数是函数指针，其原型如下：

```
int (*compare) (const void*, const void*);
```

在对应的实参函数 cmp 中，需要把形参指针变量 p、q 强制转换为指向实参数组元素的指针类型。例如，本例 a 数组是 int 类型，因此 p、q 转换 int*类型。

在 cmp 函数中，若*(int *)*p*-*(int *)*q* 为负数，则表示前面的数小于后面的数，qsort 按升序排序；若*(int *)*p*-*(int *)*q* 为正数，则表示前面的数大于后面的数，qsort 按降序排序；若*(int *)*p*-*(int *)*q* 为 0，则表示比较的两个数相等。

7.4　结构体指针

1. 指向结构体变量的指针

一个指针变量用来指向一个结构体变量时，称为结构体指针变量。结构体指针变量中的值是所指向的结构体变量的首地址。通过结构体指针即可访问该结构体变量。

指向结构体变量的指针变量的定义如下：

[struct] 结构体类型名　*结构体指针变量名；

例如：

```
struct Stud {
    int sno;
    char sname[20];
    double score;
 } stu;                        //声明结构体类型 Stud 并定义变量 stu
Stud *p=&stu;                  //定义指针变量 p，初始化为 stu 的地址
```

若设结构体变量 stu 的内存单元的开始地址为 2000，则指向结构体变量的指针变量的内存示意图如图 7-7 所示。

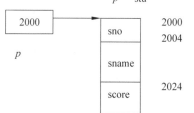

图 7-7　指向结构体变量的指针

根据图 7-7，stu 与*p* 同占一段内存单元，访问结构体成员变量常用的三种方法如下。

（1）stu.sno、stu.sname、stu.score；

（2）(*p*).sno、(*p*).sname、(*p*).score；

（3）*p*->sno、*p*->sname、*p*->score。

说明：

（1）"->"为成员指向运算符，是优先级最高的运算符之一，其左边为结构体指针变量，右边为结构体成员；而成员选择运算符"."的左边为结构体变量。

（2）采用"(*p).成员名"形式时，括号不能省略，因为"."优先级高于"*"。

（3）经常这样使用：*p*->sno、*p*->sno++、++ *p*->sno。

2. 指向结构体数组的指针

```
struct St {
    int num;
    char sname[20];
    double score;
} s[29], *p;
p=s;     //p 指向首元素 s[0]
```

设有语句"p=&s[3];"，则以下表达式（各自独立考虑）的含义分别如下。

p++：*p* 指向 *s*[3]，之后 *p* 指向 *s*[4]。

(++*p*)->num：*p* 指向 *s*[4]并取 *s*[4]的 num 成员的值。

(*p*++)->num：*p* 指向 *s*[3]并取 *s*[3]的 num 成员的值，之后 *p* 指向 *s*[4]。

++*p*->num：*p* 指向 *s*[3]，把 *s*[3]的 num 成员的值加 1 后取该值。

p->num++：*p* 指向 *s*[3]并取 *s*[3]的 num 成员的值，之后使 *s*[3]的 num 成员的值加 1。

3. 用指向结构体变量的指针作函数形参

用指向结构体变量的指针作函数形参时，将实参结构体变量的地址传给形参，对形参指针变量所指变量的改变就是对实参变量的改变，原因是它们在函数调用期间同占一个存储单元。

例 7.4.1　分析程序运行结果

```cpp
#include<iostream>
using namespace std;
struct Stud {
    char name[10];
    int age;
};
//结构体指针变量作函数的形参
void swap(Stud *a, Stud *b) {
    Stud t=*a;
    *a=*b,*b=t;
}
int main() {
    int n, i;
    Stud s1={"Zhang san", 20}, s2={"Li si", 19};
    swap(&s1, &s2);          //结构体变量地址作为实参
    cout<<s1.name<<" "<<s1.age<<endl;
    cout<<s2.name<<" "<<s2.age<<endl;
    return 0;
}
```

运行结果：

```
Li si 19
Zhang san 20
```

可见，结构体指针变量作函数的形参时，形参的间接引用改变将影响实参变量，因为在函数调用期间，形参指针变量所指变量（*a、*b）就是实参变量（s1、s2）。

例 7.4.2　分析 C 语言程序运行结果

```c
#include<stdio.h>
#include<stdlib.h>
struct Stu {                /*学生结构体*/
    int num;                /*序号*/
    double score;           /*成绩*/
};
/*比较函数*/
```

```c
int cmp(const void *a, const void *b) {
    if((*(struct Stu *)a).score!=(*(struct Stu *)b).score)
        return (*(struct Stu *)b).score-(*(struct Stu *)a).score;
    return (*(struct Stu *)a).num-(*(struct Stu *)b).num;
}
int main() {
    int i;
    struct Stu a[5]={{4,80.0},{2,98.5},{3,80.0},{5,98.5},{1,98.5}};
    qsort(a,5,sizeof(*a),cmp);
    for(i=0; i<5; i++) printf("%d %.1lf\n",a[i].num,a[i].score);
    return 0;
}
```

运行结果:

```
1 98.5
2 98.5
5 98.5
3 80.0
4 80.0
```

从运行结果来看,以上代码对数组 *a* 排序,按成绩 score 大的优先,成绩相同则序号 num 小的优先。学习 C 语言的读者可以仔细体会本例,学习使用快速排序函数 qsort 实现结构体数组排序。

为帮助读者进一步理解 qsort 函数的使用方法,下面给出用 qsort 函数求解例 6.4.1 的代码。

```c
#include<stdio.h>
#include<string.h>
#include<stdlib.h>
struct Stu {
    char sno[9];                          //用户学号
    int total;                            //解题总数
};
int cmp(const void *a, const void *b) { //比较函数
    struct Stu *p=(struct Stu *) a, *q=(struct Stu *) b;
    if(p->total!=q->total) return q->total-p->total;
    return strcmp(p->sno,q->sno);
}
int main() {
    int T,i,n,rank;
    struct Stu a[50];
    scanf("%d",&T);
    while(T--) {
        scanf("%d",&n);
        for(i=0; i<n; i++) {
            scanf("%s %d",a[i].sno,&a[i].total);
        }
        qsort(a,n,sizeof(*a),cmp);
        rank=1;
        for(i=0; i<n; i++) {
            if(i>0 && a[i].total!=a[i-1].total) rank=i+1;
```

```
        printf("%d %s %d\n",rank,a[i].sno,a[i].total);
        }
    }
    return 0;
}
```

　　使用了 qsort 函数求解例 6.4.1，关键在于 cmp 函数的实现。设 cmp 函数的前后两个实参分别由指针 p、q 指向，因需按解题总数降序排列，故在解题总数不同时返回 q->total−p->total；而解题总数相同时按学号升序，故返回调用 strcmp 函数比较的结果即可，因 p->sno 小于 q->sno 时，strcmp(p->sno, q->sno)的返回结果为负数（−1）。

7.5　在线题目求解

例 7.5.1　部分逆置

　　输入 n 个整数，把第 i 到 j 之间的全部元素进行逆置（$1{\leq}i{<}j{\leq}n$），输出逆置后的 n 个数。请用指向数组元素的指针变量完成。

输入格式：

　　首先输入一个正整数 T，表示测试数据的组数，然后是 T 组测试数据。每组测试数据首先输入 n，i，j（含义如上描述），然后再输入 n 个整数。

输出格式：

　　对于每组测试数据，输出逆置后的 n 个整数。每两个数据之间留一个空格。

输入样例：

```
2
7 2 6 11 22 33 44 55 66 77
5 1 5 11 22 33 44 55
```

输出样例：

```
11 66 55 44 33 22 77
55 44 33 22 11
```

　　由于本题没有给出 n 的范围，需使用动态数组；逆置方面可用两个指针变量 p、q 分别指向待交换区间的首元素和尾元素，交换*p、*q 后，使 $p{+}{+}$、$q{-}{-}$，直到 $p{=}{=}q$ 为止。具体代码如下：

```cpp
#include<iostream>
using namespace std;
//逆置a数组中序号从i到j的元素
void solve(int a[], int i, int j) {
    for(int *p=a+i-1, *q=a+j-1; p<q; p++, q--) swap(*p, *q);
}
int main() {
    int T;
    cin>>T;
    while(T--) {
```

```
        int n,i,j;
        cin>>n>>i>>j;
        int *a=new int [n];              //申请动态数组
        for(int* p=a; p<a+n; p++) cin>>*p;
        solve(a,i,j);
        for(int* p=a; p<a+n; p++) {
            if(p>a) cout<<" ";
            cout<<*p;
        }
        cout<<endl;
        delete [] a;                     //释放动态数组
    }
    return 0;
}
```

例 7.5.2　滤字符

以指针的方式，将某个字符串中出现的特定字符删去，然后输出新的字符串。

输入格式：

首先输入一个正整数 T，表示测试数据的组数，然后是 T 组测试数据。每组测试数据输入一个字符串 s 和一个非空格字符 t。其中，s 的长度不超过 100，且只包含英文字母。

输出格式：

对于每组测试，将删掉 t 后新得到的字符串输出。如果字符串被删空，则输出 NULL。

输入样例：

```
2
eeidliecielpvu i
ecdssnepffnofdoenci e
```

输出样例：

```
eedlecelpvu
cdssnpffnofdonci
```

由于字符数组存储的字符串以'\0'结束，删除一个字符时可以把从待删字符开始到'\0'的所有字符前移一个位置，如下面 deleteChar 函数所示，通过在循环中调用此函数可以删除多个字符。需要注意的是，删了一个字符后，后面的字符前移了一个位置，下次的搜索位置须保持不动，否则会发生待删字符前移而漏删的情况。例如，在字符串"abbc"中删除字符'b'时，在删了第一个'b'（其下标为 1）后字符串变为"abc"，此时依然要从下标为 1 处开始比较，而不能从下标为 2 处开始比较，否则不能删去原来的第二个'b'。具体代码如下：

```
#include<iostream>
using namespace std;
void deleteChar(char s[], int k) {      //删除下标为 k 处的字符
    char *p=s+k;
    while(*p=*(p+1)) p++;                //前移覆盖，至'\0'为止
}
int main() {
    int T;
```

```
        cin>>T;
        while(T--) {
            char s[101],c;
            cin>>s>>c;
            char *p=s;
            while(*p) {
                if(*p==c) deleteChar(s, p-s);       //相等则删除，p 不变
                else p++;                            //不等则比较下一个
            }
            if(*s) cout<<s<<endl;
            else cout<<"NULL"<<endl;
        }
        return 0;
    }
```

例 7.5.3 字符串比较

编写一个函数实现两个字符串的比较，即自己写一个 strcmp 函数，函数原型为"int strcmp(char* p1,char* p2);"设 $p1$ 指向字符串 $s1$，$p2$ 指向字符串 $s2$，要求当 $s1==s2$ 时，函数返回值为 0；若 $s1 \neq s2$，则返回两者中第一个不相同字符的 ASCII 码差值（如"BOY"与"BAD"的第二个字母不同，'O'与'A'之差为 79-65=14）。

输入格式：

首先输入一个正整数 T，表示测试数据的组数，然后是 T 组测试数据。每组测试数据输入两个字符串 s 和字符串 t。其中，s、t 的长度不超过 10，且只包含英文字母。

输出格式：

对于每组测试，输出调用自己编写的 strcmp 函数的比较结果。

输入样例：

```
1
abc abca
```

输出样例：

```
-97
```

本题需重新编写字符串比较函数 strcmp。两个字符串比较时，是逐个字符比较的，如果对应字符相等则继续比较下一个字符，如果不相等则比较结束，返回不等字符的差值。如果最终两个字符串比较到字符串结束符'\0'，则两个字符串相等（字符差值等于 0）。具体代码如下：

```
#include<iostream>
using namespace std;
const int N=11;
int strcmp(char *p1, char *p2) {       //字符数组作为参数本质上是字符指针作为参数
    while(*p1!='\0'&& *p2!='\0') {      //当两个字符串都没结束时进行比较
        if(*p1!=*p2) break;            //对应字符不等比较结束
        p1++,p2++;
    }
    return *p1-*p2;
```

```
}
int main() {
    int T;
    cin>>T;
    while(T--) {
        char a[N],b[N];
        cin>>a>>b;
        cout<<strcmp(a,b)<<endl;
    }
    return 0;
}
```

例 7.5.4　方阵转置

编写一函数，将一个 $n×n$ 的方阵转置。要求用指针完成。

输入格式：

测试数据有多组，处理到文件尾。对于每组测试，第一行输入一个整数 n（$n≤10$），接下来的 n 行每行输入 n 个不超过 2 位的整数。

输出格式：

对于每组测试，输出 $n×n$ 方阵的转置方阵，每行的每两个数据之间留一个空格。

输入样例：

```
5
5 51 96 80 45
51 57 77 45 47
72 45 58 83 21
0 28 42 72 42
91 61 7 73 66
```

输出样例：

```
5 51 72 0 91
51 57 45 28 61
96 77 58 42 7
80 45 83 72 73
45 47 21 42 66
```

本题的转置函数可用二维数组（数组名设为 b）作为参数，则以主对角线为界逐行交换 $*(*(b+i)+j)$ 和 $*(*(b+j)+i)$ 即可；为便于接收二维数组名作为函数实参，形参使用指向一维数组的指针变量。具体代码如下：

```
#include<iostream>
using namespace std;
const int N=10;
int main() {
    void solve(int (*b)[N], int n);
    int a[N][N], n;
    while(cin>>n) {
        for(int i=0; i<n; i++) {            //输入
            for(int j=0; j<n; j++) cin>>*(*(a+i)+j);
```

```
        }
        solve(a,n);                        //以二维数组名作为实参
        for(int i=0; i<n; i++) {
            cout<<**(a+i);                 //输出a[i][0]
            for(int j=1; j<n; j++) {
                cout<<" "<<*(*(a+i)+j);    //输出a[i][j]
            }
            cout<<endl;
        }
    }
    return 0;
}
void solve(int (*b)[N], int n) {           //以指向一维数组的指针变量作为形参
    for(int i=0; i<n; i++) {
        for(int j=0; j<i; j++) swap(*(*(b+i)+j), *(*(b+j)+i));
    }
}
```

形参"int (*b)[N]"是一个指向包含 N（整型常量）个整型数组元素的一维数组的指针变量，是一个行指针，与二维数组名是一个行指针对应，故实参可用二维数组名。需要注意的是，实参二维数组的列数也应为 N。

当然，solve 函数的函数头也可直接写为 void solve(int b[][N], int n)，此时形参数组 b 的列数应与实参二维数组的列数一致，且为整型常量。

若希望 solve 函数的函数头为 void solve(int *b, int n)，即使用指向数组元素的指针变量（列指针）作为函数形参来实现，则需把二维数组转换为一维数组来处理。那么，如何将二维数组元素与转换后的一维数组元素对应起来呢？下面通过一个示例来说明：

```
const int N=3;
int a[N][N]={1,2,3,4,5,6,7,8,9}, b[N*N];
```

当二维数组 a 转换为一维数组 b 存储时，其示意图如图 7-8 所示。

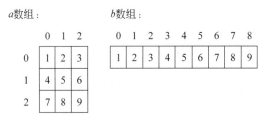

图 7-8　二维数组按行主序转换为一维数组存储

观察图 7-8，可以发现，$a[i][j]$（$0 \leqslant i, j \leqslant 2$）对应 $b[i*N+j]$，如果用指针运算符表达，则 $*(*(a+i)+j)$ 对应 $*(b+i*N+j)$，而二维数组的首元素地址 $\&a[0][0]$（指向数组元素 $a[0][0]$ 的指针）可以作为实参传递给形参（指向数组元素的指针变量）。如此，在转置函数中，以主对角线为界，逐行交换 $*(b+i*N+j)$ 和 $*(b+j*N+i)$ 即可。具体代码如下：

```
#include<iostream>
using namespace std;
const int N=10;
```

```cpp
int main() {
    void solve(int *a, int n);
    int a[N][N], n;
    while(cin>>n) {
        for(int i=0; i<n; i++) {
            for(int j=0; j<n; j++) cin>>*(*(a+i)+j);
        }
        solve(&a[0][0],n);
        for(int i=0; i<n; i++) {
            for(int j=0; j<n; j++) {
                if(j>0) cout<<" ";
                cout<<*(*(a+i)+j);
            }
            cout<<endl;
        }
    }
    return 0;
}
void solve(int *b, int n) {
    for(int i=0; i<n; i++) {
        for(int j=0; j<i; j++) swap(*(b+N*i+j), *(b+N*j+i));
    }
}
```

习题

一、选择题

1. 变量的指针是指变量的（　　　）。

　　A. 值　　　　　　　　B. 地址　　　　　　　C. 名　　　　　　　　D. 内存单元

2. 下列关于指针的用法中错误的是（　　　）。

　　A. int i,*p; p=&i;　　　　　　　　　B. int *p; p=NULL;

　　C. int i=5,*p; *p=&i;　　　　　　　D. int i,*p=&i;

3. 若有语句"int i , j=7 , *p=&i ; "，则与"i=j;"等价的语句是（　　　）。

　　A. i=*p;　　　　　B. *p=j;　　　　　C. i=&j;　　　　　D. i=**p;

4. 在"int a=3, *p=&a;"中，*p 的值是（　　　）。

　　A. &a　　　　　　　B. 无意义　　　　　　C. &p　　　　　　　　D. 3

5. 若有语句"int a=5, *p1, *p2;p1=&a, p2=&a;"，则下面的语句会导致错误的是（　　　）。

　　A. $p2$=a;　　　　　B. a=*$p1$+*$p2$;　　　C. $p1$=$p2$;　　　　　D. a=*$p1$ * *$p2$;

6. 若有定义"int *p; "且使"q=&p;"，则 q 的定义应该是（　　　）。

　　A. int q;　　　　　B. int *q;　　　　　C. int **q;　　　　　D. int &q;

7. 若有语句"int x=5, *p=&x; "，则(*p)++相当于（　　　）。

　　A. x++　　　　　　B. p++　　　　　　　C. *(p++)　　　　　D. *p++

8. 若有语句"int x, *p1=&x,*p2; "要使 p2 也指向 x，正确语句的是（　　　）。

　　A. $p2$=$p1$;　　　　　B. $p2$=**$p1$;　　　　C. $p2$=&$p1$;　　　　D. $p2$=*$p1$;

9. 若有语句 "int a[3][4]={{1,3,5,7},{2,4,6,8}};"，则*(*a+1)的值为（   ）。

    A. 1   B. 2   C. 3   D. 4

10. 若有语句 "int a[]={1,2,3,4,5};"，则关于语句 "int *p=a;" 的说法正确的是（   ）。

    A. 把$a[0]$的值赋给*p

    B. 把$a[0]$的值赋给变量p

    C. 初始化变量p，使其指向数组a的首元素

    D. 定义不正确

11. 若有语句 "int a[10]; int *p=a;"，则以下错误的表达式是（   ）。

    A. $p=a+5;$ B. $a=p+a;$ C. $a[2]=p[4];$ D. $*p=a[0];$

12. 若有语句 "int n; cin>>n;"，则申请和释放长度为 n 的动态数组的语句正确的是（   ）。

    A. int *p=new int (n); delete p;   B. int *p=new int (n); delete [] p;

    C. int *p=new int [n]; delete p;   D. int *p=new int [n]; delete [] p;

13. 若有语句 "int a[3][4], (*p)[4]=a;"，则与*(*(a+1)+2)不等价的是（   ）。

    A. *(*(p+1)+2)   B. $a[1][2]$ C. $p[1][2]$ D. *(p+1)+2

14. 若有语句 "int a[3][4];"，则与*(a+1)+2 等价的是（   ）。

    A. $a[1][2]$ B. *a+3   C. &$a[1][2]$ D. &$a[1]+2$

15. 执行语句 "char a[10]={"abcd"}, *p=a;" 后，*(p+4)的值是（   ）。

    A. "abcd"   B. 'd'   C. '\0'   D. 不能确定

16. 若有函数定义 "void f(int *a){ *a=3; }"，则以下代码的执行结果是（   ）。

```
int n=1;
f(&n);
cout<<n<<endl;
```

    A. 3   B. 1   C. 0   D. 不确定

17. 以下对结构体变量 stu 中成员 age 的正确引用是（   ）。

```
struct Student {
    int age;
    int num;
} stu,*p=&stu;
```

    A. Student.age   B. stu.age   C. stu->age   D. (*p)->age

18. 若有以下定义语句，则引用方式错误的是（   ）。

```
struct S {
    int no;
    char *name;
}s,*p=&s;
```

    A. s.no   B. (*p).no   C. p->no   D. s->no

19. 运行下列程序，输出结果是（   ）。

```
struct Stu {
    int num;
```

```
    char name[10];
} x[5]={1,"Iris",2,"Jack",3,"John",4,"Mary",5,"Tom"};
int main() {
    struct Stu *p=x+2;
    printf("%d%s\n",p->num,p->name);
    return 0;
}
```

    A. 2Jack   B. 3John   C. 4Mary   D. 3J

20. 若已有语句如下，则以下说法正确的是（   ）。

```
typedef struct Student{
    int age;
    int num;
} stu,*p;
```

    A. stu是Student类型的变量   B. p是Student类型的指针变量
    C. stu是结构体类型名   D. p是结构体类型名

二、编程题

本章的编程题都要求使用**指针**实现。

1. 3 个整数的升序输出。

输入 3 个整数，要求设 3 个指针变量 $p1$、$p2$、$p3$，使 $p1$ 指向 3 个数中的最大者，$p2$ 指向次大者，$p3$ 指向最小者，然后按由大到小的顺序输出这 3 个数。

输入格式：

测试数据有多组，处理到文件尾。每组测试数据输入 3 个整数。

输出格式：

对于每组测试数据，按从大到小的顺序输出这 3 个整数，每两个整数之间留一个空格。

输入样例：

```
-987 568 12
```

输出样例：

```
568 12 -987
```

2. 交换最大、最小数位置。

输入 n 个不超过 2 位的整数，先找到最小的数并与第一个数对换，然后再找到最大的数并与最后一个数对换。

输入格式：

测试数据有多组，处理到文件尾。对于每组测试，第一行输入 n（$1 \leqslant n \leqslant 20$），第二行输入 n 个不超过 2 位的整数。

输出格式：

对于每组测试，输出将这 n 个整数中最小的数与第一个数对换，最大的数与最后一个数对换后的 n 个整数。

输入样例：

```
9
82 9 -20 20 -87 99 69 68 -89
```

输出样例：

```
-89 9 -20 20 -87 82 69 68 99
```

3. 最短距离的两点。

给出一些整数对，它们表示平面上的点，求所有点中距离最近的两个点。

输入格式：

测试数据有多组。每组测试数据先输入一个整数 n，表示点的个数，然后输入 n 个整数对，表示点的行列坐标。若 n 为 0，则输入结束。

输出格式：

对于每组测试，在一行上输出距离最短的两个点。要求输出格式为 "(a,b) (c,d)"（参看输出样例），表示点(a,b)到点(c,d)的距离最短；若有多个点对之间距离最短，以先输入者优先。

输入样例：

```
3
1 3
3 1
0 0
3
1 1
2 2
0 0
0
```

输出样例：

```
(1,3) (3,1)
(1,1) (2,2)
```

4. 逆置一维数组。

编写程序，以指针的方式，就地逆置一维数组。

输入格式：

首先输入一个正整数 T，表示测试数据的组数，然后是 T 组测试数据。每组测试数据先输入数据个数 n，然后输入 n 个整数。

输出格式：

对于每组测试，在一行上输出逆置之后的结果。数据之间以一个空格分隔。

输入样例：

```
2
4 1 2 5 3
5 4 3 5 1 2
```

输出样例：

```
3 5 2 1
2 1 5 3 4
```

5. 对角线元素之和。

对于一个 n 行 n 列的方阵，请编写程序，以指针的方式，求二维数组的主、次对角线上的元素之和（若主、次对角线有交叉则交叉元素仅算一次）。

输入格式：

测试数据有多组，处理到文件尾。每组测试数据的第一行输入 1 个整数 n（$1<n<20$），接下来输入 n 行数据，每行 n 个整数。

输出格式：

对于每组测试，输出方阵主次对角线上的元素之和。

输入样例：

```
3
4 9 1
3 5 7
8 1 9
```

输出样例：

```
27
```

6. 用指针数组进行字符串排序。

输入 n 个长度均不超过 15 的字符串，将它们按从小到大排序并输出。

输入格式：

测试数据有多组，处理到文件尾。对于每组测试，第一行输入自然数 n（$3\leqslant n\leqslant 10$），第二行开始的 n 行每行输入一个长度不超过 15 的字符串。

输出格式：

对于每组测试，按从小到大的顺序输出 n 个字符串。

输入样例：

```
4
just
acmers
Welcome to acm
try your best
```

输出样例：

```
Welcome to acm
acmers
just
try your best
```

第 8 章

链　表

8.1　引例与概述

8.1.1　引例

例 8.1.1　特殊排队

病人到医院看病时通常按先来先服务的原则排队等待治疗。某特殊医院为了体现社会主义核心价值观，发扬尊老爱幼的传统美德，对排队的先来先服务原则做了调整：首先在优先级方面规定老年人的优先级最高为 3，儿童的优先级次之为 2，年轻人（既不是老年人又不是儿童者）最低为 1；然后在排队方面规定只允许排一个队，优先级高者排在优先级低者之前（即优先级高者可插队），若优先级相同，则按先来先服务的原则处理。请用单链表来模拟该医院的排队过程。

输入格式：

首先输入一个正整数 T，表示测试数据的组数，然后是 T 组测试数据。每组数据第一行输入一个正整数 N 表示发生事件的数目，接下来输入 N 行分别表示发生的事件。一共有如下两种事件。

（1）"IN A"表示一个拥有优先级 A（$1 \leqslant A \leqslant 3$）的病人进入队列。

（2）"OUT"表示排在队头的病人诊治完毕，离开医院。

说明：病人的编号（ID）的定义为，在一组测试中，"IN A"事件（即进入队列事件）发生第 K 次时，进来的病人 ID 即为 K。ID 从 1 开始编号。

输出格式：

对于每组测试，对于每个"IN A"事件，请按序输出当前的排队状态，要求从头到尾输出每个人的编号，编号之间以一个空格间隔。

输入样例：

```
1
5
IN 1
IN 2
OUT
IN 1
IN 3
```

输出样例：

```
1
2 1
1 3
4 1 3
```

首先定义表示单链表结点的结构体类型 Node，包含编号域 id、优先级域 priority 和指针域 next；然后定义在单链表的指针 *p* 所指结点之后插入一个结点的函数 insert、遍历单链表的函数 output，最后依题意进行入队和出队过程的模拟处理。

insert 函数中根据传入的编号 id 和优先级 priority 新建结点由 *q* 指向，并将该结点链接到 *p* 所指结点之后。

output 函数输出链表中各结点编号域的值，可按如下处理：指针 *p* 一开始指向第一个数据结点，当 *p* 还有指向时循环：若 *p* 所指结点不是第一个数据结点，则先输出一个空格，输出 *p* 所指结点的编号域值，*p* 指向下一个结点。

模拟处理前先创建空单链表（仅包含一个头结点），人数计数器 cnt 初始化为 0，模拟处理过程中，若输入的字符串为 IN，则继续输入优先级 *x*，再在链表中查找某个优先级小于 *x* 的结点（设由 p->next 指向），并调用 insert 函数将新结点插入该结点（可能不存在，即 p->next 为 NULL）之前，即将新结点插入 *p* 所指结点之后，*p* 所指结点可能是头结点、最后一个数据结点（尾结点）或链表中的其他结点。若 *p* 所指结点为头结点（此时新结点作为第一个数据结点插入）或尾结点（此时新结点作为新的尾结点插入），则不存在优先级小于 *x* 的结点；若输入的字符串为 OUT，则删除单链表中的第一个数据结点。具体代码如下：

```cpp
#include<iostream>
#include<string>
using namespace std;
struct Node {                           //结点结构体类型
    int id;                             //编号域 id
    int priority;                       //优先级域 priority
    Node *next;                         //指针域 next
};
//插入函数：在以 head 为头指针的链表中 p 所指结点后插入编号为 id，优先级为 priority 的结点
void insert(Node *head, Node *p, int id, int priority) {
    Node *q=new Node;                   //新建结点由 q 指向
    q->id=id;                           //给新结点的 id 域赋值
    q->priority=priority;               //给新结点的 priority 域赋值
    q->next=p->next;                    //新结点链接到 p 所指结点的后继之前
    p->next=q;                          //新结点链接到 p 所指结点之后
}
void output(Node *head) {               //遍历链表
    Node* p=head->next;                 //p 指向第一个数据结点
    while (p) {                         //当 p 还有指向时循环
        if(p!=head->next) cout<<" ";    //若不是第一个数据，则先输出一个空格
        cout<<p->id;                    //输出 p 所指结点的编号域
        p=p->next;                      //p 指向下一个结点
    }
    cout<<endl;
```

```
    }
    void run() {
        Node *head=new Node;                    //创建头结点
        head->next=NULL;                        //头结点的指针域置为空指针
        Node *p;
        int n, cnt=0;                           //cnt 存放病人编号，初值为 0
        cin>>n;
        for(int i=1; i<=n; i++) {               //循环 n 次
            string s;
            int x;
            cin>>s;                             //输入字符串
            if(s=="IN") {                       //若输入"IN"，则插入结点
                cin>>x;                         //输入优先级
                cnt++;                          //cnt 增 1
                p=head;                         //p 指向头结点
                while(p->next!=NULL) {          //当 p 还未指向最后一个结点时循环
                    //若 p 所指结点的后继的优先级小于当前病人的优先级，则将新来病人插入 p
                    //所指结点之后
                    if(p->next->priority<x)     //若找到插入位置，则结束循环
                        break;
                    p=p->next;                  //p 指向下一个结点
                }
                insert(head,p,cnt,x);           //将编号 cnt 的病人插入 p 所指结点之后
                output(head);                   //遍历链表
            }
            else {                              //若输入"OUT"，则删除第一个数据结点
                Node* q=head->next;             //q 指向第一个数据结点
                head->next=q->next;             //删除 q 所指结点
                delete q;                       //释放 q 所指结点内存空间
            }
        }
    }
    int main() {
        int T;
        cin>>T;
        while(T--) run();
        return 0;
    }
```

　　本题要求用单链表模拟入队、出队过程，有一定的难度。对于初学者而言，链表可能是本书中最难掌握的一部分内容，有些学生甚至有可能直接放弃学习这部分内容，这是不合适的。链表是后续课程（如数据结构）的重要基础，也是考研的常考知识。"世上无难事，只要肯登攀。"我们应树立攻坚克难的信念，迎难而上，勤学善思，勇于挑战。在学习这部分知识时，建议读者多画示意图、熟悉基本语句的含义、理清解题思路，并在此基础上，多思考、多练习、多总结。若暂不理解本题的代码，可先学习本章后续内容，在夯实链表基础后再回头深入理解。

8.1.2　概述

链表是动态存储分配的数据结构。链表的每个结点是一个结构体变量，包含数据域（存放数据本身）和指针域（存放下一个结点的地址），如图 8-1 所示。

图 8-1　链表结点结构

设数据域为整型，则此结点的结构体可以声明如下：

```
struct Node {        //Node 是结点结构体的名字，为见名知义起见取了此名
    int data;        //数据域
    Node *next;      //指针域，用于存放下一个结点的地址
};
```

其中，成员 next 是一个 Node*类型的指针，即用来存放 Node 类型变量的地址。在结构体类型 Node 的声明中，使用同类型的结构体指针作为数据成员是允许的，即这是一个递归形式的声明。

实际上，每个结点也可以有若干数据域和若干指针域。链表有单向链表（简称单链表）、双向链表（有两个指针域，分别指向前驱和后继）、循环链表等形式。

本章主要介绍带头结点（该结点的数据域不存放有效数据）的单链表。例如，共有 4 个数据结点（数据域存放有效数据）的带头结点的单链表的示意图如图 8-2 所示。

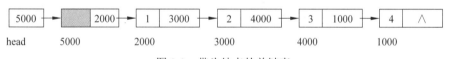

图 8-2　带头结点的单链表

在图 8-2 中，数据域为灰色（值为某个随机数）的结点是头结点，地址设为 5000，存放在指针变量 head 中，则 head 指向头结点；其余结点的地址分别设为 2000、3000、4000、1000。已知地址指向该地址所在的存储单元，因此下一个结点（后继）的地址存放在前一个结点（前驱）的指针域时，前驱的指针域就指向后继，从而构成一个链表。在带头结点的单链表中，第一个数据结点的前趋是头结点，最后一个数据结点没有后继，其指针域的值为空指针 NULL（链表结束标志），在图 8-2 中以"∧"表示。

本书中介绍的是动态链表，即每个结点的存储空间都是动态申请的，因此各个结点的地址一般是不连续的。

在单链表中，前一结点（的指针域）指向后一结点，只能通过前一结点才能找到后一结点。因此，单链表的访问规则是从头开始、顺序访问。即通过指向头结点的头指针，逐个结点按顺序访问。

在一维数组中插入、删除元素时，需要大量移动数据元素，时间效率较低。而在单链表中，若在某个结点之后插入或删除结点，只需简单修改结点的指向而不必大量移动元素，因此插入和删除操作频繁时宜用链表结构。

8.2　创建单链表

在本节及下节中，单链表中的结点类型为前面声明的结构体类型 Node。建立带头结点的单链表常用如下两种思想。

（1）尾插法：新结点链接到尾结点之后，所得链表称为顺序链表。

（2）头插法：新结点链接到头结点之后，第一个数据结点之前，所得链表称为逆序链表。

8.2.1　顺序链表

以建立图 8-2 所示的带头结点的单链表为例，数据输入顺序为 1、2、3、4。

步骤 1：建立一个空链表，仅包含一个头结点，其指针域为空指针，该结点用一个尾指针 p 指向，具体语句："head=new Node; head->next=NULL; p=head;"，示意图如图 8-3 所示。

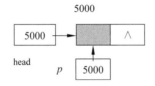

图 8-3　带头结点的空链表

步骤 2：申请新结点由指针 q 指向，输入数据（具体语句："q=new Node; cin>>q->data;"）并链接到尾指针 p 所指结点之后，具体语句："q->next=p->next; p->next=q;"，示意图如图 8-4 所示（输入数据 1）。

步骤 3：把指针 q 指向的新结点置为新的尾结点，即把 q 的值赋给 p，具体语句："p=q;"，示意图如图 8-5 所示。

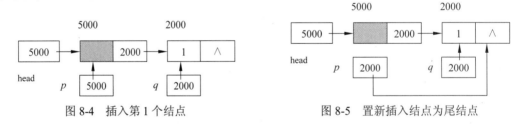

图 8-4　插入第 1 个结点　　　　　　图 8-5　置新插入结点为尾结点

步骤 4：重复步骤 2 和步骤 3，直到所有数据结点都被插入链表中，如图 8-6 所示。

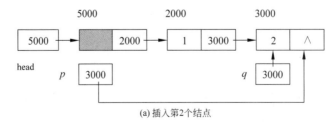

(a) 插入第 2 个结点

图 8-6　分别插入第 2~4 个结点

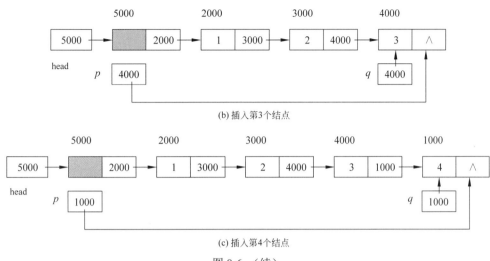

(b) 插入第3个结点

(c) 插入第4个结点

图 8-6　（续）

创建顺序链表的具体代码如下：

```
//创建顺序链表，新结点链接到表尾，函数返回头指针
Node *createByTail(int n) {              //尾插法
    Node *head=new Node;                 //新建头结点，由 head 指向
    head->next=NULL;                     //头结点的指针域置为空指针
    Node *p=head;                        //p 指向链表的最后一个结点，初值为 head
    while(n--) {                         //控制 n 次循环
        Node *q=new Node;                //建立新结点，由 q 指向
        cin>>q->data;                    //输入数据域
        q->next=p->next;                 //给指针域赋值（NULL）
        p->next=q;                       //新结点链接到 p 所指结点之后
        p=q;                             //p 指向新结点，即新结点成为新的尾结点
    }
    return head;                         //返回头指针
}
```

8.2.2　逆序链表

以建立图 8-2 所示的带头结点的单链表为例，数据输入顺序为 4、3、2、1。

步骤 1：建立一个空链表，仅包含一个头结点，其指针域为空指针，具体语句："head=new Node; head->next=NULL;"，示意图如图 8-7 所示。

步骤 2：申请新结点由指针 q 指向，输入数据（具体语句："q=new Node; cin>>q->data;"）并链接到头结点之后、第一个数据结点（由 head->next 指向，第一次为 NULL）之前，具体语句："q->next=head->next; head->next=q;"，示意图如图 8-8 所示（输入数据 4）。

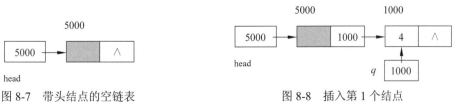

图 8-7　带头结点的空链表

图 8-8　插入第 1 个结点

步骤 3：重复步骤 2，直到所有数据结点都被插入链表中，如图 8-9 所示。

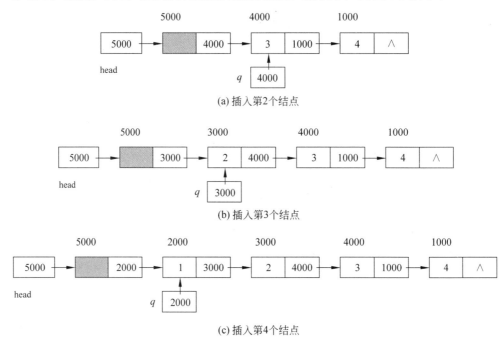

(a) 插入第2个结点

(b) 插入第3个结点

(c) 插入第4个结点

图 8-9　分别插入第 2～4 个结点

创建逆序链表的具体代码如下：

```
//创建逆序链表，新结点链接到头结点之后，第一个数据结点之前，函数返回头指针
Node *createByFront(int n) {      //头插法
    Node *head = new Node;        //新建头结点，由 head 指向
    head->next = NULL;            //头结点的指针域置为空指针
    while(n--) {                  //控制 n 次循环
        Node *q=new Node;         //建立新结点
        cin>>q->data;             //输入数据域
        q->next=head->next;       //新结点链接到第一个数据结点之前
                                  //第一个数据结点由 head->next 指向
        head->next=q;             //新结点链接到头结点之后
    }
    return head;                  //返回头指针
}
```

8.3　单链表基本操作

8.3.1　基本操作的实现

1. 遍历

根据单链表的访问规则：从头开始，顺序访问，可以用一个指针变量 p 一开始指向头结点之后的结点，即第一个数据结点，在链表还未结束时不断访问 p 所指结点（此处为输

出数据域）并往下指向下一个结点（语句："p=p->next;"）。具体代码如下：

```
//遍历以 head 为头指针的带头结点的单链表
void traverse(Node *head) {
    Node *p=head->next;                //p 指向头结点之后的结点（第一个数据结点）
    while(p!=NULL) {                   //当链表未结束
        if(p!=head->next) cout<<" ";   //控制之间一个空格
        cout<<p->data;                 //访问当前结点
        p=p->next;                     //p 指向下一个结点
    }
    cout<<endl;
}
```

2. 查找

在链表中查找结点的数据域值是否等于某个值 e，若找到，返回指向该结点的指针，否则返回 NULL。只需从头开始、顺序查找，即逐个比较待查找的值 e 是否等于当前结点数据域的值。按值查找的具体代码如下：

```
//按值查找，在 head 为头指针的带头结点的单链表中查找数据域值为 e 的结点
Node *locateByVal(Node *head, int e) {
    Node *p=head->next;                //p 指向第一个数据结点
    while(p!=NULL) {                   //当链表未结束
        if(p->data==e) break;          //找到则结束循环
        p=p->next;                     //还没找到则继续查找，p 指向下一个结点
    }
    return p;                          //若找到，则 p 指向该结点；否则 p 等于 NULL
}
```

此代码是按值查找的，如果要找第 i 个结点，要如何改写此代码呢？显然，可以通过计数器的方法，每当指针 p 指向一个数据结点则计数器加 1，直到计数器的值等于 i（查找成功）或 p 的值等于 NULL（查找失败）为止。具体代码留给读者自行完成。

3. 插入结点

此处的插入操作是在 head 所指链表的第 i 个结点之后插入数据域值为 e 的结点。首先需要从头开始找到第 i 个结点（设由 p 指向），然后在其后插入新结点（设由 q 指向）。设 $i=2$、$e=5$，则插入前后的示意图如图 8-10 所示。

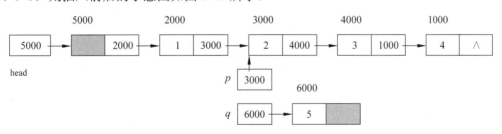

(a) 插入前（执行了语句 "q=new Node;q->data=e;"）

图 8-10　插入结点

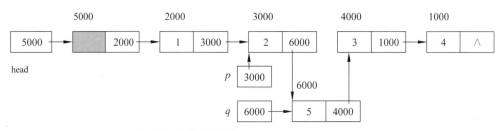

(b) 插入后（执行了语句"q->new=p->next; p->next=q;"）

图 8-10　　（续）

插入结点的具体代码如下：

```
//插入结点，在head为头指针的带头结点的单链表的第i个结点之后插入数据域值为e的结点
void insertAfter(Node *head, int i, int e) {
    if(i<0) return;                    //i太小，插入位置不合法
    Node *p=head;                      //p指向头结点
    while(p!=NULL && i>0) {            //当链表未结束且还没有到第i（初值）个
        p=p->next;                     //p指向下一个结点
        i--;                           //计数器减1
    }
    if(p==NULL) return;                //i太大，插入位置不合法
    Node *q=new Node;                  //新建结点
    q->data=e;                         //新结点的数据域赋值
    q->next=p->next;                   //新结点链接到第i+1个结点（可能为NULL）之前
    p->next=q;                         //新结点链接到p所指结点（第i个结点）之后
}
```

在 insertAfter 函数中，参数 i 相当于一个计数器。例如，当链表共 4 个数据结点时，若 $i=3$，则 i 从 3 到 1 进行循环，while 循环共执行了 3 次。调用 insertAfter 函数进行测试，可以发现在头、中、尾三处都能插入成功；而 i 小于 0 或 i 超过数据结点个数（表长）时则不作插入操作。通过调用 insertAfter 函数，可以建立顺序或逆序链表。

4. 删除操作

此处的删除操作是在 head 所指链表中删除数据域值为 e 的结点。首先需要从头开始找到该结点（设由 p 指向），为便于删除操作，设置一个指针 q 始终跟在 p 的后面，即 q 指向 p 所指结点的前驱，然后只要把 p 所指结点的后继的地址 p->next 放到 p 所指结点的前驱的指针域 q->next 即可完成删除操作。设 e 为 3，则删除前后的示意图如图 8-11 所示。

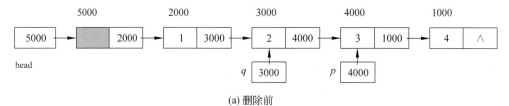

(a) 删除前

图 8-11　删除结点

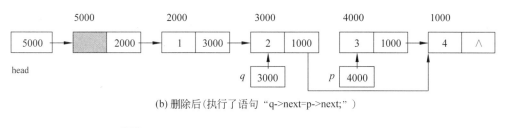

(b) 删除后(执行了语句 "q->next=p->next;")

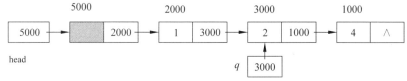

(c) 释放结点空间(执行了语句 "delete p;")

图 8-11　(续)

在 head 为头指针的带头结点的单链表中，删除数据域值为 e 的结点。具体代码如下：

```
//删除结点，在 head 为头指针的带头结点的单链表中删除值为 e 的结点
void deleteByVal(Node *head, int e) {
    Node *q=head;                      //指向头结点
    Node *p=q->next;                   //指向第一个数据结点
    while(p!=NULL) {                   //链表未结束
        if(p->data==e) break;          //找到目标结点则跳出循环
        q=p;                           //p 往下走前把其值保存在 q 中
        p=p->next;                     //p 指向下一个结点
    }
    if(p!=NULL) {                      //找到待删除的结点，由 p 指向
        q->next=p->next;               //删除 p 所指结点
        delete p;                      //释放 p 所指结点的空间
    }
}
```

在 deleteByVal 函数中，设置了两个指针变量 q 和 p，在 p 往下走之前，先把其值保存在 q 中，则在 p 往下走后，q 始终指向 p 所指结点的前驱。调用 deleteByVal 函数进行测试，可以发现在头、中、尾三处都能删除成功；而未找到目标 e 时则不作删除操作。若要删除第 i 个结点，则可以使用一个计数器变量（若一开始 p 指向头结点，则其初值为 0），此后每当执行 $p=p$->next 时计数器加 1，在找到第 i 个结点之后进行删除结点的操作。

5. 调用示例

定义了创建链表与操作链表的函数之后，就可以进行调用这些函数。下面给出调用示例：

```
#include<iostream>
using namespace std;
Node *createByTail(int n);
Node *createByFront(int n);
void traverse(Node *head);
Node *locateByVal(Node *head, int e);
void insertAfter(Node *head, int i, int e);
```

```
void deleteByVal(Node *head, int e);
int main() {
    int n;
    cin>>n;
    Node* h=createByFront(n);       //建立逆序链表
    traverse(h);                    //遍历链表
    h=createByTail(n);              //建立顺序链表
    traverse(h);
    if(locateByVal(h,3)!=NULL)      //在链表中查找 3
        cout<<"found"<<endl;
    else
        cout<<"not found"<<endl;
    insertAfter(h,3,4);             //在链表的第 3 个结点后插入数据域值为 4 的结点
    traverse(h);
    deleteByVal(h,3);               //在链表中删除数据域值为 3 的结点
    traverse(h);
    return 0;
}
```

运行结果：

```
5↵
1 2 3 4 5↵
5 4 3 2 1
1 2 3 5 6↵
1 2 3 5 6
found
1 2 3 4 5 6
1 2 4 5 6
```

注意，此处仅给出调用示例，在完整的程序中还需要把被调用的各个函数定义在 main 函数之后。

8.3.2   基本操作的应用

例 8.3.1   顺序建立链表

输入一个整数 n，再输入 n 个整数，按照输入的顺序建立单链表，并遍历所建立的单链表，输出这些数据（数据之间留一个空格）。

输入样例：

5 1 2 3 4 5

输出样例：

1 2 3 4 5

本题可以直接调用 createByTail 函数建立顺序链表，再调用 traverse 遍历链表。具体代码如下：

```
#include<iostream>
using namespace std;
```

```
struct Node {                              //结点结构体类型
    int data;                              //数据域
    Node *next;                            //指针域，用于存放下一个结点的地址
};
//创建顺序链表，新结点链接到表尾，函数返回头指针
Node *createByTail(int n) {                //尾插法
    Node *head=new Node;                   //新建头结点，由 head 指向
    head->next=NULL;                       //头结点的指针域置为空指针
    Node *p=head;                          //p 指向链表的最后一个结点，初值为 head
    while(n--) {                           //控制 n 次循环
        Node *q=new Node;                  //建立新结点，由 q 指向
        cin>>q->data;                      //输入数据域
        q->next=p->next;                   //给指针域赋值（NULL）
        p->next=q;                         //新结点链接到 p 所指结点之后
        p=q;                               //p 指向新结点，即新结点成为新的尾结点
    }
    return head;                           //返回头指针
}
//遍历以 head 为头指针的带头结点的单链表
void traverse(Node *head) {
    Node *p=head->next;                    //p 指向头结点之后的结点（第一个数据结点）
    while(p!=NULL) {                       //当链表未结束
        if(p!=head->next) cout<<" ";       //控制之间一个空格
        cout<<p->data;                     //访问当前结点
        p=p->next;                         //p 指向下一个结点
    }
    cout<<endl;
}
int main() {
    int n;
    cin>>n;
    Node* h=createByTail(n);               //建立顺序链表
    traverse(h);                           //遍历链表
    return 0;
}
```

另外，本题也可以多次调用 insertAfter 函数建立链表。具体代码如下：

```
#include<iostream>
using namespace std;
struct Node {                              //结点结构体类型
    int data;                              //数据域
    Node *next;                            //指针域，用于存放下一个结点的地址
};
//插入结点，在 head 为头指针的带头结点的单链表的第 i 个结点之后插入数据域值为 e 的结点
void insertAfter(Node *head, int i, int e) {
    if(i<0) return;                        //i 值太小，插入位置不合法
    Node *p=head;                          //p 指向头结点
    while(p!=NULL && i>0) {                //当链表未结束且还没有到第 i（初值）个
        p=p->next;                         //p 指向下一个结点
        i--;                               //计数器减 1
```

```
        }
        if(p==NULL) return;                //i 太大，插入位置不合法
        Node *q=new Node;                  //新建结点
        q->data=e;                         //新结点的数据域赋值
        q->next=p->next;                   //新结点链接到第 i+1 个结点（可能为 NULL）之前
        p->next=q;                         //新结点链接到 p 所指结点（第 i 个结点）之后
    }
    //遍历以 head 为头指针的带头结点的单链表
    void traverse(Node *head) {
        Node *p=head->next;                //p 指向头结点之后的结点（第一个数据结点）
        while(p!=NULL) {                   //当链表未结束
            if(p!=head->next) cout<<" ";   //控制之间一个空格
            cout<<p->data;                 //访问当前结点
            p=p->next;                     //p 指向下一个结点
        }
        cout<<endl;
    }
    int main() {
        int n,t;
        cin>>n;
        Node *h=new Node;                  //建立头结点
        h->next=NULL;                      //头结点的指针域置为空指针
        for(int i=0;i<n;i++) {             //循环 n 次，每次在第 i 个结点之后插入结点
            cin>>t;
            insertAfter(h,i,t);
        }
        traverse(h);                       //遍历链表
        return 0;
    }
```

因为此处调用 insertAfter 每次把新结点插入尾结点之后，每次都需要遍历链表找到最后一个结点，这种方法的时间效率要低于直接调用 createByTail 函数的方法。

例 8.3.2　逆序建立链表

输入一个整数 n，再输入 n 个整数，按照输入的逆序建立单链表，并遍历所建立的单链表，输出这些数据（数据之间留一个空格）。

输入样例：

5 1 2 3 4 5

输出样例：

5 4 3 2 1

本题可以直接调用 createByFront 函数建立逆序链表，再调用 traverse 遍历链表。具体代码如下：

```
//头插法
#include<iostream>
using namespace std;
struct Node {                              //结点结构体类型
```

```
    int data;                          //数据域
    Node *next;                        //指针域，用于存放下一个结点的地址
};
//创建逆序链表，新结点链接到头结点之后，第一个数据结点之前，函数返回头指针
Node *createByFront(int n) {           //头插法
    Node *head = new Node;             //新建头结点，由 head 指向
    head->next = NULL;                 //头结点的指针域置为空指针
    while(n--) {                       //控制 n 次循环
        Node *q=new Node;              //建立新结点
        cin>>q->data;                  //输入数据域
        q->next=head->next;            //新结点链接到第一个数据结点之前
                                       //第一个数据结点由 head->next 指向
        head->next=q;                  //新结点链接到头结点之后
    }
    return head;                       //返回头指针
}
//遍历以 head 为头指针的带头结点的单链表
void traverse(Node *head) {
    Node *p=head->next;                //p 指向头结点之后的结点（第一个数据结点）
    while(p!=NULL) {                   //当链表未结束
        if(p!=head->next)              //控制之间一个空格
            cout<<" ";
        cout<<p->data;                 //访问当前结点
        p=p->next;                     //p 指向下一个结点
    }
    cout<<endl;
}
int main() {
    int n;
    cin>>n;
    Node* h=createByFront(n);          //建立逆序链表
    traverse(h);                       //遍历链表
    return 0;
}
```

另外，本题也可以多次调用 insertAfter 函数建立链表。具体代码如下：

```
#include<iostream>
using namespace std;
struct Node {                          //结点结构体类型
    int data;                          //数据域
    Node *next;                        //指针域，用于存放下一个结点的地址
};
//插入结点，在 head 为头指针的带头结点的单链表的第 i 个结点之后插入数据域值为 e 的结点
void insertAfter(Node *head, int i, int e) {
    if(i<0) return;                    //i 太小，插入位置不合法
    Node *p=head;                      //p 指向头结点
    while(p!=NULL && i>0) {            //当链表未结束且还没有到第 i（初值）个
        p=p->next;                     //p 指向下一个结点
        i--;                           //计数器减 1
```

```
    }
    if(p==NULL) return;              //i 太大，插入位置不合法
    Node *q=new Node;               //新建结点
    q->data=e;                      //新结点的数据域赋值
    q->next=p->next;                //新结点链接到第 i+1 个结点（可能为 NULL）之前
    p->next=q;                      //新结点链接到 p 所指结点（第 i 个结点）之后
}
//遍历以 head 为头指针的带头结点的单链表
void traverse(Node *head) {
    Node *p=head->next;             //p 指向头结点之后的结点（第一个数据结点）
    while(p!=NULL) {                //当链表未结束
        if(p!=head->next) cout<<" "; //控制之间一个空格
        cout<<p->data;             //访问当前结点
        p=p->next;                 //p 指向下一个结点
    }
    cout<<endl;
}
int main() {
    int n,t;
    cin>>n;
    Node* h=new Node;               //建立头结点
    h->next=NULL;                   //头结点的指针域置为空指针
    for(int i=0;i<n;i++) {          //循环 n 次，每次在头结点之后插入结点
        cin>>t;
        insertAfter(h,0,t);
    }
    traverse(h);                    //遍历链表
    return 0;
}
```

因为此处调用 insertAfter 函数把新结点插入头结点之后，这种方法的时间效率与直接调用 createByFront 函数的方法相当。

8.4 在线题目求解

例 8.4.1 单链表就地逆置

输入多个整数，以–1 作为结束标志，顺序建立一个带头结点的单链表，之后对该单链表进行就地逆置（不增加新结点），并输出逆置后的单链表数据。

输入格式：

首先输入一个正整数 T，表示测试数据的组数，然后是 T 组测试数据。每组测试输入多个整数，以–1 作为该组测试的结束（–1 不处理）。

输出格式：

对于每组测试，输出逆置后的单链表数据（数据之间留一个空格）。

输入样例：

```
1
1 2 3 4 5 -1
```

输出样例：

```
5 4 3 2 1
```

本题采用先建立顺序链表，然后逆置链表的方法。逆置链表的思想类似建立逆序链表，区别在于后者是把每个新建的结点链接到头结点之后，而前者是把原有链表中的数据结点从第一个开始依次逐个取下来链接到新链表的头结点（直接使用原链表的头结点）之后。具体代码如下：

```cpp
#include<iostream>
using namespace std;
struct Node {
    int data;                              //数据域
    Node *next;                            //指针域
};
Node *createByTail();
void traverse(Node *head);
void reverse(Node *head);
int main() {
    int T;
    cin>>T;
    while(T--) {
        Node* h=createByTail();
        reverse(h);
        traverse(h);
    }
    return 0;
}
Node *createByTail() {                      //尾插法，新结点链接到表尾
    Node *head=new Node;                   //新建头结点，由 head 指向
    head->next=NULL;                       //头结点的指针域置为空指针
    Node *p=head;                          //p 指向链表的最后一个结点，初值为 head
    while(true) {                          //控制到特值-1 结束
        int t;
        cin>>t;
        if(t==-1) break;
        Node *q=new Node;                  //建立新结点，由 q 指向
        q->data=t;                         //数据域赋值
        q->next=p->next;                   //新结点链接到 p->next 所指结点之前
        p->next=q;                         //新结点链接到 p 所指结点之后
        p=q;                               //p 指向新结点，即新结点成为新的尾结点
    }
    return head;                           //返回头指针
}
void traverse(Node *head) {                //遍历链表
    Node *p=head->next;                    //p 指向第一个数据结点
    while(p!=NULL) {                       //当链表未结束
        if(p!=head->next) cout<<" ";       //控制之间一个空格
        cout<<p->data;                     //访问当前结点
        p=p->next;                         //p 指向下一个结点
```

```
        }
        cout<<endl;                                //访问当前结点
    }
//逆置链表，每次取下原链表的第一个数据结点链接到新链表的头结点之后，第一个数据结点之前
void reverse(Node *head) {
    Node *p=head->next;                            //p 指向第一个数据结点
    head->next=NULL;                               //头结点的指针域置为空指针
    while(p) {                                     //p 即 p!=NULL，表示链表未结束
        Node *q=p;                                 //q 指向剩余结点中的第一个
        p=p->next;                                 //p 指向下一个结点
        q->next=head->next;                        //原首结点链接到第一个数据结点之前
        head->next=q;                              //原首结点链接到头结点之后
    }
}
```

读者可以自行比较 reverse 函数与 createByFront 函数的异同之处，也可以画出链表就地逆置的示意图加深理解 reverse 函数。

例 8.4.2   查找图书

首先将给定的若干本图书的信息（书号、书名、定价）按输入的先后顺序加入一个单链表中；然后遍历单链表，寻找并输出价格最高的图书信息。若存在相同的定价，则按原始顺序全部输出。

输入格式：

首先输入一个正整数 T，表示测试数据的组数，然后是 T 组测试数据。每组测试的第一行输入正整数 n，表示有 n 本不同的书；接下来 n 行分别输入一本图书的信息。其中，书号由长度等于 6 的纯数字构成，而书名则由长度不超过 50 且不含空格的字符串组成，价格包含 2 位小数。

输出格式：

对于每组测试，输出价格最高的图书信息（书号、书名、定价），数据之间用一个空格隔开，定价的输出保留 2 位小数。

输入样例：

```
1
4
023689 DataStructure 26.50
123456 FundamentalsOfDataStructure 76.00
157618 FundamentalsOfC++Language 24.10
057618 OpereationSystem 76.00
```

输出样例：

```
123456 FundamentalsOfDataStructure 76.00
057618 OpereationSystem 76.00
```

本题可以先建立顺序链表，然后遍历链表找到最高价格，再遍历一遍链表输出价格等于最高价格的图书信息。具体代码如下：

```
#include<iostream>
```

```
#include<string>
using namespace std;
struct Book {                         //结点结构
    string bno, bname;                //书号、书名
    double bprice;                    //价格
    Book* next;                       //指针域
};
Book* createList(int n) {
    Book* head=new Book;
    Book* rear=head;
    for(int i=0; i<n; i++) {
        Book* s=new Book;
        cin>>s->bno>>s->bname>>s->bprice;
        rear->next=s;
        rear=s;
    }
    rear->next=NULL;                  //设置链表结束标志为空指针
    return head;
}
void maxPrice(Book* head) {           //求得最高价格，输出最高价格的图书信息
    Book* p=head->next;
    double max=0;
    while(p!=NULL) {                  //求得最高价格
        if(p->bprice>max) max=p->bprice;
        p=p->next;
    }
    p=head->next;
    while(p!=NULL) {                  //输出最高价格的图书信息
        if(p->bprice==max)
            printf("%s %s %.2lf\n",p->bno.c_str(), p->bname.c_str(), p->bprice);
        p=p->next;
    }
}
int main() {
    int T;
    cin>>T;
    while(T--) {
        int n;
        cin>>n;
        Book* h=createList(n);
        maxPrice(h);
    }
    return 0;
}
```

在建立顺序链表的 createList 函数中，创建头结点或新结点时可以不给其指针域赋值，只需最后把尾结点的指针域置为空指针 NULL 表示链表结束。为便于输出小数位数的控制，采用 printf 函数。需要注意的是 string 类型数据用格式字符 s 输出时，须先用成员函数 c_str()把该 string 类型数据转换为字符数组。另外，链表结点结构体类型习惯取名为 Node，但实际上可以是任意的合法用户自定义标识符，如本题中的 Book。

例 8.4.3　保持链表有序

对于输入的若干学生信息，按学号顺序从小到大建立有序链表，最后遍历链表，并按顺序输出学生信息。

输入格式：

首先输入一个正整数 T，表示测试数据的组数，然后是 T 组测试数据。每组测试数据首先输入一个正整数 n（$1 \leqslant n \leqslant 100$），表示学生的个数；然后输入 n 行信息，分别是学生的学号和姓名。其中，学号是 8 位的正整数（保证各不相同），姓名是长度不超过 10 且不含空格的字符串。

输出格式：

对于每组测试，按顺序输出学生信息，学号和姓名之间留一个空格（参看输出样例）。

输入样例：

```
1
3
20230108 Zhangsan
20220328 Lisi
20220333 Wangwu
```

输出样例：

```
20220328 Lisi
20220333 Wangwu
20230108 Zhangsan
```

本题的求解可以考虑两种思路，一种是在建立顺序或逆序链表后进行选择排序或冒泡排序；另一种是在每次输入数据时到已有链表（初始是空链表）中查找插入位置并插入新结点。

按照第一种思路，可以用冒泡或选择排序的思想编写排序函数。具体代码如下：

```cpp
#include<iostream>
#include<string>
using namespace std;
struct Stu {                          //数据信息
    string num;
    string name;
};
struct Node {                         //结点结构
    Stu s;                            //数据信息的结构体成员，便于整体交换
    Node *next;                       //指针域
};
void sortBubble(Node *head) {         //链表冒泡排序
    for(Node *p=head->next; p->next!=NULL; p=p->next) {
        for(Node *q=head->next,*r=q->next; r!=NULL; q=r,r=r->next) {
            if(q->s.num>r->s.num)  swap(q->s,r->s);
        }
    }
}
void sortSelect1(Node *head) {        //链表选择排序，找到最小值再交换
```

```
        for(Node *p=head->next; p->next!=NULL; p=p->next) {
            Node *r=p;
            for(Node *q=p->next; q!=NULL; q=q->next) {
                if (r->s.num>q->s.num) r=q;
            }
            if(r!=p) swap(r->s,p->s);
        }
    }
    void sortSelect2(Node *head) {              //选择排序，位置不对就交换
        for(Node *p=head->next; p->next!=NULL; p=p->next) {
            for(Node *q=p->next; q!=NULL; q=q->next) {
                if(p->s.num>q->s.num) {
                    swap(q->s,p->s);
                }
            }
        }
    }
    Node *createList(int n) {                    //建立逆序链表
        Node *head=new Node;
        head->next=NULL;
        for(int i=0; i<n; i++) {
            Node *p=new Node;
            cin>>p->s.num>>p->s.name;
            p->next=head->next;
            head->next=p;
        }
        return head;
    }
    void output(Node *head) {                    //遍历链表
        Node *p=head->next;
        while(p!=NULL) {
            cout<<p->s.num<<" "<<p->s.name<<endl;
            p=p->next;
        }
    }
    int main() {
        int T;
        cin>>T;
        while(T--) {
            int n;
            cin>>n;
            Node *head;
            head=createList(n);
            sortBubble(head);
            //sortSelect1(head);
            //sortSelect2(head);
            output(head);
        }
        return 0;
    }
```

　　简单起见，上面的代码在发现位置不合适时并不交换整个结点，而是交换结点的数据域的值。而为了方便整个数据信息的交换，链表结点结构中用了嵌套的结构体数据成员 *s*。上面第一种思路的代码调用的是链表冒泡排序函数 sortBubble，读者也可以调用使用选择排序思想的 sortSelect1 或 sortSelect2 函数（去掉相应注释）。

　　按照第二种思路，在建立链表的过程中查找新结点的插入位置并插入。具体代码如下：

```cpp
#include<iostream>
#include<string>
using namespace std;
struct Node {
    string name;
    int num;
    Node *next;
};
Node *createList(int n) {                    //创建有序链表
    Node *head=new Node;
    head->next=NULL;
    for(int i=0; i<n; i++) {
        Node *r=new Node;
        cin>>r->num>>r->name;
        Node *p=head, *q=head->next;
        while(q!=NULL) {                     //查找插入位置，插入 q 所指结点之前
            if(q->num>r->num) break;
            p=q;
            q=q->next;
        }
        r->next=q;
        p->next=r;
    }
    return head;
}
void outputList(Node *head) {                //遍历链表
    Node *p=head->next;
    while(p!=NULL) {
        cout<<p->num<<" "<<p->name<<endl;
        p=p->next;
    }
}
int main() {
    int T;
    cin>>T;
    while(T--) {
        int n;
        cin>>n;
        Node *h=createList(n);
        outputList(h);
    }
    return 0;
}
```

另外，使用 STL 之 list 可以更方便地求解本题，即在创建链表之后对链表进行排序。
具体代码如下：

```cpp
#include<iostream>
#include<string>
#include<list>
using namespace std;
struct S {
    string name;
    int num;
};
bool cmp(S a, S b) {                //比较函数，按学号 num 小者优先
    return a.num<b.num;
}
void solve() {
    list <S> lst;                   //定义链表 lst
    S t;
    int n;
    cin>>n;
    for(int i=0; i<n; i++) {        //创建顺序链表
        cin>>t.num>>t.name;
        lst.push_back(t);           //将元素 t 作为尾元素链入链表中
    }
    lst.sort(cmp);                  //对链表按学号升序排序
    for(auto it : lst) {            //遍历链表，这种 for 语句需 C++ 11 标准支持
        cout<<it.num<<" "<<it.name<<endl;
    }
}
int main() {
    int T;
    cin>>T;
    while(T--) {
        solve();
    }
    return 0;
}
```

使用 list 首先需要包含头文件 list。对于上述代码中的 "for(auto it : lst)"，关键字 auto 指定其后变量 it 的类型自动确定（此处为 lst 中元素的类型，即 S），这种 for 语句需 C++ 11 标准支持。

使用 list 的成员函数可简化链表相关题目的编程，list 的部分常用成员函数如表 8-1 所示。

表 8-1　list 部分常用成员函数

成　员　函　数	说　　　明
begin()	指向首元素的迭代器
end()	指向尾元素后一个位置的迭代器
clear()	清空链表

续表

成 员 函 数	说　　明
empty()	链表判空
size()	链表长度
push_back(val)	将 val 链接到链表的表尾
push_front(val)	将 val 链接到链表的表头
reverse()	逆置链表
merge(lst[,cmp])	归并有序链表，将有序链表 lst 有序地归并到原链表（需有序）中。默认按小于比较，可通过指定第二个参数 cmp（比较函数）表明比较规则
sort([cmp])	链表排序，默认按非递减序排序，可通过指定参数 cmp（比较函数）表明比较规则
unique()	去除链表中的重复元素，链表需先排序
erase(pos)	删除迭代器 pos 所指元素，返回 pos 所指元素的后继的迭代器；若在循环中多次删除元素，则常用以下方式：erase(pos++)或 pos=erase(pos)
erase(start, end)	删除迭代器区间[start，end)之间的元素
insert(pos,val)	在迭代器 pos 所指位置插入一个值为 val 的元素并返回其迭代器
pop_back()	删除链表的尾元素
pop_front()	删除链表的首元素
remove(val)	删除链表中所有值为 val 的元素

　　实际上，在后续课程或程序设计竞赛中，list 都用得不多，读者了解即可。而用户自定义链表是"数据结构"等后续课程的重要基础，在考研考试中也常涉及，希望读者熟练掌握。

习题

一、选择题

1. 单链表的访问规则是（　　）。

　　A. 随机访问　　　　　　　　　　B. 从头指针开始，顺序访问

　　C. 从尾指针开始，逆序访问　　　　D. 可以顺序访问，也可以逆序访问

2. 单链表的结点结构 Node 包含数据域 data、指针域 next，则 next 域存放的是（　　）。

　　A. 下一个结点的地址　　　　　　B. 下一个结点的值

　　C. 本结点的地址　　　　　　　　D. 本结点的值

3. 带头结点的单链表的结点结构 Node 包含数据域 data、指针域 next，头指针为 head，则第一个数据结点的数据域值是（　　）。

　　A. head->data　　B. head.data　　　C. head.next->data　　D. head->next->data

4. 带头结点的单链表的结点结构 Node 包含数据域 data、指针域 next，当前指针为 p，则使 p 指向下一个结点的语句是（　　）。

　　A. p->next=p->next->next;　　　　B. p->next=p;

　　C. p=p->next;　　　　　　　　D. p=p.next

5. 带头结点的单链表的结点结构 Node 包含数据域 data、指针域 next，当前指针为 p，

要把 q 所指结点链接到 p 所指结点之后的语句是（　　　）。

  A. q->next=p;　　　　　　　　　　B. p->next=q;

  C. p->next=q->next;　　　　　　　D. p=q->next;

 6. 带头结点的单链表的结点结构 Node 包含数据域 data、指针域 next，头指针为 head，要把 p 所指结点链接到 head 所指结点之后的语句是（　　　）。

  A. head->next=p; p->next=head->next;　　B. p->next=head->next; head->next=p;

  C. head->next=p;　　　　　　　　　　D. p->next=head->next;

 7. 带头结点的单链表的结点结构 Node 包含数据域 data、指针域 next，头指针为 head，判断链表为空的条件是（　　　）。

  A. head->next=NULL　　　　　　　B. head=NULL

  C. head->next==NULL　　　　　　　D. head.next==NULL

 8. 带头结点的单链表的结点结构 Node 包含数据域 data、指针域 next，已知 p、q、r 分别指向链表中连续的三个结点，下面删去 q 所指结点的语句错误的是（　　　）。

  A. p->next=q->next;　　　　　　　B. p->next=r;

  C. p->next=r->next;　　　　　　　D. p->next=p->next->next;

二、编程题

本章的编程题都要求使用**链表结构**完成。

1. 输出链表偶数结点。

先输入 N 个整数，按照输入的顺序建立链表；然后遍历并输出偶数位置上的结点信息。

输入格式：

首先输入一个正整数 T，表示测试数据的组数，然后是 T 组测试数据。每组测试的第一行输入整数的个数 N（$2 \leqslant N$），第二行依次输入 N 个整数。

输出格式：

对于每组测试，输出该链表偶数位置上的结点的信息。每两个数据之间留一个空格。

输入样例：

```
2
8
12 56 4 6 55 15 33 62
3
1 2 1
```

输出样例：

```
56 6 15 62
2
```

2. 使用链表进行逆置。

对于输入的若干学生信息，利用链表进行存储，并将学生的信息逆序输出。

要求将学生的完整信息存放在链表的结点中。通过链表的操作完成信息的逆序输出。

输入格式：

首先输入一个正整数 T，表示测试数据的组数，然后是 T 组测试数据。每组测试数据首

先输入一个正整数 n，表示学生的个数；然后是 n 行信息，分别表示学生的姓名（不含空格且长度不超过 10 的字符串）和年龄（正整数）。

输出格式：

对于每组测试，逆序输出学生信息（参看输出样例）。

输入样例：

```
1
3
Zhangsan 20
Lisi 21
Wangwu 20
```

输出样例：

```
Wangwu 20
Lisi 21
Zhangsan 20
```

3. 链表排序。

请以单链表存储 n 个整数，并实现这些整数的非递减排序。

输入格式：

测试数据有多组，处理到文件尾。每组测试输入两行，第一行输入一个整数 n，第二行输入 n 个整数。

输出格式：

对于每组测试，输出排序后的结果，每两个数据之间留一个空格。

输入样例：

```
6
3 5 1 2 8 6
```

输出样例：

```
1 2 3 5 6 8
```

4. 合并升序单链表。

依次输入递增有序的若干整数，分别建立两个单链表，将这两个递增的有序单链表合并为一个递增的有序链表。请尽量利用原有结点空间，合并后的单链表中不允许有重复的数据。

输入格式：

首先输入一个正整数 T，表示测试数据的组数，然后是 T 组测试数据。每组测试数据首先在第一行输入数据个数 n，每组测试数据的第二行和第三行分别输入 n 个递增有序的整数。

输出格式：

对于每组测试，输出合并后的单链表，每两个数据之间留一个空格。

输入样例：

```
1
5
```

```
1 3 5 7 9
4 6 8 10 12
```

输出样例:

```
1 3 4 5 6 7 8 9 10 12
```

5. 拆分单链表。

输入若干整数,先建立单链表 *A*,然后将单链表 *A* 分解为两个具有相同结构的链表 *B* 和 *C*,其中 *B* 链表的结点为 *A* 链表中值小于零的结点,而 *C* 链表的结点为 *A* 链表中值大于零的结点。请尽量利用原有结点空间。测试数据保证每个结果链表至少存在一个元素。

输入格式:

首先输入一个正整数 *T*,表示测试数据的组数,然后是 *T* 组测试数据。每组测试数据在一行上输入数据个数 *n* 及 *n* 个整数(不含 0)。

输出格式:

对于每组测试,分两行按原数据顺序输出链表 *B* 和 *C*,每行中的每两个数据之间留一个空格。

输入样例:

```
1
10 49 53 -26 79 -69 -69 18 -96 -11 68
```

输出样例:

```
-26 -69 -69 -96 -11
49 53 79 18 68
```

6. 约瑟夫环。

有 *n* 个人围成一圈(编号为 1~*n*),从第 1 号开始进行 1、2、3 报数,凡报 3 者就退出,下一个人又从 1 开始报数……直到最后只剩下一个人时为止。请问此人原来的位置是多少号?请用单链表或循环单链表完成。

输入格式:

测试数据有多组,处理到文件尾。每组测试输入一个整数 *n*。

输出格式:

对于每组测试,输出最后剩下那个人的编号。

输入样例:

```
10
69
```

输出样例:

```
4
68
```

7. 链表操作。

对于输入的若干学生信息(学号、姓名、年龄),要求使用链表完成如下过程。

(1)根据学生的信息建立逆序链表,并遍历该链表输出学生的信息。

（2）在第 m 个结点之后插入一个新学生结点并输出。

（3）删除某个学号的学生结点后输出。

输入格式：

首先输入一个正整数 T，表示测试数据的组数，然后是 T 组测试数据。每组测试数据首先输入一个正整数 n 表示学生的个数；然后输入 n 行信息，分别表示学生的学号、姓名（不含空格且长度都不超过 10 的字符串）和年龄（正整数）；接下来输入整数 m（$1 \leq m \leq n$）和一个新学生的学号、姓名、年龄；最后输入待删学生的学号（可能不存在，此时不需要删除）。

输出格式：

对于每组测试，依次输出描述中要求的学生信息（参见输出样例），每两组测试数据之间留一个空行。

输入样例：

```
1
3
1201 Zhangsan 20
1202 Lisi 21
1204 Wangwu 20
2 1203 Zhaoliu 19
1204
```

输出样例：

```
1204 Wangwu 20
1202 Lisi 21
1201 Zhangsan 20
1204 Wangwu 20
1202 Lisi 21
1203 Zhaoliu 19
1201 Zhangsan 20
1202 Lisi 21
1203 Zhaoliu 19
1201 Zhangsan 20
```

8. 市赛人员选拔（1）。

绍兴市计算机技能竞赛（程序设计）（简称市赛）报名之前，学校举行校计算机技能竞赛（简称校赛）进行选拔。老师根据校赛表现按能力值从高到低挑选 n 个人参加市赛。后来，因故未能参加校赛的小明申请参加市赛，老师评估确定他的能力值为 m，拟按能力值从高到低重新挑选 n 个人参赛。

要求：

（1）按原先的 n 个人的能力值从高到低（非递增序）建立链表。

（2）将小明的能力值插入该链表中，使链表仍然保持非递增序。

输入格式：

输入两行。第一行输入两个整数 n 和 m；第二行输入 n 个正整数（已按非递增序排列），表示原先的 n 个人的能力值。

输出格式：

输出两行。第一行输出原先具有参赛资格的 n 个人的能力值；第二行输出考虑小明后具有参赛资格的 n 个人的能力值；每行的每两个数据之间留一个空格。

输入样例：

```
5 6
8 7 6 5 4
```

输出样例：

```
8 7 6 5 4
8 7 6 6 5
```

9. 市赛人员选拔（2）。

绍兴市计算机技能竞赛（程序设计）（简称市赛）报名之前，学校举行校计算机技能竞赛（简称校赛）进行选拔。老师根据校赛表现按能力值从高到低挑选 n 个人参加市赛。后来，又增加了一个特殊要求：参赛人员的能力值必须各不相同。

要求：

（1）按原先的 n 个人的能力值按非递增序（从大到小，可相同）建立链表。

（2）删除链表中的重复能力值，使链表中的能力值保持降序（从大到小，各不相同）。

输入格式：

输入两行。第一行输入一个整数 n；第二行输入 n 个正整数，表示原先的 n 个人的能力值。

输出格式：

输出两行。第一行按非递增序输出原先具有参赛资格的 n 个人的能力值，第二行输出考虑特殊要求后具有参赛资格的若干人的能力值，每行的每两个数据之间留一个空格。

输入样例：

```
5
5 8 8 6 6
```

输出样例：

```
8 8 6 6 5
8 6 5
```

第9章

程序设计竞赛基础

9.1 递推与动态规划

例 9.1.1 铺满方格

有一个 $1×n$ 的长方形，由边长为 1 的 n 个方格构成。例如，当 $n=3$ 时为 $1×3$ 的方格长方形如图 9-1 所示。求用 $1×1$、$1×2$、$1×3$ 的骨牌铺满方格的方案总数。

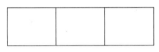

图 9-1 $1×3$ 的方格长方形

输入格式：

测试数据有多组，处理到文件尾。每组测试输入一个整数 n（$1≤n≤50$）。

输出格式：

对于每组测试，输出一行，包含一个整数，表示用骨牌铺满方格的方案总数。

输入样例：

3

输出样例：

4

本题是一个递推问题。若方格长方形原长为 $n-1$，则增加 1 个方格使得长度为 n 时，可以考虑分别用三种骨牌去铺该方格，如图 9-2 所示，若 $1×1$ 的骨牌，则铺法数与长度为 $n-1$ 时相同，若用 $1×2$ 的骨牌，则铺法数与长度为 $n-2$ 时相同，若用 $1×3$ 的骨牌，则铺法数与长度为 $n-3$ 时相同。

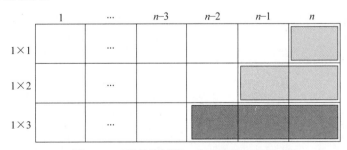

图 9-2 三种骨牌铺第 n 个方格的示意图

因此,可得用三种骨牌铺满方格的方案总数的递推式:$f(n)=f(n-1)+f(n-2)+f(n-3)(n≥4)$。又可知 $n=1$、2、3 时的铺法总数分别为 1、2、4。本题具体代码如下:

```
#include<iostream>
using namespace std;
const int N=51;
long long int A[N]={0,1,2,4};          //因数列递增速度相当快,故使用长长整型
void init() {
    for(int i=4; i<N; i++) {
        A[i]=A[i-1]+A[i-2]+A[i-3];
    }
}
int main() {
    init();
    int n;
    while(cin>>n) cout<<A[n]<<endl;
    return 0;
}
```

例 9.1.2　数塔(HDOJ 2084)

数塔如图 9-3 所示,每步只能走到下一行相邻的结点(图中有数字的方格),求从最顶层走到最底层所经过的所有结点的数字之和的最大值(最大和)。

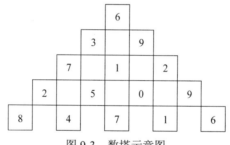

图 9-3　数塔示意图

输入格式:

首先输入一个正整数 T,表示测试数据的组数,然后是 T 组测试数据。每组测试数据第一行输入一个整数 $n(1≤n≤100)$,表示数塔的高度,接下来输入表示数塔的数字,共 n 行,第 i 行有 i 个整数。

输出格式:

对于每组测试,输出一行,包含一个整数,表示从最顶层走到最底层能得到的最大和。

输入样例:

```
1
5
6
3 9
7 1 2
2 5 0 9
8 4 7 1 6
```

输出样例：

32

若采用穷举法，从上往下逐条路径求和之后再找最大值，则时间效率低。本题可以考虑动态规划（Dynamic Programming，DP）的方法。动态规划的基本思想是采用一个数组记录所有已解子问题的解，并在此后尽可能地利用这些子问题的解。例 9.1.1 中，在得到递推式之后，把各项保存在一维数组中以便后续计算，实际上已经体现了 DP 的思想。对于 DP，一般需考虑四方面（四要素）：状态、转移方程、初值（边界）、结果。

数塔可采用二维数组表示，示意图如图 9-4 所示。

本题从下往上计算（从倒数第二行开始，每个结点只能从下一行相邻两个数中的大者走上来），取第一行数据为结果，此时 DP 的四要素如下。

图 9-4　二维数组表示的数塔

（1）状态：用 $f(i,j)$ 表达，表示到达 i 行 j 列时的最大值。

（2）转移方程：$f(i,j) = f(i,j) + \max(f(i+1,j), f(i+1,j+1))$，其中 $0 \leq j \leq i < n-1$。

（3）初值：输入 $f(n-1,j)$，其中 $0 \leq j < n$。

（4）结果：$f(0,0)$。

具体代码如下：

```cpp
#include<iostream>
using namespace std;
const int N=100;
int f[N][N];
int dpTower(int n) {                    //从下往上算
    int i, j;
    for(i=n-2; i>=0; i--) {             //从倒数第二行开始做
        for(j=0; j<=i; j++) {
            if(f[i+1][j]>f[i+1][j+1])   //斜走、竖走中取大者
                f[i][j] += f[i+1][j];
            else
                f[i][j] += f[i+1][j+1];
        }
    }
    return f[0][0];
}
void run() {
    int n;
    cin>>n;
    for(int i=0; i<n; i++) {
        for(int j=0; j<=i; j++) {
            cin>>f[i][j];
        }
    }
    cout<<dpTower(n)<<endl;
}
int main() {
```

```
    int T;
    cin>>T;
    while(T--) run();
    return 0;
}
```

例 9.1.3　最长有序子序列（ZOJ 2136）

对于给定一个数字序列$(a_1, a_2, \cdots, a_n)$，如果满足 $a_1<a_2<\cdots<a_n$，则称该序列是有序的。若在序列$(a_1, a_2, \cdots, a_n)$中删除若干元素得到的子序列是有序的，则称该子序列为一个有序子序列。有序子序列中长度最大的即为最长有序子序列。

例如，(1，3，5)、(3，5，8)、(1，3，5，9)等都是序列 (1，7，3，5，9，4，8) 的有序子序列；而(1，3，5，9)、(1，3，5，8)、(1，3，4，8)都是序列 (1，7，3，5，9，4，8) 的一个最长有序子序列，长度为 4。

请编写程序，求出给定数字序列中的最长有序子序列的长度。

输入格式：

首先输入一个正整数 T，表示测试数据的组数，然后是 T 组测试数据。每组测试数据第一行输入一个整数 n（$1 \leqslant n \leqslant 1000$），第二行输入 n 个整数，数据范围都在[0, 10000]，数据之间以一个空格分隔。

输出格式：

对于每组测试，输出 n 个整数所构成序列的最长有序子序列的长度。每两组测试的输出之间留一个空行。

输入样例：

```
1
7
1 7 3 5 9 4 8
```

输出样例：

```
4
```

本题求最长有序（升序）子序列（Longest Ordered Subsequence，LOS）的长度，也是一个 DP 入门题。此处的 LOS 又可称为最长上升子序列（Longest Increased Subsequence，LIS）。

设 n 个整数存放在 v 数组中，DP 的四要素如下。

（1）状态：以 $f(i)$ 表达，表示以第 i 个元素（$v[i]$）为尾元素的最长上升子序列的长度。

（2）转移方程：$f(i)=\max(f(j)+1, f(i))$，其中 $0 \leqslant j<i$ 且 $v[i]>v[j]$。

转移方程说明：寻找以某个 $v[j]$ 结尾的最长的上升子序列的长度 $\max(f(j))$，其中 $0 \leqslant j<i$ 且 $v[i]>v[j]$，然后将 $v[i]$ 添加到该子序列的尾部，构成更长的有序子序列。

（3）初值：$f(i)=1$，其中 $0 \leqslant i<n$，每个数本身可以构成长度为 1 的上升序列。

（4）结果：$\max(f(i))$，其中 $0 \leqslant i<n$。

编程实现时，可以增加一个辅助数组 f，$f[i]$ 表示以 $v[i]$ 结尾的最长上升子序列的长度，则 $f[0]=1$，i 从 1 到 $n-1$ 进行循环，用 $v[i]$ 与其之前的数据 $v[j]$（$0 \leqslant j \leqslant i-1$）比较，若 $v[i]>v[j]$，则 $f[i]$ 的值可以在其原值与 $f[j]+1$ 之间取大者。例如，样例输入对应的数组情况如下：

v 数组	1	7	3	5	9	4	8
f 数组	1	2	2	3	4	3	4

具体代码如下：

```cpp
#include<iostream>
using namespace std;
const int N=1000;
int v[N];                              //存放数值
int f[N];                              //辅助数组，存放 LOS 长度
int dpLos(int n) {
    int i, maxVal;
    for(i=0; i<n; i++) f[i]=1;          //初值
    for(i=1; i<n; i++) {                //从第 2 个开始计算
        for(int j=0; j<i; j++) {
            if(v[i]>v[j] && f[i]<f[j]+1) {   //若考虑下降序列，则改为 v[i]<v[j]
                f[i]=f[j]+1;
            }
        }
    }
    maxVal=f[0];
    for(i=1; i<n; i++) {
        if(f[i]>maxVal) maxVal=f[i];
    }
    return maxVal;
}
void run(int now) {
    int n;
    cin>>n;
    for(int i=0; i<n; i++) cin>>v[i];
    if(now>1) cout<<endl;
    cout<<dpLos(n)<<endl;
}
int main() {
    int T;
    cin>>T;
    for(int i=1; i<=T; i++) run(i);
    return 0;
}
```

考虑到上升子序列的有序性，可以在上升子序列中二分查找当前所考虑元素的位置，从而提高程序的运行效率。方便起见，使用 vector 保存最长上升子序列。具体代码如下：

```cpp
#include<iostream>
#include<vector>
using namespace std;
const int N=1000;
int v[N];                              //存放数值
int BSearch(vector <int> a, int t) {   //二分查找
    int n=a.size(), low=0, high=n-1;
```

```
    while (low<=high) {
        int mid=(low + high)/2;
        if(t==a[mid]) return mid;
        else if(t>a[mid]) low=mid+1;
        else high=mid-1;
    }
    return low;
}
int losBS(int a[], int n) {      //使用二分查找的最长上升子序列
    vector <int> tv;             //存放构成最长上升子序列的数据
    tv.push_back(a[0]);
    for(int i=1; i<n; i++) {
        int k=tv.size()-1;
        if(a[i]>tv[k]) {         //若当前考虑的数大于有序序列的尾元素则直接放最后
            tv.push_back(a[i]);
        }
        else {                   //在有序子序列中二分查找当前考虑的数的位置
            int j=BSearch(tv, a[i]);
            tv[j]=a[i];
        }
    }
    return tv.size();
}
void run(int now) {
    int n;
    cin>>n;
    for(int i=0; i<n; i++) cin>>v[i];
    if(now>1) cout<<endl;
    cout<<losBS(v, n)<<endl;
}
int main() {
    int T;
    cin>>T;
    for(int i=1; i<=T; i++) run(i);
    return 0;
}
```

例 9.1.4 0-1 背包问题

给定 n 种物品（每种仅一个）和一个容量为 c 的背包，要求选择物品装入背包，使得装入背包中物品的总价值最大。

输入格式：

测试数据有多组，处理到文件尾。每组测试数据输入 3 行，第 1 行为两个整数 n（$1 \leqslant n \leqslant 400$）和 c（$1 \leqslant c \leqslant 1500$），分别表示物品数量与背包容量，第二行为 n 个物品的重量 w_i（$1 \leqslant i \leqslant n$），第三行为这 n 个物品的价值 v_i（$1 \leqslant i \leqslant n$）。物品重量、价值都为整数。

输出格式：

对于每组测试，在一行上输出一个整数，表示装入背包的最大总价值。

输入样例：

```
4 9
2 3 4 5
3 4 5 7
```

输出样例：

```
12
```

本题依然是一个 DP 入门题，可通过填表方法进行分析。样例输入对应的物品情况如下：

下标	1	2	3	4
重量 w	2	3	4	5
价值 v	3	4	5	7
数量	1	1	1	1

由于背包容量为 9，装入背包可能达到的容量为 0~9，若无物品，则可得价值必为 0，因此可以构造得到初始二维表格如下：

	0	1	2	3	4	5	6	7	8	9
0	0	0	0	0	0	0	0	0	0	0
1										
2										
3										
4										

从下标为 1 的物品开始，逐一考虑某种物品是否装入背包。若某物品重量不大于剩余容量且装入后能使总价值增大，则装入该物品，否则不装入该物品，从而得到如下的结果表：

	0	1	2	3	4	5	6	7	8	9
0	0	0	0	0	0	0	0	0	0	0
1	0	0	3	3	3	3	3	3	3	3
2	0	0	3	4	4	7	7	7	7	7
3	0	0	3	4	5	7	8	9	9	12
4	0	0	3	4	5	7	8	10	11	12

因此，若背包容量为 c，n 种物品的重量、价值分别在 w、v 数组中，则 DP 的四要素如下。

（1）状态：以 $f(i,j)$ 表达，表示使用前 i 种物品构成背包容量为 j 时能获得的最大价值。

（2）转移方程：$f(i,j)=\max(f(i-1,j),f(i-1,j-w[i])+v[i])$，其中，$f(i-1,j)$（$1\leqslant i\leqslant n$，$0\leqslant j\leqslant c$）表示不装入（用）第 i 种物品，$f(i-1,j-w[i])+v[i]$（$1\leqslant i\leqslant n$，$w[i]\leqslant j\leqslant c$）表示用第 i

种物品。

（3）初值：$f(0,j)=0$，其中 $0 \leqslant j \leqslant c$。

（4）结果：$f(n,c)$。

具体代码如下：

```
#include<iostream>
using namespace std;
const int N=401;
const int M=1501;
int f[N][M];                              //下标从 1 开始用
int dpKnapSack(int n, int w[], int v[], int c) {
    int i,j;
    for(j=0; j<=c; j++) f[0][j]=0;
    for(i=1; i<=n; i++) {
        for(j=0; j<=c; j++) {
            if(j<w[i])                    //第 i 种物品放不下，肯定不用该物品
                f[i][j]=f[i-1][j];
            else                          //在用与不用第 i 种物品中取大者
                f[i][j]=max(f[i-1][j], f[i-1][j-w[i]] + v[i]);
        }
    }
    return f[n][c];
}
int main() {
    int w[N], v[N];
    int n, c, i;
    while(cin>>n>>c) {
        for(i=1; i<=n; i++) cin>>w[i];
        for(i=1; i<=n; i++) cin>>v[i];
        cout<<dpKnapSack(n, w, v, c)<<endl;
    }
    return 0;
}
```

上面的代码中，当前行数据的计算仅与上一行数据有关，因此可用两个一维（滚动）数组的方法。实际上，0-1 背包问题可以仅用一个一维数组求解，此时 DP 的四要素如下。

（1）状态：$f(j)$，表示使用前 i 种物品构成背包容量为 j 时能获得的最大价值。

（2）转移方程：$f(j)=\max(f(j),f(j-w[i])+v[i])$，其中，前者 $f(j)$（$0 \leqslant j \leqslant c$）表示不用第 i 种物品，后者 $f(j-w[i])+v[i]$（$1 \leqslant i \leqslant n$，$w[i] \leqslant j \leqslant c$）表示用第 i 种物品。

（3）初值：$f(j)=0$，$0 \leqslant j \leqslant c$。

（4）结果：$f(c)$。

具体代码如下：

```
#include<iostream>
using namespace std;
const int N=401;
const int M=1501;
int f[M];                                 //下标从 1 开始用
```

```
int dpKnapSack(int n, int c,int w[],int v[]) {
    int i,j;
    for(i=0;i<=c;i++) f[i]=0;
    for(i=1; i<=n; i++) {
        for(j=c; j>=w[i]; j--) {                //从后往前计算，保证每种物品最多只用一个
            f[j]=max(f[j], v[i]+f[j-w[i]]);
        }
    }
    return f[c];
}
int main() {
    int w[N], v[N];
    int n, c, i;
    while(cin>>n>>c) {
        for(i=1; i<=n; i++) cin>>w[i];
        for(i=1; i<=n; i++) cin>>v[i];
        cout<<dpKnapSack(n, c, w, v)<<endl;
    }
    return 0;
}
```

需要注意的是，为保证每种物品最多只用一次，背包的容量应从 c 到 0 进行逆序循环。因为考虑下标为 i 的物品（重量为 $w[i]$）时，对于背包容量 j（$c\sim w[i]$），若考虑放入该物品，则背包的剩余容量（$j-w[i]$）因尚未计算而不可能放入该物品，从而能够保证下标为 i 的物品最多仅用一个。若背包的容量改为从 $w[i]$ 到 c 进行顺序循环，则每种物品都可以重复使用任意个，从而成为完全背包问题。具体代码如下：

```
//完全背包
int dpKnapSack(int n,int w[],int v[],int c) {
    int i,j;
    for(i=1;i<=c;i++) f[i]=0;
    for(int i=1; i<=n; i++) {
        for(int j=w[i]; j<=c; j++) {        //每种物品可用任意个，成为完全背包问题
            f[j]=max(f[j], v[i]+f[j-w[i]]);
        }
    }
    return f[c];
}
```

对于每种物品个数有限的多重背包问题，可以考虑转换为 0-1 背包问题求解，或结合物品个数确定 DP 四要素再求解。

9.2 简单数学问题

例 9.2.1 奇数平方和
输入一个奇数 n，请计算：$1^2+3^2+5^2+\cdots+n^2$。测试数据保证最终结果不会超出 $2^{63}-1$。

输入格式：

测试数据有多组，处理到文件尾。每组测试数据输入一个奇数 n。

输出格式：

对于每组测试，输出奇数的平方和。

输入样例：

```
3
```

输出样例：

```
10
```

本题如果逐个平方和累加，在线做题时可能导致超时。如何提高效率呢？可以根据连续平方和公式 $1^2+2^2+\cdots+k^2= k(k+1)(2k+1)/6$，推导得到奇数平方和公式如下：

$$1^2+3^2+\cdots+k^2=k(k+1)(k+2)/6 \quad （其中，k 为奇数）$$

考虑到直接计算 $k(k+1)(k+2)$ 可能产生溢出问题，可以先用 $(k+1)$ 除以 2 再乘以另外两项最后再除以 3。具体代码如下：

```cpp
#include<iostream>
using namespace std;
int main() {
    unsigned long long int n;
    while(cin>>n) {
        n=(n+1)/2*n*(n+2)/3;
        cout<<n<<endl;
    }
    return 0;
}
```

例 9.2.2　幂次取余（HDOJ 1420）

给定三个正整数 A、B 和 C，求 $A^B \bmod C$ 的结果，其中 mod 表示求余数。

输入格式：

首先输入一个正整数 T，表示测试数据的组数，然后是 T 组测试数据。每组测试数据输入三个正整数 A、B、C（A，B，$C \leqslant 1000000$）。

输出格式：

对于每组测试，输出计算后的结果，每组测试的输出占一行。

输入样例：

```
2
3 3 5
4 4 6
```

输出样例：

```
2
4
```

显然，直接循环迭代求解 A 的 B 次方将很快产生溢出问题。因此，可以考虑同余的性质：

$$(A \times A \times \cdots \times A)\%C = (A \times \cdots \times (A \times (A\%C))\%C\cdots)\%C$$

本题可以采用迭代法或递归法求解，具体代码如下：

```
#include<iostream>
using namespace std;
int mod(int a, int b, int c) { //迭代法
    long long int base=a;        //中间结果可能溢出 int 范围，故选择 long long int
    int res;                     //结果不会超出 INT_MAX，故可用 int
    for(int pow=1; pow<=b; pow++) {
        base=base%c;
        res=base;
        base*=a;
    }
    return res;
}
int pow(int a, int b, int c) { //递归法，效率高于上面的 mod 函数
    if(b==0) return 1;
    if(b==1) return a%c;
    long long int t=pow(a, b/2, c);
    if(b%2==0) return t*t%c;
    else return t*t*a%c;
}
void run(int now) {
    int a,b,c;
    cin>>a>>b>>c;
    cout<<mod(a, b, c)<<endl;
    cout<<pow(a, b, c)<<endl;
}
int main() {
    int total;
    cin>>total;
    for(int now=1; now<=total; now++) run(now);
    return 0;
}
```

9.3 大整数运算

例 9.3.1 大斐波数（HDOJ 1715）

斐波那契数列是这样定义的：$f(1)=1$；$f(2)=1$；$f(n)=f(n-1)+f(n-2)$（$n \geq 3$）。所以，斐波那契数列为 1，1，2，3，5，8，13，…

输入一个整数 n，求斐波那契数列的第 n 项。

输入格式：

首先输入一个正整数 T，表示测试数据的组数，然后输入 T 组测试数据。每组测试数据输入一个整数 n（$1 \leq n \leq 1000$）。

输出格式：

对于每组测试，在一行上输出斐波那契数列的第 n 项 $f(n)$。

输入样例：

```
2
4
5
```

输出样例：

```
3
5
```

由于斐波那契数列增长速度快，若使用 int 类型保存结果，则从 $n=47$ 开始产生数据溢出。因此，需要采用两个大整数的加法，这可以通过调用例 5.3.4 中的 bigAdd 函数实现。在这里，为使读者拓展思路，并进一步熟悉 vector 的用法，采用 vector 实现大整数加法。为提高程序的执行效率，可以一次性把 1000 以内斐波那契数列的所有项计算出来并存放在结果数组 result 中，达到空间换时间的目的。具体代码如下：

```cpp
#include<iostream>
#include<string>
#include<vector>
using namespace std;
string result[1001]={"0","1","1"};
string getStr(vector <int> v) {
    string s="";
    int n=v.size();
    for(int i=0; i<n; i++)
        s=s+(char)(v[i]+'0');
    return s;
}
void bigAdd(vector <int> v1,vector <int> v2,vector <int> &v3) {
    int t,c=0,i;
    int k=v2.size()-v1.size();
    for(i=v1.size()-1; i>=0; i--) {
        t=(v1[i]+v2[k+i]+c);
        v3.insert(v3.begin(),t%10);
        c=t/10;
    }
    for(i=k-1; i>=0; i--) {
        t=(v2[i]+c);
        v3.insert(v3.begin(),t%10);
        c=t/10;
    }
    if(c>0) v3.insert(v3.begin(),c);
}
void copy(vector <int> v1,vector <int> &v2) {
    if(v2.size()<v1.size()) v2.resize(v1.size());
    for(int i=0; i<v2.size(); i++) v2[i]=v1[i];
}
```

```
void initFib() {
    vector <int> v1,v2,v3;
    v1.push_back(1);
    v2.push_back(1);
    for(int i=3; i<=1000; i++) {
        v3.clear();
        bigAdd(v1,v2,v3);
        result[i]=getStr(v3);
        copy(v2,v1);
        copy(v3,v2);
    }
}
bool run() {
    int n;
    if(!(cin>>n)) return false;
    cout<<result[n]<<endl;
    return true;
}
int main() {
    int n;
    cin>>n;
    initFib();
    for(int i=0; i<n; i++) run();
    return 0;
}
```

例 9.3.2 大数和（ZJUTOJ 1214）

输入若干整数，计算它们的和。

输入格式：

测试数据有多组。对于每组测试，首先输入一个整数 n（$n \leq 100$），接着输入 n 个整数（位数可能达到 200，也可能是负数）。若 $n=0$，则输入结束。

输出格式：

对于每组测试，输出 n 个整数之和，每个结果单独占一行。

输入样例：

```
2
43242342342342
-1234567654321
0
```

输出样例：

```
42007774688021
```

本题涉及两个大整数的加法和减法。两个大整数的加法已在例 5.3.4 中讨论，此处不再赘述。对于两个无符号大整数减法（结果非负），其基本思路是把两个大整数作为字符串处理，通过逆置两个字符串实现右对齐，并逐位相减。需要注意，借位处理及相减后前导 0 的处理。而两个带符号大整数的加法需要考虑两个正数、一正一负、一负一正及两个负数等四种情况；若两个运算数同号，则调用大整数加法函数 bigAdd，否则调用大整数减法函数 bigMinus。为方便实现两个大整数的减法运算，定义比较函数 cmp 比较两个运算数的大小。具体代码如下：

```cpp
#include<iostream>
#include<string>
#include<algorithm>
using namespace std;
//比较两个字符串，结果返回 -1,0,1
int cmp(string s, string t) {
    if(s.size()>t.size()) return 1;
    if(s.size()<t.size()) return -1;
    if(s==t) return 0;
    else if(s>t) return 1;
    else return -1;
}
// 两个无符号数相加
string bigAdd(string s, string t) {
    if(s.size()<t.size()) swap(s,t);
    reverse(s.begin(),s.end());
    reverse(t.begin(),t.end());
    int carry=0;
    for(int i=0; i<s.size(); i++) {
        int d=carry;
        if(i<s.size()) d=d+s[i]-'0';
        if(i<t.size()) d=d+t[i]-'0';
        s[i]=d%10+'0';
        carry=d/10;
    }
    if(carry>0) s=s+"1";
    reverse(s.begin(),s.end());
    return s;
}
// 两个无符号数相减，结果不为负
string bigMinus(string s, string t) {
    reverse(s.begin(),s.end());
    reverse(t.begin(),t.end());
    for(int i=0; i<s.size(); i++) {
        char tmp='0';
        if(i<t.size()) tmp=t[i];
        if(s[i]-tmp<0) {
            s[i]=10+s[i];
            s[i+1]--;
        }
        s[i]=s[i]-tmp+'0';
    }
    int j;
    for(j=s.size()-1; j>=0; j--) {          //清除前导的 0
        if(s[j]!='0')   break;
    }
```

```
        if(j==-1) s="0";
        else s=s.substr(0,j+1);
        reverse(s.begin(), s.end());
        return s;
    }
    string bigAddSigned(string s, string t){   //两个有符号的大整数相加，考虑4种情况
        if(s[0]!='-' && t[0]!='-') {             //+,+
            if(s=="0" && t=="0") s="0";
            else s=bigAdd(s,t);
        }
        else if(s[0]=='-' && t[0]=='-') {      //-,-
            s=s.substr(1,s.size()-1);
            t=t.substr(1,t.size()-1);
            s="-" + bigAdd(s,t);
        }
        else if(s[0]!='-' && t[0]=='-') {      //+,-
            t=t.substr(1,t.size()-1);
            if(cmp(s,t)==1) s=bigMinus(s,t);
            else if(cmp(s,t)==-1) s="-" + bigMinus(t,s);
            else s="0";
        }
        else if(s[0]=='-' && t[0]!='-') {      //-,+
            s=s.substr(1,s.size()-1);
            if(cmp(t,s)==1) s=bigMinus(t,s);
            else if(cmp(t,s)==-1) s="-" + bigMinus(s,t);
            else s="0";
        }
        return s;
    }
    bool run() {
        int n;
        cin>>n;
        if(n==0) return false;
        string sum="0";
        for(int i=0; i<n; i++) {
            string s;
            cin>>s;
            sum=bigAddSigned(sum,s);
        }
        cout<<sum<<endl;
        return true;
    }
    int main() {
        while(run());
        return 0;
    }
```

例 9.3.3　*n*!（HDOJ 1042）

输入一个非负整数 *n*，求 *n*!。

$$n\,!=\begin{cases}1, & n=0,\,1 \\ 1\times2\times\cdots\times n, & n\geqslant2\end{cases}$$

输入格式：

测试数据有多组，处理到文件尾。每组测试数据输入一个整数 n（$0\leqslant n\leqslant10000$）。

输出格式：

对于每组测试，输出整数 n 的阶乘。

输入样例：

```
5
```

输出样例：

```
120
```

本题本质上是一个大整数与一个整数的乘法，可以考虑使用字符串实现，先定义一个大整数与一个一位整数相乘的函数 bigMulStringSimple，再定义一个逐个取第二个整数的每位作为第二个参数调用 bigMulStringSimple 函数。通用起见，定义一个用于求两个大整数乘积的函数 bigMulString，该函数调用 bigMulStringSimple 和实现大整数加法的 bigAdd 函数。通过把整数 n 转换为字符串，可以调用 bigMulString 求得 $n!$。具体代码如下：

```cpp
#include<iostream>
#include<string>
#include<algorithm>
using namespace std;
//大整数加法，两个大整数分别放在字符串s,t中
string bigAdd(string s, string t) {
    if (s.size()<t.size()) swap(s,t);
    reverse(s.begin(),s.end());
    reverse(t.begin(),t.end());
    int carry=0;
    for(int i=0; i<s.size(); i++) {
        carry+=s[i]-'0';
        if(i<t.size()) carry+=t[i]-'0';
        s[i]=carry%10+'0';
        carry/=10;
    }
    reverse(s.begin(),s.end());
    if(carry>0) s="1"+s;
    return s;
}
//字符串形式的大整数s与一位整数c相乘
string bigMulStringSimple(string s, int c) {
    if(c==0) return "0";
    reverse(s.begin(),s.end());
    int carry=0;
    for(int i=0; i<s.size(); i++)    {
        int d=(s[i]-'0')*c+carry;
        s[i]=d%10+'0';
```

```
            carry=d/10;
        }
        if(carry>0) s.insert(s.end(), carry+'0');
        reverse(s.begin(),s.end());
        return s;
}
//字符串形式的大整数乘法，两个大整数分别放在字符串 s,t 中
string bigMulString(string s, string t) {
    if(t=="0" || s=="0") return "0";
    string result="";
    for(int i=0; i<t.size(); i++) {
        int d=(t[i]-'0');
        string tmp=bigMulStringSimple(s,d);
        result=bigAdd(result+"0",tmp);
    }
    return result;
}
//把整数转换为字符串
string i2s(int n) {
    string s="";
    while(n>0) {
        char c=n%10+'0';
        s=c+s;
        n/=10;
    }
    return s;
}
int main() {
    int n;
    while(cin>>n) {
        string a="1", b;
        for(int i=2; i<=n; i++) {
            b=i2s(i);
            a=bigMulString(a,b);
        }
        cout<<a<<endl;
    }
    return 0;
}
```

　　但是，此代码的执行效率不高，在线提交可能得到超时反馈。为避免超时，使用一个整型数组存放大整数，且每个数组元素存放大整数中的 5 个数位。通过定义并调用函数 mul，可以更高效地求得 n!，该函数用一维数组存放大整数并与一个整数相乘。具体代码如下：

```
#include<iostream>
using namespace std;
//每个数组元素存放 5 个数位
const int MAX=100000;                    //%MAX 后结果为[0,99999]
const int N=10001;
int a[N]={0};
```

```
void prtBig(int n) {
    for(int i=0; i<n; i++) {
        if(i==0) printf("%d",a[i]);          //最高位忽略前导 0
        else printf("%05d",a[i]);            //非最高位按 5 位输出
    }
    printf("\n");
}
void mul(int &n, int k) {                     //引用参数 n 为数组长度，k 为整数
    int c=0;
    for(int i=n-1; i>=0; i--) {               //从最低位开始乘
        int t=a[i]*k+c;
        a[i]=t%MAX;
        c=t/MAX;
    }
    if(c>0) {                                 //最后的进位放在最前面
        for(int j=n; j>0; j--)                //移位
            a[j]=a[j-1];
        a[0]=c;                               //进位放在最高位
        n++;                                  //n 变化则实参也变
    }
}
bool run() {
    int n;
    if(scanf("%d",&n)==EOF) return false;
    fill(a,a+N,0);                            //所有数组元素清 0
    a[0]=a[1]=1;                              //0,1 的阶乘为 1
    int m=1;                                  //数组实际长度一开始为 1
    for(int i=2; i<=n; i++) {                 //从 2 开始乘
        mul(m, i);
    }
    prtBig(m);
    return true;
}
int main() {
    while(run());
    return 0;
}
```

9.4　搜索入门

例 9.4.1　乡村畅通工程

全面推进乡村振兴，坚持农业农村优先发展，巩固拓展脱贫攻坚成果，加快建设农业强国，离不开各乡镇的乡村畅通工程。这里的乡村畅通是指各乡镇的任何两个村庄之间都有公路相互可达（不要求直达）。已知某乡镇的若干村庄之间的直达公路情况，请确定最少还需修建多少条公路才能达成"乡村畅通"的目标。

输入格式：

测试数据有多组，处理到文件尾。对于每组测试，先输入两个正整数 n（$1<n\leqslant100$）和

m，分别表示村庄数目和公路数目；然后输入 m 行，每行包含两个不同的正整数 a、b（$1 \leqslant a$，$b \leqslant n$），表示编号为 a、b 的两个村庄之间存在一条直达公路。简单起见，村庄从 1 开始编号。

输出格式：

对于每组测试，在一行上输出一个整数，表示达成"乡村畅通"的目标最少还需修建的道路数目。

输入样例：

```
4 2
1 3
4 3
```

输出样例：

```
1
```

本题本质上是求非连通图共有几个连通分量。可以采用连通图的深度优先搜索（depth first search，dfs）或广度/宽度优先搜索（breadth first search，bfs）的方法求解。

dfs 的方法如下。

（1）访问起始顶点 s。

（2）依次从 s 的未被访问的邻接点（一条边的两个顶点互为邻接点）出发，对图进行 dfs，直至图中所有顶点都被访问。

若是非连通图，则一次 dfs 之后图中尚有顶点未被访问，此时可从中选择未被访问的顶点出发继续 dfs，直到图中所有顶点均被访问为止。每完成一次 dfs，则连通分量个数增 1。对于顶点是否被访问过，可以采用标记数组的方法：标记数组元素初值都设为 false，一旦访问了某个顶点就把其对应的标记数组元素值置为 true。具体代码如下：

```cpp
#include<iostream>
using namespace std;
const int N=100;
int mat[N][N];          //mat[i][j]的值为 1 表示 i、j 之间有边，值为 0 表示之间无边
bool visited[N];        //标记数组，visited[i]为 true 表示顶点 i 已访问过
int n;
void dfs(int i) {
    visited[i]=true;
    for(int j=0; j<n; j++) {
        if(visited[j]==false&&mat[i][j]==1) dfs(j);
    }
}
bool run() {
    int i,j,m,x,y,cnt=0;
    if(!(cin>>n>>m)) return false;
    fill(visited, visited+n, false);
    fill(&mat[0][0], &mat[n-1][n-1]+1, 0);
    for(i=0; i<m; i++) {
        cin>>x>>y;
        mat[x-1][y-1]=1;
```

```
        mat[y-1][x-1]=1;
    }
    for(i=0; i<n; i++) {
        if(visited[i]==false) {
            cnt++;
            dfs(i);
        }
    }
    cout<<cnt-1<<endl;
    return true;
}
int main() {
    while(run());
    return 0;
}
```

上述代码中的 dfs 函数是一个递归函数。递归函数都隐含使用了"栈"这种数据结构。栈是一种限定插入、删除操作都只能在表尾（栈顶）进行的线性结构。具有"先进后出"特点的问题可借助栈求解。

STL 之 stack 实现栈的功能，其常用成员函数如表 9-1 所示。

表 9-1　stack 常用成员函数

成 员 函 数	说　明
empty()	判断栈是否为空，是则返回 true，否则返回 false
pop()	出栈，将栈顶元素删去
push(val)	入栈，将 val 入栈，使其成为栈顶元素
size()	栈中的元素个数
top()	取得栈顶元素

本题还可以使用 bfs 的方法求解。

bfs 的方法如下。

（1）访问起始顶点 s。

（2）对 s 的所有未被访问的邻接点（设为 v_1，v_2，…，v_k）进行访问，并按照先后的顺序再依次访问 v_i（$1 \leqslant i \leqslant k$）的邻接点；直至图中所有顶点都被访问。

这种方法中，对于任意两个顶点 i，j，若 i 在 j 之前访问，则 i 的所有未被访问的邻接点将在 j 的所有未被访问的邻接点之前访问，具有"先进先出"的特点，因此可借助队列这种数据结构实现。队列是一种限定插入操作只能在表尾（队尾）而删除操作只能在表头（队头）进行的线性结构。STL 之 queue 实现队列的功能，常用成员函数如表 9-2 所示。

表 9-2　queue 常用成员函数

成 员 函 数	说　明
empty()	判断队列是否为空，是则返回 true，否则返回 false
pop()	出队，将队头元素删去
push(val)	入队，将 val 入队，使其成为队尾元素

成 员 函 数	说　　明
size()	队列中的元素个数
front()	取得队列头元素

对于非连通图，可以多次选择未被访问的顶点出发进行 bfs，直到所有顶点都被访问。而顶点是否被访问依然采用标记数组的方法。本题采用 bfs 方法的具体代码如下：

```
#include<iostream>
#include<queue>
using namespace std;
const int N=100;
int n;
int mat[N][N];
bool visited[N];
void bfs(int s) {
    queue<int> Q;
    visited[s]=true;
    Q.push(s);
    while(Q.empty()==false) {
        int v=Q.front();
        Q.pop();
        for(int i=0; i<n; i++) {
            if(mat[v][i]==1 && visited[i]==false) {
                visited[i]=true;
                Q.push(i);
            }
        }
    }
}
bool run() {
    int i,j,m,x,y,cnt=0;
    if(!(cin>>n>>m)) return false;
    fill(visited, visited+n, false);
    fill(&mat[0][0], &mat[n-1][n-1]+1, 0);
    for(i=0; i<m; i++) {
        cin>>x>>y;
        mat[x-1][y-1]=1;
        mat[y-1][x-1]=1;
    }
    for(i=0; i<n; i++) {
        if(visited[i]==false) {
            cnt++;
            bfs(i);
        }
    }
    cout<<cnt-1<<endl;
    return true;
}
```

```
int main() {
    while(run());
    return 0;
}
```

在 bfs 方法中，先访问起始顶点，然后访问 1 步能到达的顶点，再访问 2 步能到达的顶点，……可见，bfs 方法依照路径长度递增的顺序访问各个顶点。

例 9.4.2　迷宫问题之能否走出

小明某天不小心进入了一个迷宫，如图 9-5 所示，请帮他判断能否走出迷宫。

输入格式：

测试数据有多组，处理到文件尾。每组测试数据首先输入 2 个数 n、m（$0<n, m \leqslant 100$），代表迷宫的高和宽，然后 n 行，每行 m 个字符，各字符的含义如下。

'S'代表小明现在所在的位置；'T'代表迷宫的出口；'#'代表墙，不能走；'.'代表路，可以走。

输出格式：

对于每组测试，若能成功脱险，输出 YES，否则输出 NO。

输入样例：

```
4 4
S...
#..#
..#.
...T
```

输出样例：

```
YES
```

例 9.4.1 是从顶点出发进行搜索。本题也是一个搜索问题，但需要从迷宫具体位置（包含行、列信息）出发进行搜索。为此，可以设计一个结构体类型，表达迷宫中一个位置的信息。为方便表达上、下、左、右四个方向，设计一个二维增量数组 dir。设当前位置是 (x, y)，则上、下、左、右四个位置如图 9-6 所示。

S	.	.	.
#	.	.	#
.	.	#	.
.	.	.	T

图 9-5　迷宫示意图

	$x-1, y$	
$x, y-1$	x, y	$x, y+1$
	$x+1, y$	

图 9-6　方向数组增量示意图

因此，方向增量数组可以定义如下：

```
int dir[4][2]={{0,1},{1,0},{0,-1},{-1,0}};        //对应右、下、左、上四个方向
```

为避免重复走到相同位置而陷入死循环，使用一个二维标记数组 visited。是否成功走出迷宫可以采用一个标记变量来记录。本题可以采用 dfs 或 bfs 的方法实现。本题采用 dfs

方法求解的具体代码如下：

```cpp
#include<iostream>
using namespace std;
struct Pos {                                    //迷宫的一个格中的信息
    int x, y;                                   //行下标、列下标
};
const int M=100, N=100;                         //最大的行、列数
bool visited[M][N];                             //标记数组
int m, n;                                       //实际的行、列数
int dir[4][2]={{0,1},{1,0},{0,-1},{-1,0}};      //方向增量数组
char maze[M][N];                                //迷宫数组
bool success;                                   //是否成功走出迷宫的标记变量
void dfs(Pos s, Pos t) {                        //深度优先搜索，参数为起点、终点
    if(s.x==t.x && s.y==t.y) {
        success=true;
        return;
    }
    if(success==true) return;
    visited[s.x][s.y]=true;
    for(int i=0; i<4; i++) {
        Pos e={s.x+dir[i][0], s.y+dir[i][1]};   //可能可走的点
        if(e.x<0 || e.x==m || e.y<0 ||e.y==n)    continue;
        if(visited[e.x][e.y]==true || maze[e.x][e.y]=='#') continue;
        dfs(e, t);
        visited[e.x][e.y]=false;
    }
}
Pos S, T;
void input() {
    for(int i=0; i<m; i++) {
        for(int j=0; j<n; j++) {
            cin>>maze[i][j];
            if(maze[i][j]=='S') S.x=i, S.y=j;
            else if(maze[i][j]=='T') T.x=i, T.y=j;
        }
    }
}
int main() {
    while(cin>>m>>n) {
        input();
        fill(&visited[0][0],&visited[m-1][n-1]+1, false);
        success=false;
        dfs(S,T);
        if(success==true) cout<<"YES\n";
        else cout<<"NO\n";
    }
    return 0;
}
```

例 9.4.3　迷宫问题之几种走法

小明某天不小心进入了一个迷宫，如图 9-5 所示，请帮他判断能否出走出迷宫，如果可能，则输出一共有多少种不同的走法（对于某种特定的走法，必须保证不能多次走到同一个位置）。如果不能走到出口，则输出 impossible。每次走只能是上、下、左、右四个方向之一。

输入格式：

测试数据有多组，处理到文件尾。每组测试数据首先输入 2 个整数 *n*、*m*（0<*n*、*m*≤100），代表迷宫的高和宽，然后 *n* 行，每行 *m* 个字符，各字符的含义如下。

'S'代表小明现在所在的位置；'T'代表迷宫的出口；'#'代表墙，不能走；'.'代表路，可以走。

输出格式：

对于每组测试，输出一共有多少种不同的走法，若不能走出则输出 impossible。

输入样例：

```
4 4
S...
#..#
..#.
...T
```

输出样例：

```
4
```

本题与例 9.4.2 的不同之处在于不再是找到出口即结束搜索，而是需要统计找到出口的方案数，因此可以把例 9.4.2 的标记变量 success 改为计数器变量 cnt，每当找到出口则计数器增 1，然后回溯到上一个位置继续搜索。具体代码如下：

```cpp
#include<iostream>
using namespace std;
struct Pos {                            //迷宫的一个格中的信息
    int x, y;                           //行下标、列下标
};
const int M=100, N=100;                 //最大的行、列数
bool visited[M][N];                     //标记数组
int m, n, cnt;                          //实际的行、列数，计数器
int dir[4][2]={{1,0},{0,-1},{-1,0},{0,1}}; //方向增量数组
char maze[M][N];                        //迷宫数组
void dfs(Pos s, Pos t) {                //深度优先搜索；参数为起点、终点
    if(s.x==t.x && s.y==t.y) {
        cnt++;
        return;
    }
    visited[s.x][s.y]=true;
    for(int i=0; i<4; i++) {
        Pos e={s.x+dir[i][0], s.y+dir[i][1]};   //可能可走的点
        if(e.x<0 || e.x==m || e.y<0 ||e.y==n)   continue;
        if(visited[e.x][e.y]==true || maze[e.x][e.y]=='#') continue;
        dfs(e, t);
```

```
                visited[e.x][e.y]=false;
        }
    }
    Pos S, T;
    void input() {
        for(int i=0; i<m; i++) {
            for(int j=0; j<n; j++) {
                cin>>maze[i][j];
                if(maze[i][j]=='S') S.x=i, S.y=j;
                else if(maze[i][j]=='T') T.x=i, T.y=j;
            }
        }
    }
    int main() {
        while(cin>>m>>n) {
            input();
            fill(&visited[0][0],&visited[m-1][n-1]+1, false);
            cnt=0;
            dfs(S,T);
            if(cnt>0) cout<<cnt<<endl;
            else cout<<"impossible\n";
        }
        return 0;
    }
```

例 9.4.4　迷宫问题之最短步数

小明某天不小心进入了一个迷宫，如图 9-5 所示，请帮他计算走出迷宫的最少时间。规定每走一格需要一个单位时间，如果不能走到出口，则输出 impossible。每次走只能是上、下、左、右四个方向之一。

输入格式：

测试数据有多组，处理到文件尾。每组测试数据首先输入 2 个数 n, m（$0<n$, $m \leqslant 100$），代表迷宫的高和宽，然后 n 行，每行 m 个字符，各字符的含义如下。

'S'代表小明现在所在的位置；'T'代表迷宫的出口；'#'代表墙，不能走；'.'代表路，可以走。

输出格式：

对于每组测试，输出走出迷宫的最少时间，若不能走出则输出 impossible。

输入样例：

```
4 4
S...
#..#
..#.
...T
```

输出样例：

6

本题要求走出迷宫的最少时间，由于每步耗费一个单位时间，本质上是求走出迷宫的最短步数。由于 bfs 方法是按照路径长度依次递增的策略进行的，即起点步数为 0，走到其上、下、左、右四个相邻位置的步数为 1，再走到这四个位置的相邻位置的步数为 2……因此，本题可用 bfs 方法找到出口，并且此时的步数就是最短的。为记录走到某个位置的步数，在表达迷宫中一格信息的结构体类型中增加步数成员 steps。C++风格具体代码如下：

```cpp
#include<queue>
#include<iostream>
using namespace std;
struct Pos {                                      //迷宫的一个格中的信息
    int x, y, steps;                              //行下标、列下标、步数
};
const int M=100, N=100;                           //最大的行、列数
bool visited[M][N];                               //标记数组
int m, n;                                         //实际的行、列数
int dir[4][2]={{0,1},{1,0},{0,-1},{-1,0}};        //方向增量数组
char maze[M][N];                                  //迷宫数组
int bfs(Pos s, Pos t) {                           //广度优先搜索
    fill(&visited[0][0],&visited[m-1][n-1]+1, false);   //标记数组置未走标记
    queue<Pos> q;                                 //定义队列
    q.push(s);                                    //起点入队
    visited[s.x][s.y]=true;                       //起点置走过标记
    while(q.empty()==false) {
        Pos tp=q.front();                         //取队头
        if(tp.x==t.x && tp.y==t.y) return tp.steps; //找到目标，返回步数
        q.pop();                                  //出队
        for(int i=0; i<4; i++) {                  //把队头相邻的可走点入队
            Pos e={tp.x+dir[i][0],tp.y+dir[i][1],tp.steps+1};
            if(e.x<0 || e.x==m || e.y<0 ||e.y==n)     //不在迷宫范围内
                continue;
            if(visited[e.x][e.y]==true) continue;     //已经走过
            if(maze[e.x][e.y]=='#') continue;         //遇到障碍
            q.push(e);                                //可走的位置入队
            visited[e.x][e.y]=true;                   //置已走过标记
        }
    }
    return -1;
}
Pos S,T;
void input() {
    for(int i=0; i<m; i++) {
        for(int j=0; j<n; j++) {
            cin>>maze[i][j];
            if(maze[i][j]=='S') S.x=i, S.y=j, S.steps=0;
            else if(maze[i][j]=='T') T.x=i, T.y=j;
        }
    }
}
int main() {
```

```
    while(cin>>m>>n) {
        input();
        int res=bfs(S,T);
        if(res>0) cout<<res<<endl;
        else cout<<"impossible\n";
    }
    return 0;
}
```

9.5   并查集

并查集，也称不相交集合（Disjoint Set），将编号分别为 1~n 的 n 个元素划分为若干不相交集合，在每个集合中，选择其中某个元素代表其所在的集合。常见两种操作如下。

（1）合并两个集合。

（2）查找某元素属于哪个集合。

1. 并查集基础知识

并查集中的每个集合可用一棵树表示。

树是 n（$n \geq 0$）个数据元素（结点）的有限集，它或为空树（$n=0$），或为非空树。对于非空树，有如下特点。

（1）有且仅有一个称为根（root）的结点。

（2）当 $n>1$ 时，其余结点可分为 m（$m>0$）个互不相交的有限集 $T_1, T_2, \cdots, T_m$，其中每个子集又是一棵树，称为根的子树。

树可以形象地画出来，如图 9-7 所示。

结点由数据元素和若干指向子树的分支构成。

孩子结点也称子结点或孩子，某结点所包含的分支所指向的结点称为该结点的子结点，相应的该结点称为其分支所指向结点的父结点（也称双亲结点或双亲），图 9-7 中结点 B、C 和 D 是根结点 A 的孩子，而 A 是 B、C 和 D 的双亲结点。

树的一种常用存储结构是双亲表示法，即用一个结构体（包含数据域 data 和双亲域 parent）数组存储树，其中，根结点存放在下标为 0 的位置，其双亲设为特殊值-1，其他结点依序存放数组中,双亲域存放其双亲的下标。图 9-7 所示的树的双亲表示法如图 9-8 所示。

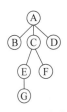

图 9-7   一棵树

下标	data	parent
0	A	−1
1	B	0
2	C	0
3	D	0
4	E	2
5	F	2
6	G	4

图 9-8   双亲表示法

双亲表示法容易找到各个结点的双亲结点。双亲表示法可以简化，直接用一维整型数组存储各结点的双亲的下标即可。例如，程序设计竞赛中常用的"并查集"就采用这种存储方法。

若用数组 $P[n+1]$（n 为元素个数，下标从 1 开始用）表示并查集的存储结构，则有如下两种情况。

（1）若 $P[i] = i$，则表示 i 是某个集合（树）的根。

（2）若 $P[i] = j$（$j \neq i$），表示 j 是 i 的父结点。

例如，设 P 数组如图 9-9 所示。

下标i	1	2	3	4	5	6	7	8	9	10
$P[i]$	1	2	3	2	1	3	4	3	3	4

图 9-9　数组 P

因当 $i=1$ 或 2 或 3 时，$P[i]=i$，则 1、2、3 为树的根结点；因 $P[4]=2$，$P[2]=2$，结点 4 所在树的根结点为 2；同理，结点 5 所在树的根结点为 1，结点 6、8、9 所在树的根结点为 3；因 $P[7]=4$，$P[4]=2$，$P[2]=2$，结点 7 所在树的根结点为 2；同理，结点 10 所在树的根结点为 2。P 数组所对应的 3 棵树如图 9-10 所示。

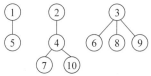

图 9-10　数组 P 对应的 3 棵树

可见，若要查某个结点所属的集合，则当 $P[x]!=x$ 时反复执行 $x=P[x]$。对于并操作，若两个结点 x、y 的父结点 fx、fy 不同，则可把 $P[fy]$ 置为 fx。另外，一开始可把每个结点视为一个集合。

2. 并查集算法实现

并查集主要算法实现如下：

```
const int N=1001;                    //数组长度，最大的结点数+1
int P[N];                            //存放父结点下标，从 1 开始用
void Init(int n) {                   //初始化，每个结点作为一个集合
    for(int i=1; i<=n; i++)    {
        P[i]=i;
    }
}
int Find(int x) {                    //查操作
    int y=x;                         //暂存原结点
    while(P[x]!=x) {                 //寻找根结点，最终 x 就是该集合的根结点
        x=P[x];                      //把 x 置为其父结点
    }
    while(y!=x) {                    //路径压缩，当还未找到根结点 x 时执行
        int t=P[y];                  //暂存结点 y 的父结点
        P[y]=x;                      //把结点 y 的父结点置为根结点 x
        y=t;                         //下次继续处理 y 原来的父结点
    }
    return x;                        //返回根结点
}
bool Union(int x, int y) {           //并操作
    int fx, fy;                      //存放 x,y 的根结点
```

```
        fx=Find(x);                    //查找 x 的父结点保存在 fx 中
        fy=Find(y);                    //查找 y 的父结点保存在 fy 中
        if(fx==fy) return false;       //若 x、y 在同一集合，则不能并
        P[fy]=fx;                      //完成并操作，把结点 fy 的父结点置为 fx
        return true;                   //返回 true 表示正常完成并操作
    }
```

查操作 Find 中的循环 "while(y!=x)" 实现路径压缩，把新结点 *y* 及其祖先结点（不含 *x*）直接链接到根结点 *x* 上，从而缩短查找路径长度，提高查找效率；若无须路径压缩，则可去掉该循环。并操作 Union 通过返回值表示是否能够进行合并，若无须使用返回值，则其返回类型可改为 void。

另外，若需求得每个集合的结点总数，则可增加一个计数器数组，在并操作时把并入的集合的结点数累加进来。

对于例 9.4.1，子图个数可视为集合个数，因此该例也可用并查集的方法求解。具体代码如下：

```
#include<iostream>
using namespace std;
const int N=101;                   //数组长度，最大的结点数+1
int P[N];                          //存放父结点下标，从 1 开始用
void Init(int n) {                 //初始化，每个结点作为一个集合
    for(int i=1; i<=n; i++)    {
        P[i]=i;
    }
}
int Find(int x) {                  //查操作，不做路径压缩
    while(P[x]!=x) {               //寻找根结点，最终 x 就是该集合的根结点
        x=P[x];                   //把 x 置为其父结点
    }
    return x;                      //返回根结点
}
void Union(int x, int y) {         //并操作，无返回值
    int fx, fy;                    //存放 x,y 的根结点
    fx=Find(x);                    //查找 x 的父结点保存在 fx 中
    fy=Find(y);                    //查找 y 的父结点保存在 fy 中
    if(fx==fy) return;             //若 x、y 在同一集合，则不能并
    P[fy]=fx;                      //完成并操作，把结点 fy 的父结点置为 fx
}
int main() {
    int m,n;
    while(cin>>n>>m) {
        int a, b, i;
        Init(n);
        for(i=0; i<m; i++) {
            cin>>a>>b;
            Union(a,b);
        }
        int cnt=0;
        for(i=1; i<=n; i++) {
```

```
            if(P[i]==i) cnt++;
        }
        cout<<cnt-1<<endl;
    }
    return 0;
}
```

例 9.5.1 热闹的聚会

今天是小明的生日,他邀请了许多朋友参加聚会,当然,有些朋友之间由于互不认识,因此不愿意坐在同一张桌上,但是如果 A 认识 B,且 B 认识 C,那么 A 和 C 就算是认识的。为了使得聚会更加热闹,就应该尽可能少用桌子。那么,最热闹(人数最多的)的那一桌一共有多少人?

输入格式:

首先输入一个整数 T,表示测试数据的组数,然后是 T 组测试数据。每组测试数据首先输入 2 个整数 n 和 m(1≤n, m≤1000)。其中,n 表示朋友总数,并且编号从 1 到 n;然后输入 m 行数据,每行 2 个整数 A 和 B(A≠B),表示朋友 A 和 B 相互认识。

输出格式:

对于每组测试,输出最热闹的那一桌的总人数。

输入样例:

```
1
5 3
1 2
2 3
4 5
```

输出样例:

```
3
```

把每张桌子视为一个集合,本题实际上是求结点数最多的集合的结点数,可在基础并查集的基础上增加一个计数器数组用来保存每个集合的结点数,并在每次进行并操作时把并入的集合的结点数累加起来。具体代码如下:

```
#include<iostream>
using namespace std;
const int N=1000+1;                    //数组长度,最大的结点数+1
int P[N];                              //存放父结点下标
int cnt[N];                            //存放结点数
void Init(int n) {                     //初始化,每个结点作为一个集合
    for(int i=1; i<=n; i++) {
        P[i]=i;
        cnt[i]=1;
    }
}
int Find(int x) {                      //查操作
    int y=x;
    while(P[x]!=x) x=P[x];
```

```
        while(y!=x) {
            int t=P[y];
            P[y]=x;
            y=t;
        }
        return x;
    }
    void Union(int x, int y) {                    //并操作，把结点数少的树并入结点数多的树
        int fx=Find(x), fy=Find(y);
        if(fx==fy) return;
        if(cnt[fx]>=cnt[fy]) {
            cnt[fx]+=cnt[fy];
            P[fy]=fx;
        }
        else {
            cnt[fy]+=cnt[fx];
            P[fx]=fy;
        }
    }
    int main() {
        int T;
        cin>>T;
        while(T--) {
            int i,n,m,a,b;
            cin>>n>>m;
            Init(n);
            for(i=0; i<m; i++) {
                cin>>a>>b;
                Union(a,b);
            }
            //在 cnt 数组中找一个最大值并输出
            int maxCnt=0;
            for(i=1; i<=n; i++) {
                if(maxCnt<cnt[i]) maxCnt=cnt[i];
            }
            cout<<maxCnt<<endl;
        }
        return 0;
    }
```

9.6   常用算法

例 9.6.1   气球升起来

程序设计竞赛时，赛场升起各色气球多么激动人心呀！志愿者送气球忙得不亦乐乎，观战的某人想知道目前哪种颜色的气球送出最多。

输入格式：

测试数据有多组，处理到文件尾。每组数据先输入一个整数 n（$0<n\leqslant 5000$）表示分发

的气球总数。接下来输入 n 行，每行一个表示颜色的字符串（长度不超过 20 且仅由小写字母构成）。

输出格式：

对于每组测试，输出出现次数最多的颜色。若出现并列的情况，则只需输出 ASCII 码值最小的那种颜色。

输入样例：

```
3
pink
orange
pink
```

输出样例：

```
pink
```

本题实际上是要统计出现次数最多的颜色，可以用多种方法。但不论哪种方法，都涉及查找的过程。使用 STL 之 map 可以实现快速查找。STL 之 map 建立"关键字/值"对（属于命名空间 std 中定义的 pair 结构体类型，成员 first 对应"关键字"，成员 second 对应"值"），且按关键字升序排序。本题使用 map 求解时，只需把颜色作为"关键字"，把出现次数作为"值"，就可以方便地统计各种颜色的出现次数。具体代码如下：

```cpp
#include<map>
#include<string>
#include<algorithm>
#include<iostream>
using namespace std;
map<string, int> myMap;
bool run() {
    int n,maxCnt=0;
    if(!(cin>>n)) return false;
    myMap.clear();
    for(int i=0; i<n; i++) {
        string s;
        cin>>s;
        myMap[s]++;
    }
    string res;
    for(map<string, int>::iterator it=myMap.begin(); it!=myMap.end(); it++) {
        if(it->second>maxCnt) maxCnt=it->second, res=it->first;
    }
    cout<<res<<endl;
    return true;
}
int main() {
    while(run());
    return 0;
}
```

为便于读者理解上面的代码并进一步学习 map 的知识，表 9-3 列出了 map 的常用成员函数。

表 9-3　map 常用成员函数

成 员 函 数	说　　明
begin()	指向首元素的迭代器
end()	指向尾元素后一个位置的迭代器
clear()	清空 map
empty()	判断 map 是否为空，是则返回 true，否则返回 false
insert(val)	插入一个 pair 类型的元素 val
erase(it)	删除迭代器 it 所指元素
erase(start, end)	删除迭代器区间[start，end)之间的元素
erase(val)	删除关键字值为 val 的元素
find(val)	查找关键字值为 val 的元素，若找到则返回指向该元素的迭代器，否则返回 end()
count(val)	统计关键字值为 val 的元素个数（0 或 1）
size()	map 中的元素个数

实际上，本题也可以使用 STL 之 set 结合 vector 实现，把所有颜色存放在一个 vector 中，同时插入 set 中，由于 set 自动去除重复元素（也就是将出现过的颜色各保留一次），最后可以遍历 set，对遍历过程中取得的每个元素（也就是按照 ASCII 码值进行排序的颜色）到 vector 中进行统计其出现的次数，次数最多的就是结果。这里使用 algorithm 中的 count_if 函数进行统计。STL 之 set 的常用成员函数如表 9-4 所示。

表 9-4　set 的常用成员函数

成 员 函 数	说　　明
begin()	指向首元素的迭代器
end()	指向尾元素之后位置的迭代器
clear()	清空 set
empty()	判断集合是否为空，是则返回 true，否则返回 false
insert(val)	插入元素，将 val 插入集合中
erase(it)	删除迭代器 it 所指元素
erase(start, end)	删除迭代器区间[start，end)之间的元素
erase(val)	删除值为 val 的元素
count(val)	统计值为 val 的元素个数（0 或 1）
find(val)	查找值为 val 的元素，若找到则返回该元素的迭代器，否则返回 end()
size()	集合中的元素个数

本题使用 set 结合 vector 求解的具体代码如下：

```
#include<iostream>
#include<string>
```

```
#include<vector>
#include<set>
#include<algorithm>
using namespace std;
string ts;
bool cmp(string val) {
    return val==ts;
}
bool run() {
    int n;
    if(!(cin>>n)) return false;
    vector <string> v(n);
    set <string> s;
    for(int i=0; i<n; i++) {
        cin>>v[i];
        s.insert(v[i]);
    }
    int max=0;
    string t;
    set<string>::iterator it;
    for(it=s.begin(); it!=s.end(); it++) {
        ts=*it;
        int num=count_if(v.begin(),v.end(),cmp);
        if(num>max) max=num, t=*it;
    }
    cout<<t<<endl;
    return true;
}
int main() {
    while(run());
    return 0;
}
```

在 STL 之 algorithm 中还提供了很多常用算法，如 lower_bound、binary_search、set_union、set_difference、set_intersection、nth_element、max_element 等，有兴趣的读者可查阅资料学习。

例 9.6.2　最少失约

某天，诺诺有许多活动需要参加。但由于活动太多，诺诺无法参加全部活动。请帮诺诺安排，以便尽可能多地参加活动，减少失约的次数。假设：在某一活动结束的瞬间就可以立即参加另一个活动。

输入格式：

首先输入一个整数 T，表示测试数据的组数，然后是 T 组测试数据。每组测试数据首先输入一个正整数 n，代表当天需要参加的活动总数，接着输入 n 行，每行包含两个整数 i 和 j（$0 \leqslant i < j < 24$），分别代表一个活动的起止时间。

输出格式：

对于每组测试，在一行上输出最少的失约总数。

输入样例：

```
1
3
1 4
3 5
3 8
```

输出样例：

```
2
```

本题是贪心法的入门题。贪心法总是作出当前最优的选择。本题的贪心策略是优先选择结束时间最早的活动。因此，可以根据结束时间从小到大排序，若下一个活动的开始时间不小于当前活动的结束时间，则表示可以参加该活动。具体代码如下：

```cpp
#include<iostream>
#include<vector>
#include<algorithm>
using namespace std;
struct Program {
    int start,end;
};
bool cmp(Program p1, Program p2) {
    return (p1.end<p2.end);
}
void run() {
    int n;
    cin>>n;
    vector<Program> ps(n);
    for(int i=0; i<n; i++) {
        cin>>ps[i].start>>ps[i].end;
    }
    sort(ps.begin(), ps.end(), cmp);
    int cnt=1;
    int curEnd=ps[0].end;
    for(int j=1; j<n; j++) {
        if(ps[j].start>=curEnd) {
            cnt++;
            curEnd=ps[j].end;
        }
    }
    cout<<n-cnt<<endl;
}
int main() {
    int T;
    cin>>T;
    for(int now=1; now<=T; now++) run();
    return 0;
}
```

例 9.6.3 N 皇后问题

要求在 $n×n$ 格的棋盘上放置彼此不会相互攻击的 n 个皇后。按照国际象棋的规则，皇后可以攻击与之处在同一行或同一列或同一斜线上的棋子。

输入格式：

测试数据有多组，处理到文件尾。对于每组测试，输入棋盘的大小 n（$1<n<12$）。

输出格式：

对于每组测试，输出满足要求的方案个数。

输入样例：

4

输出样例：

2

本题是回溯法的入门题。回溯法的基本思想：按照条件不断向前搜索，当到达某一位置发现不能前进或者肯定不是最优时，则回退到上一个位置并重新进行选择和搜索。在搜索过程中得到的最优解就是结果。

本题可以逐行逐列尝试能否放下一个皇后，若能放，则继续尝试下一行，否则回退到上一行换一个位置继续尝试，若完成最后一行的放置，则表示得到一种解决方案。例如，$n=4$ 时，可能的解决方案如图 9-11 所示（其中，Q 表示皇后）。

图 9-11　4 皇后问题的解决方案

具体代码如下：

```cpp
#include<iostream>
using namespace std;
int res[11];
int n, cnt;
bool check(int r)
{
    int c=res[r];                          //第 r 行所在列
    for(int row=0; row<r; row++)           //控制前 r 行
    {
        if(res[row]==c) return false;        //同列
        if(row-res[row]==r-c) return false;  //同左上斜线
        if(row+res[row]==r+c) return false;  //同右上斜线
    }
```

```
        return true;
    }
    void dfs(int row) {                          //回溯法求解
        if(row==n) {
            cnt++;
            return;
        }
        for(int i=0; i<n; i++) {                 //逐列检查是否可放，若是，则尝试下一行
            res[row]=i+1;
            if(check(row)==true) dfs(row+1);
            res[row]=0;
        }
    }
    bool run() {
        if(!(cin>>n)) return false;
        fill(res,res+n,0);
        cnt=0;
        dfs(0);
        cout<<cnt<<endl;
        return true;
    }
    int main() {
        while(run());
        return 0;
    }
```

若本题需要输出具体解决方案，则可在 dfs 函数的 return 语句之前输出 res 数组元素值。

习题

一、选择题

1. 动态规划的四要素不包括（　　　）。

　　A. 状态　　　　　　　B. 转移方程　　　　　C. 结果　　　　　　　D. 最优化原理

2. 以下说法中，错误的是（　　　）。

　　A. 动态规划记录所有已解子问题的解并尽可能地利用它们

　　B. 贪心法的每个步骤都从整体最优的角度考虑

　　C. 广度优先搜索算法常借助“队列”实现

　　D. 并查集的存储结构基于“树”的双亲表示法

3. 若从无向图的任一顶点出发深度优先搜索都可访遍图中所有顶点，则该图一定是（　　　）。

　　A. 非连通图　　　　　B. 连通图　　　　　　C. 有环图　　　　　　D. 以上都错

4. 运用回溯法解题的关键要素不包含的是（　　　）。

　　A. 针对所给问题，定义问题的解空间

　　B. 确定易于搜索的解空间结构

　　C. 以深度优先方式搜索解空间，并在搜索过程中通过剪枝避免无效搜索

    D. 以广度优先方式搜索解空间，并在搜索过程中通过剪枝避免无效搜索

5. 关于 STL 之 stack 和 queue 的以下说法中，错误的是（　　　　）。

    A. stack的push方法（成员函数）用于将元素入栈

    B. queue的push方法（成员函数）用于将元素入队

    C. queue的front方法（成员函数）用于取得队头元素

    D. stack的top方法（成员函数）用于取得栈顶元素的下标

二、编程题

1. 骨牌铺方格（HDOJ 2046）。

在 $2 \times n$ 的一个长方形方格中，用一个 1×2 的骨牌铺满方格，输入 n，输出铺放方案的总数。例如，$n=3$ 时，2×3 方格如图 9-12 所示，骨牌的铺放方案有 3 种。

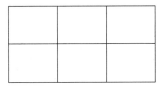

图 9-12　2×3 的长方形方格

输入格式：

测试数据有多组，处理到文件尾。每组测试输入一个整数 n（$0 < n \leqslant 50$），表示长方形方格的规格是 $2 \times n$。

输出格式：

对于每组测试，请输出铺放方案的总数，每组测试的输出占一行。

输入样例：

3

输出样例：

3

2. 最少拦截系统（ZJUTOJ 1099）。

有一种导弹拦截系统，不论第一发导弹多高都能拦截，但是以后只能拦截不超过前一发高度的导弹。已知 n 个依次飞来导弹的高度，请计算最少需要多少套这种拦截系统才能拦截所有导弹。

输入格式：

测试数据有多组，处理到文件尾。每组测试数据首先输入导弹总个数 n（小于 100 的正整数），接着输入 n 个导弹依次飞来的高度（不大于 30000 的正整数，用空格分隔）。

输出格式：

对于每组测试，输出拦截所有导弹最少需要多少套这种拦截系统。

输入样例：

8 6 5 7 2 3 8 1 4

输出样例：

```
3
```

3. 最大连续子序列（HDOJ 1231）。

给定 K 个整数的序列 $\{n_1, n_2, \cdots, n_K\}$，其任意连续子序列可表示为 $\{n_i, n_{i+1}, \cdots, n_j\}$，其中 $1 \leqslant i \leqslant j \leqslant K$。最大连续子序列是所有连续子序列中元素和最大的一个。例如，给定序列 $\{-2, 11, -4, 13, -5, -2\}$，其最大连续子序列为 $\{11, -4, 13\}$，最大和为 20。

要求编写程序得到最大和，并输出子序列的第一个元素和最后一个元素。

输入格式：

测试数据有多组。每组测试数据输入两行，第一行给出一个正整数 K（$0<K<10000$），第二行给出 K 个整数，中间用空格分隔。当 K 为 0 时，输入结束。

输出格式：

对于每组测试，在一行里输出最大和、最大连续子序列的第一个和最后一个元素，数据之间用空格分隔。如果最大连续子序列不唯一，则输出序号 i 和 j 最小的那个。若所有 K 个元素都是负数，则定义其最大和为 0，再输出整个序列的第一个和最后一个元素。

输入样例：

```
6
-2 11 -4 13 -5 -2
0
```

输出样例：

```
20 11 13
```

4. 判断曲线上的点。

已知函数 $f(x)$ 在区间 [0, 10000] 上严格单调递增，对于给定的 n 个点的坐标 (x_i, y_i)，其中 $0 \leqslant x_0 < x_1 < \cdots < x_i < \cdots < x_n \leqslant 10000$，请判断这 n 个点中，最多有多少个点可能落在函数 $f(x)$ 上。

输入格式：

首先输入一个整数 T，表示测试数据的组数，然后是 T 组测试数据。对于每组测试，第一行输入一个正整数 n（$1 \leqslant n \leqslant 100$），表示点的总数，第二行输入 $2 \times n$ 个整数，表示需要处理的 n 个点的坐标，格式为 $x_1\, y_1\, x_2\, y_2\, x_3\, y_3 \cdots x_n\, y_n$，即第一个点的横纵坐标 $x_1\, y_1$，第二个点的坐标 $x_2\, y_2$，……，第 n 个点的坐标 $x_n\, y_n$。

输出格式：

对于每组测试，输出可能落在函数 $f(x)$ 上的最大可能的点数。

输入样例：

```
1
7
2 8 3 9 5 1 6 9 7 3 8 5 9 7
```

输出样例：

```
4
```

5. 聚会。

某天，小鲸请朋友们到酒店聚餐，发现大家心仪的食物共有 n 种。小鲸共有 m 元，n 种食物的价格已知，且每种食物最多可以点一次。请问他最多能花掉多少钱。

输入格式：

测试数据有多组，处理到文件尾。对于每组测试，第一行输入一个正整数 n（$0<n\leqslant20$），表示心仪食物的种数；第二行输入 n 种食物的价格；第三行输入一个正整数 m（$0<m\leqslant20000$），表示小鲸身上的所有钱。

输出格式：

对于每组测试，输出一行，包含一个整数，表示当天小鲸最多能花掉多少钱。

输入样例：

```
4
10 15 30 42
60
```

输出样例：

```
57
```

6. 最佳组队问题。

双人混合 ACM 程序设计竞赛即将开始，因为是双人混合赛，故每支队伍必须由 1 男 1 女组成。现在需要对 n 名男队员和 n 名女队员进行配对。由于不同队员之间的配合优势不一样，因此，如何组队成了大问题。

给定 $n×n$ 优势矩阵 P，其中 $P[i][j]$ 表示男队员 i 和女队员 j 进行组队的竞赛优势（$0<P[i][j]<10000$）。设计一个算法，计算男女队员最佳配对法，使组合出的 n 支队伍的竞赛优势总和达到最大。

输入格式：

测试数据有多组，处理到文件尾。每组测试数据首先输入 1 个正整数 n（$1\leqslant n\leqslant9$），接下来输入 n 行，每行 n 个数，分别代表优势矩阵 P 的各个元素。

输出格式：

对于每组测试，在一行上输出 n 支队伍的竞赛优势总和的最大值。

输入样例：

```
3
10 2 3
2 3 4
3 4 5
```

输出样例：

```
18
```

7. 幂次模 n 余 1（HDOJ 1395）。

输入一个正整数 n，请找出满足 $2^x \bmod n = 1$ 的最小 x。

输入格式：

测试数据有多组，处理到文件尾。每组测试输入一个正整数 n。

输出格式：

对于每组测试，若能找到满足 $2^x \bmod n = 1$ 的 x，则在一行上输出 $2^x \bmod n = 1$；否则输出 $2^? \bmod n = 1$。其中，x 和 n 请用实际数据代替。

输入样例：

```
5
```

输出样例：

```
2^4 mod 5 = 1
```

8. 新猴子吃桃。

猴子第一天摘下若干桃子，当即吃了一半，还不过瘾，又多吃了 1 个，第二天早上又将剩下的桃子吃掉一半，又多吃了 1 个。以后每天早上都吃了前一天剩下的一半加 1 个。到第 n 天早上想再吃时，只剩下 k 个桃子了。求第一天共摘了多少桃子。

输入格式：

首先输入一个正整数 T，表示测试数据的组数，然后是 T 组测试数据。每组测试输入 2 个正整数 n、k（$1 \leqslant n \leqslant 1000$，$0 \leqslant k < 10$）。

输出格式：

对于每组测试，在一行上输出第一天共摘了多少个桃子。

输入样例：

```
1
101 3
```

输出样例：

```
6338253001141147007483516026878
```

9. 大整数 $A+B$（HDOJ 1002）。

输入两个整数 A、B，求 $A+B$。

输入格式：

首先输入一个正整数 T，表示测试数据的组数，然后是 T 组测试数据。每组测试输入 2 个正整数 A、B。整数可能很大，但每个整数的位数不会超过 1000。

输出格式：

对于每组测试输出两行数据：第一行输出"Case #:"，#表示测试组号；第二行输出形式为"A + B = Sum"，Sum 表示 $A+B$ 的结果。每两组测试数据之间空一行。

输入样例：

```
1
1 2
```

输出样例：

```
Case 1:
1 + 2 = 3
```

10. 大数的乘法（ZJUTOJ 1027）。

输入一个大正整数和一个正整数，求它们的积。

输入格式：

测试数据有多组，处理到文件尾。每组测试输入 1 个大正整数 A（位数不会超过 1000）
和一个正整数 B（小于 2^{31}）。

输出格式：

对于每组测试，输出 A 与 B 的乘积。

输入样例：

```
1122334455667788 99 998
```

输出样例：

```
112008978675645341202
```

11. Catalan 数。

把 n 的 Catalan（卡特兰）数表示为 $h(n)$，则有 $h(1)=1$；$h(n)=\dfrac{C_{2n}^{n}}{n+1}$，（$n>1$）。

输入格式：

测试数据有多组，处理到文件尾。每组测试输入一个正整数 n（$1 \leqslant n \leqslant 100$）。

输出格式：

对于每组测试，在一行上输出 n 的 Catalan 数 $h(n)$。

输入样例：

```
3
```

输出样例：

```
5
```

12. 几桌。

某天小明邀请了许多朋友参加聚会，由于有些朋友之间互不认识，这些互不认识的人
不愿意坐同一张桌子，但是如果甲认识乙，且乙认识丙，那么甲和丙就算是认识的。请计算
至少需要多少张桌子，才能让所有人都坐下来。

输入格式：

首先输入一个整数 T，表示测试数据的组数，然后是 T 组测试数据。每组测试首先输入
两个整数 n、m（$1 \leqslant n, m \leqslant 1000$），$n$ 表示朋友数，朋友从 1 到 n 编号，m 表示认识关系数
量；然后输入 m 行，每行两个整数 A、B（$A \neq B$），表示编号为 A、B 的两人互相认识。

输出格式：

对于每组测试，输出至少需要多少张桌子。

输入样例：

```
1
```

```
5 3
1 2
2 3
4 5
```

输出样例：

```
2
```

13. 石油勘查。

通过卫星拍摄的照片可以发现油田，因为油田具有自己的特征。如果油田相邻，则算作同一块油田（上，下，左，右，左上，右上，左下，右下均算作相邻）。

输入格式：

首先输入一个整数 T，表示测试数据的组数，然后是 T 组测试数据。对于每组测试，首先输入 2 个正整数 n、m（$1 \leqslant n$，$m < 100$），表示照片的高和宽；然后是 n 行 m 列的数据。其中，@代表普通地面，*代表油田。

输出格式：

对于每组测试，输出油田总数。注意，相邻油田看作同一块。

输入样例：

```
1
5 5
@@@@*
@**@*
@*@@*
***@*
**@@*
```

输出样例：

```
2
```

14. 题目统计。

在 ACM 程序设计竞赛赛场，当某个队伍正确解答一道题目后就会在其前面升起 1 个彩色气球。而且每种颜色的气球只能用在一道题目上，所以不同颜色的气球不能相互替代。已知比赛过程中已送出的气球数量以及每个气球的颜色，请统计已成功解决的不同题目的总数。

输入格式：

首先输入一个正整数 T，表示测试数据的组数，然后是 T 组测试数据。每组测试先输入一个整数 n（$1 \leqslant n \leqslant 100$），代表已经送出的气球总数，然后输入 n 个已送出气球的颜色（由长度不超过 20 且不包含空格的英文字母组成），数据之间间隔一个空格。注意，统计时，忽略气球颜色的大小写。

输出格式：

对于每组测试，在一行上输出一个整数，表示已成功解决的不同题目的总数。

输入样例：

```
1
5 RED Red Blue Green REd
```

输出样例:

```
3
```

15. 门派。

在某个江湖中,相互认识的人会加入同一个门派,而互不认识的人不会加入相同的门派。若甲认识乙,且乙认识丙,那么甲和丙就算是认识的。对于给定的认识关系,请计算共有多少个门派,人数最多的门派有多少人。

输入格式:

首先输入一个整数 T,表示测试数据的组数,然后是 T 组测试数据。每组测试首先输入两个整数 n、m ($1 \leq n \leq 1000$,$1 \leq m \leq n(n-1)/2$),n 表示总人数,m 表示认识关系数;然后输入 m 行,每行两个整数 A、B ($1 \leq A$,$B \leq 1000$,且 $A \neq B$),表示编号为 A、B 的两人互相认识。

输出格式:

对于每组测试,在一行上输出门派总数和人数最多的门派拥有的人数。两个数据之间间隔一个空格。

输入样例:

```
2
5 3
1 2
2 3
4 5
5 1
2 5
```

输出样例:

```
2 3
4 2
```

参 考 文 献

[1] 钱能. C++程序设计教程详解——过程化编程[M]. 北京：清华大学出版社，2014.

[2] 何钦铭，颜晖. C语言程序设计[M]. 4版. 北京：高等教育出版社，2020.

[3] 钱能. C++程序设计教程（通用版)[M]. 3版. 北京：清华大学出版社，2019.

[4] 严蔚敏，李冬梅，吴伟民. 数据结构（C语言版)[M]. 2版. 北京：人民邮电出版社，2015.

[5] 黄龙军，沈士根，胡珂立，等. 大学生程序设计竞赛入门——C/C++程序设计（微课视频版）[M]. 北京：清华大学出版社，2020.

[6] 黄龙军. 程序设计竞赛入门（Python版)[M]. 2版. 北京：清华大学出版社，2024.

[7] 黄龙军. 程序设计竞赛入门（Python版)[M]. 北京：清华大学出版社，2021.

[8] 黄龙军，范立新，唐开山，等. 数据结构与算法[M]. 上海：上海交通大学出版社，2022.

[9] 黄龙军，周海平，吴宗大，等. 数据结构与算法（Python版)[M]. 上海：上海交通大学出版社，2023.

[10] 黄龙军. C/C++程序设计[M]. 北京：清华大学出版社，2023.

[11] 黄龙军. C/C++程序设计习题解析[M]. 北京：清华大学出版社，2023.